高等学校电子信息类课程实验教程

# MATLAB 高级编程与工程应用

柏正尧 主 编
普园媛 副主编

科 学 出 版 社
北 京

## 内 容 简 介

MATLAB 是基于矩阵的最通用的科学和工程计算语言，全球数以百万计的工程师和科学家在使用 MATLAB 进行系统和产品的分析与设计。Simulink 是基于 MATLAB 的可视化框图设计环境，可实现动态系统建模、仿真和分析。本书是一本 MATLAB/Simulink 编程与仿真的高级教程，重点介绍 MATLAB/Simulink 在电子信息领域的工程应用。本书介绍了 MATLAB 编程基础，高级软件开发技巧，应用程序设计，Simulink 仿真基础，MATLAB/Simulink 在信号处理、通信、控制等领域的工程应用，仿真实例丰富。全书共分为 8 章，包括 MATLAB 编程基础、MATLAB 高级软件开发、MATLAB 应用程序设计、Simulink 仿真初步、信号处理系统仿真、通信系统仿真、控制系统仿真和 Simulink 设计与优化。

本书适合高等院校电子信息类专业本科生作为 MATLAB/Simulink 仿真实验教程或指导书，也可供信号与信息处理、通信与信息系统、控制科学与工程、物联网工程等专业的研究生、教师和科技工作者参考。

**图书在版编目（CIP）数据**

MATLAB 高级编程与工程应用 / 柏正尧主编. —北京：科学出版社，2020.12

高等学校电子信息类课程实验教程

ISBN 978-7-03-066371-9

Ⅰ. ①M… Ⅱ. ①柏… Ⅲ. ①Matlab 软件－程序设计－高等学校－教材 Ⅳ. ①TP317

中国版本图书馆 CIP 数据核字（2020）第 198131 号

责任编辑：冯 铂 黄 桥 / 责任校对：樊雅琼

责任印制：罗 科 / 封面设计：墨创文化

科 学 出 版 社 出版

北京东黄城根北街 16 号

邮政编码：100717

http://www.sciencep.com

成都锦瑞印刷有限责任公司印刷

科学出版社发行 各地新华书店经销

*

2020 年 12 月第 一 版 开本：787×1092 1/16

2020 年 12 月第一次印刷 印张：18 1/2

字数：439 000

**定价：69.00 元**

（如有印装质量问题，我社负责调换）

# 前　　言

MATLAB 是当今世界上应用极其广泛的科学和工程计算语言。结合专业工具箱（Toolbox），MATLAB 在电子、通信、控制、机械等工程领域，乃至经济和金融领域都有广泛应用。Simulink 是一个基于 MATLAB 的可视化框图设计环境，提供图形编辑器、定制模块库、建模和仿真动态系统的求解器，可用于多领域的仿真，实现基于模型的设计。Simulink 与 MATLAB 集成，可将 MATLAB 算法用于模型中，模型输出的仿真结果又用 MATLAB 进行深入分析。

本书适应电子信息类专业本科生信号处理类课程仿真实验要求，将 MATLAB 和 Simulink 结合起来，通过实例进行教学，突出工程应用背景，强调实践性。

作者在云南大学从事信号与系统、数字信号处理、数字图像处理等课程的教学工作，采用 MATLAB 软件作为仿真实验平台，在教学实践中积累了较为丰富的使用经验，取得了明显的教学效果。

本书是在总结教学经验的基础上，为适应电子信息类仿真教学要求而编写的基于 MATLAB/Simulink 软件平台的实验教程。全书共分为 8 章。其中，第 1～4 章和第 6～8 章由柏正尧教授编写，第 5 章由普园媛教授编写。全书由柏正尧教授统稿。各章内容简介如下：

第 1 章介绍结构体、元胞数组等特殊数据类型，特殊矩阵与稀疏矩阵，随机数的产生，数据导入与分析，脚本文件与函数文件编写等。

第 2 章介绍面向对象编程、调用外部函数、调用 Web 服务、功能与性能测试、性能与内存等。

第 3 章介绍 App 设计工具、交互式开发环境 GUIDE、编程工作流等。

第 4 章介绍 Simulink 基本操作、Simulink 模块库、Simulink 模型创建、子系统创建、用 MATLAB 创建 Simulink 模型等。

第 5 章介绍信号产生、处理和分析，滤波器设计、分析和实现，信号变换与频谱分析，信号处理系统仿真实例。

第 6 章介绍通信工具箱初步，端到端的仿真，信道建模和射频损耗，测量、可视化与分析，MIMO 信道仿真。

第 7 章介绍线性时不变系统模型、可调 LTI 模型、具有时延的线性模型、LTI 控制系统分析、控制系统设计和调整、模型验证、控制系统仿真实例。

第 8 章介绍 Simulink S-Function 建模、基于组件的建模、模型优化、建模指南、新模块创建。

本书的出版得到了云南大学本科生教材建设经费的支持，在此表示感谢。

在本书编写过程中，作者参考了国内外专家和学者的论文、专著等文献，在此一并表示衷心感谢。

感谢科学出版社黄桥编辑及其他编辑同志的辛勤劳动，是他们认真细致的工作，才使本书得以出版。

MATLAB/Simulink 仿真平台的功能非常强大，应用领域广泛并且不断拓展，尽管作者有着较丰富的教学经验，但书中难免存在不全面、不足之处，请广大读者批评指正。

柏正尧

2020 年 6 月于云南大学

# 目　录

# 第1章　MATLAB编程基础

## 1.1　特殊数据类型

MATLAB 支持的数据类型较多，除了常见的数值型、字符和字符串以及日期和时间等数据类型外，还有结构体（structures）、元胞数组（cell arrays）、表（table）和时间表（timetable）、类别数组（categorical arrays）、函数句柄（function handle）和时间序列（time series）等数据类型。其中，结构体、元胞数组、表和时间表是用于存储异构数据（heterogeneous data）的数据容器（data container）。

### 1.1.1　结构体

结构体是采用数据容器——字段（fields）对相关的数据进行分组管理的一种数据类型。结构体由结构数组（struct arrays）构成，每个数组都是一个包含若干字段的 struct 类结构，因此，结构体也称为结构体数组（structure arrays）。每个字段可以包含任意类型的数据，包括标量数据或者非标量数据。一个结构体中的所有结构数组具有相同的字段名称和数目。不同结构体中相同名称的字段可以包含不同类型和规模的数据。

结构体中的数据可以采用点记号的形式读取，即结构体名称.字段名（structName.fieldName）。结构体的创建可以采用直接给字段赋值的方式，也可以先用函数 struct 创建空结构体，然后增加字段并赋值。没有赋值的字段为空数组。

**例 1.1**　用结构体 patient 存储患者的电子病历，包括姓名（name）、账单（billing）、检查（test）三个字段。

下面的 MATLAB 代码生成结构体 patient，包含两个患者的完整记录，第三个患者的记录不完整，空的字段为空数组。结果如图 1.1 所示。

```
patient(1).name='John Doe';
patient(1).billing=127.00;
patient(1).test=[79,75,73;180,178,177.5;220,210,205];
patient(2).name='Ann Lane';
patient(2).billing=28.50;
patient(2).test=[68,70,68;118,118,119;172,170,169];
patient(3).name='New Name';

>>whos
  Name          Size            Bytes  Class     Attributes
  patient       1x3              1200  struct
```

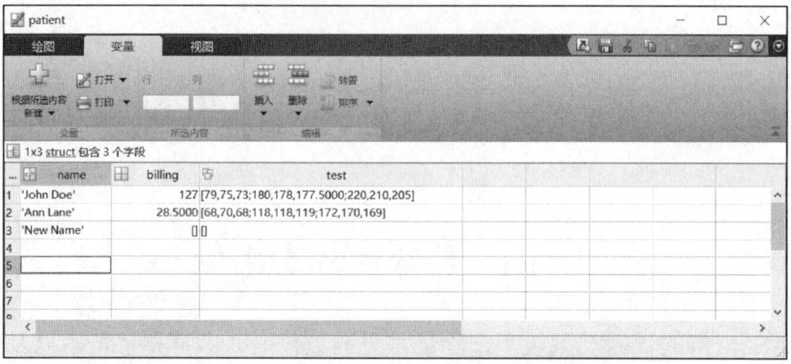

图 1.1　结构体数组 patient

结构体中的数据有两种组织形式，一种是平面组织形式（plane organization），另一种是按元素或记录的组织形式（element-by-element organization），例如，例 1.1 中的 patient 就是按患者记录的组织形式。采用哪种组织形式取决于如何读取数据、大数据集是否受到存储器的限制。平面组织形式容易读取每个字段的所有值，按元素或记录的组织形式则容易获取每个元素或记录的所有信息。创建结构体时，MATLAB 将有关结构体的元素（记录）和字段信息存储在数组头文件（array header）中。在数据相同的情况下，元素和字段多的结构体比简单的结构体要求更多的存储空间。结构体的存储并不需要一个完全连续的存储空间，但每个字段要求连续的存储空间。

**例 1.2**　创建红绿蓝（red green blue，RGB）彩色图像结构体 Img。

下面的 MATLAB 代码首先读入 4 个 RGB 彩色图像，然后创建结构体 Img，包含 red、green、blue 3 个字段。

```
I1=imread('lena_color_256.tif');
I2=imread('mandril_color.tif');
I3=imread('kodim01.png');
I4=imread('kodim02.png');
Img(1).red=I1(:,:,1);
Img(1).green=I1(:,:,2);
Img(1).blue=I1(:,:,3);
Img(2).red=I2(:,:,1);
Img(2).green=I2(:,:,2);
Img(2).blue=I2(:,:,3);
Img(3).red=I3(:,:,1);
Img(3).green=I3(:,:,2);
Img(3).blue=I3(:,:,3);
Img(4).red=I4(:,:,1);
Img(4).green=I4(:,:,2);
Img(4).blue=I4(:,:,3);
```

```
>>whos
Name        Size              Bytes     Class     Attributes
I1       256x256x3           196608    uint8
I2       512x512x3           786432    uint8
I3       512x768x3           1179648   uint8
I4       512x768x3           1179648   uint8
Img         1x4              3343872   struct
```

结构体 Img 包含 4 个结构数组，每个结构数组包含 red、green、blue 3 个字段，表示彩色图像的红、绿、蓝 3 个颜色的图像，如图 1.2 所示。

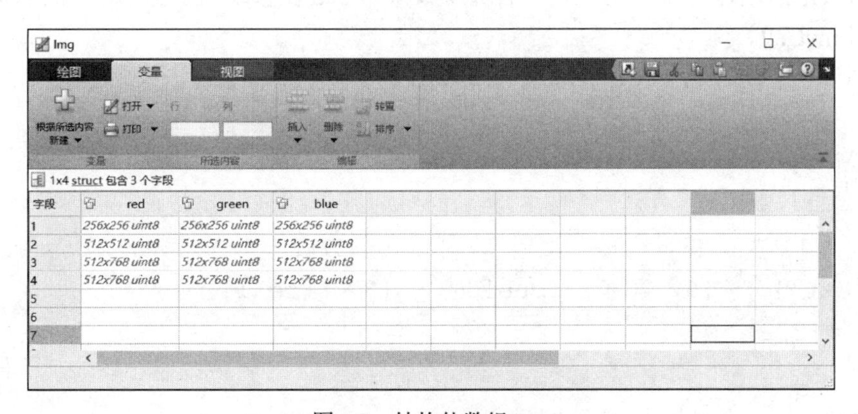


图 1.2 结构体数组 Img

表 1.1 给出了结构体数组操作的相关函数名称和功能说明。

**表 1.1 结构体数组操作函数及功能**

| 函数名称 | 功能说明 |
|---|---|
| struct | 创建结构体数组 |
| fieldnames | 获取结构体的字段名或者 COM 或 Java 对象的公有字段名 |
| getfield | 获取结构体的字段，但更常用的方式为索引方式 |
| isfield | 确定输入是否为结构体数组字段 |
| isstruct | 确定输入是否为结构体数组 |
| orderfields | 将结构体数组字段按 ASCII 码字典顺序排序 |
| rmfield | 从结构体删去指定的字段 |
| setfield | 对指定的结构体数组字段赋值 |
| arrayfun | 将指定的函数用于结构数组的每个元素 |
| structfun | 将指定的函数用于标量结构体的每个字段 |
| table2struct | 将表转换为结构体数组 |
| struct2table | 将结构体数组转换为表 |
| cell2struct | 将元胞数组转换为结构体数组 |
| struct2cell | 将结构体数组转换为元胞数组 |

### 1.1.2　元胞数组

元胞数组是用元胞（cell）数据容器进行数据索引的一种数据类型，每个元胞可以包含任意类型的数据。元胞数组通常包含字符向量列表，或字符串与数字组合，或不同大小的数值型数组。元胞引用采用圆括号（）包含下标的方式实现，元胞内容的读取则采用大括号{}索引的方式。通过元胞赋值可以增加新的元胞，采用给元胞赋值空数组的方式可以删除元胞，还可以整行或整列删除元胞。

元胞数组的创建可以采用大括号{}算子或采用 cell 函数实现。例如，下面的语句创建元胞数组 myCell。

```
    myCell={1,2,3;'text',rand(5,10,2),{11;22;33}};%创建 2×3 元胞数组
      >>myCell
myCell=
  2×3 cell 数组
    {[   1]}    {[          2]}    {[     3]}
    {'text'}    {5×10×2 double}    {3×1 cell}
>>myCell{2,1}
ans=
    'text'
>>myCell(2,1)
ans=
  1×1 cell 数组
    {'text'}
>>s=myCell{2,1};
>>s(1,1)
ans=
    't'
>>myCell{1,1}
ans=
      1
```

又如，下面的语句创建一个多维的空元胞数组。

```
    emptyCell=cell(3,4,2);%创建 3×4×2 的元胞数组
    >>emptyCell=cell(3,4,2)
  3×4×2 cell 数组
emptyCell(:,:,1)=
    {0×0 double}    {0×0 double}    {0×0 double}    {0×0 double}
    {0×0 double}    {0×0 double}    {0×0 double}    {0×0 double}
```

```
    {0×0 double}    {0×0 double}    {0×0 double}    {0×0 double}
emptyCell(:,:,2)=
    {0×0 double}    {0×0 double}    {0×0 double}    {0×0 double}
    {0×0 double}    {0×0 double}    {0×0 double}    {0×0 double}
    {0×0 double}    {0×0 double}    {0×0 double}    {0×0 double}
```

元胞数组操作函数及功能如表 1.2 所示。

**表 1.2　元胞数组操作函数及功能**

| 函数名称 | 功能说明 |
| --- | --- |
| cell | 创建元胞数组 |
| cell2mat | 将元胞数组转换为普通数组 |
| cell2struct | 将元胞数组转换为结构体数组 |
| cell2table | 将元胞数组转换为表 |
| celldisp | 显示元胞数组内容 |
| cellfun | 将指定函数用于元胞数组的每个元胞 |
| cellplot | 以图形方式显示元胞数组的结构 |
| cellstr | 将字符串数组转换为元胞数组 |
| iscell | 确定输入是否为元胞数组 |
| iscellstr | 确定输入是否为字符向量构成的元胞数组 |
| mat2cell | 将数组转换为元胞数组，元胞大小可能不同 |
| num2cell | 将数组转换为元胞数组，元胞大小相同 |
| strjoin | 连接元胞为字符串 |
| strsplit | 把由空格、逗号等分隔的字符串转换为元胞数组 |
| struct2cell | 将结构体数组转换为元胞数组 |
| table2cell | 将表转换为元胞数组 |

元胞数组不需要完全连续的存储空间，但每个元胞需要连续的存储空间。存储空间预分配可以采用 cell 函数或给最后一个元胞分配空数组。例如，C=cell(25,50)与 C{25, 50}=[] 等效，MATLAB 将为一个 25×50 的元胞数组创建头文件。

### 1.1.3　表与时间表

表是适用于列向数据或表格数据的一种数据类型，在文本文件或电子表中以列的形式存储数据。表由行和列向变量组成，每个变量可以有不同的数据类型和规模，唯一的限制是每个变量的行数必须相同。表的索引可以用圆括号（）或大括号{}，前者返回子表，后者可以提取表的内容，如数值数组。另外，还可以用名称引用变量和行。

表的创建可以用函数table实现，也可以从文件直接创建表。

**例1.3** 用table函数创建一个包含两个变量和两行的表，并指定行名称。

```
T=
table([10;20],{'M';'F'},'VariableNames',{'Age','Gender'},...
'RowNames',{'P1','P2'})
T=
  2×2 table
             Age    Gender

             ___    ______

        P1   10     'M'
        P2   20     'F'
```

这是一个2×2的表，变量名为年龄（Age）和性别（Gender），行名为P1和P2。创建表时也可以用默认的变量名，然后通过表属性修改变量名。例如：

```
T=table([10;20],{'M';'F'});
T.Properties.VariableNames={'Age','Gender'}
```

**例1.4** 创建一个表，加入行名，并用行名访问行。可用下列MATLAB语句实现。

```
load patients  %加载患者数据库patients
T=table(Gender,Age,Height,Weight,Smoker,Systolic,Diastolic);
%创建表并指定变量名(性别,年龄,身高,体重,烟民,收缩压,舒张压)
T.Properties.RowNames=LastName;%行名为患者的姓
subtable=head(T,4);%显示表的前4行
>>subtable=head(T,4)
subtable=
  4×7 table
            Gender   Age Height Weight Smoker  Systolic Diastolic

            ______   ___ ______ ______ ______  ________ _________

    Smith    'Male'   38  176    71     true    124      93
    Johnson  'Male'   43  163    69     false   109      77
    Williams 'Female' 38  131    64     false   125      83
    Jones    'Female' 40  133    67     false   117      75
```

表操作的常用函数及功能见表1.3，其他操作函数请读者参考MATLAB帮助文档。

**表 1.3　表操作的常用函数及功能**

| 函数名称 | 功能说明 |
| --- | --- |
| table | 创建带命名变量的表数组，变量的数据类型和规模可以不同 |
| array2table | 将同构数组转换为表 |
| cell2table | 将元胞数组转换为表 |
| struct2table | 将结构体数组转换为表 |
| table2array | 将表转换为同构数组 |
| table2cell | 将表转换为元胞数组 |
| table2struct | 将表转换为结构体数组 |
| istable | 确定输入是否为表 |
| head | 获得表的前 8 行（默认），或前 $k$ 行 |
| tail | 获得表的后 8 行（默认），或后 $k$ 行 |
| height | 表的行数 |
| width | 表变量数 |
| summary | 显示表的综合信息 |
| readtable | 从文件创建表 |
| writetable | 将表写到文件 |

时间表（timetable）是一种与表类似的数据类型，它的每一行都对应一个时间。时间表的部分操作函数见表 1.4。例如，下面的语句先读入一个表，再转换为时间表。

```
indoors=readtable('indoors.csv');
indoors=table2timetable(indoors);
>>indoors(1:5,:)
ans=
  5×2 timetable
              Time              Humidity    AirQuality
    ___________________        ________    __________

    2015-11-15 00:00:24           36           80
    2015-11-15 01:13:35           36           80
    2015-11-15 02:26:47           37           79
    2015-11-15 03:39:59           37           82
    2015-11-15 04:53:11           36           80
```

**表 1.4　时间表的部分操作函数**

| 函数名称 | 功能说明 |
| --- | --- |
| timetable | 创建时间表数组，由时间戳和不同类型的变量组成 |
| retime | 若有不规则的时间，对时间表中的数据重采样或累加 |

续表

| 函数名称 | 功能说明 |
| --- | --- |
| synchronize | 同步时间表为常见的时间向量 |
| lag | 对时间表中的数据进行时间移位 |
| table2timetable | 将表转换为时间表 |
| array2timetable | 将数组转换为时间表 |
| timetable2table | 将时间表转换为表 |
| istimetable | 确定输入是否为时间表 |
| isregular | 确定时间表中的时间是否规则 |
| timerange | 确定时间表中指定行之间的时间范围 |
| withtol | 改变指定行的时间 |
| vartype | 通过变量类型引用时间表或表 |
| rmmissing | 删除缺失的项 |

### 1.1.4 类别数组

类别数组是用于存储一组离散类别值的数据类型。这些类别可以是具有自然顺序的，但也可以没有这种顺序。类别数组为非数值型数据提供了有效的存储方式和方便的处理手段，同时这些值还保留有意义的名称。类别数组常用于一个表中对行进行分组。类别数组操作的部分函数见表 1.5。

**表 1.5　类别数组操作的部分函数**

| 函数名称 | 功能说明 |
| --- | --- |
| categorical | 创建类别数组 |
| iscategorical | 确定输入是否为类别数组 |
| categories | 显示类别数组的类别 |
| iscategory | 检验是否为类别数组的类别 |
| isordinal | 确定输入是否为有序类别数组 |
| isprotected | 确定类别数组中的类别是否受保护 |
| addcats | 类别数组增加类别 |
| mergecats | 合并类别数组中的类别 |
| removecats | 删除类别数组中的类别 |
| renamecats | 类别数组中类别改名 |
| reordercats | 类别数组中的类别重排序 |
| setcats | 设置类别数组中的类别 |
| summary | 显示类别数组的综合信息 |
| countcats | 按类别统计类别数组元素出现的次数 |
| isundefined | 找出类别数组中未定义的数组元素 |

**例 1.5**　利用元胞数组中的字符向量创建有序的类别数组。

```
AllSizes={'medium','large','small','small','medium',...
'large','medium','small'};%创建 1×8 元胞数组,包含 8 个对象的大小
valueset={'small','medium','large'};%设置 3 个不同的大小值
sizeOrd=categorical(AllSizes,valueset,'Ordinal',true);
%创建类别数组,类别有序(从小到大)
C=categories(sizeOrd);%显示类别
```

运行结果如下：

```
sizeOrd=
  1×8 categorical 数组
        medium        large        small        small        medium
large   medium        small
C=
  3×1 cell 数组
    {'small' }
    {'medium'}
    {'large' }
```

### 1.1.5　函数句柄

函数句柄是存储函数关联变量的一种数据类型。函数句柄是一个变量，多个句柄可以存储在一个数组中。利用函数句柄，可以构建命名或匿名函数，或指定回调函数，还可以将一个函数传递给另一个函数，或者从主函数外部调用局部函数。

函数句柄的创建非常简单，在函数名前用符号@即可。例如，若函数名称为 myfunction，要创建函数句柄 f，可以用如下语句：

```
f=@myfunction;
```

如果创建匿名函数句柄 h，则采用如下格式：

```
h=@(arglist)anonymous_function;
```

其中，arglist 为函数输入参数列表，参数之间用逗号分隔。

**例 1.6**　先定义函数，再定义函数句柄，然后通过句柄调用函数。

```
function y=computeSquare(x)%定义计算平方的函数
y=x.^2;
end
f=@computeSquare;%定义函数句柄
a=4;
b=f(a);%通过句柄调用函数
```

上述例子也可用匿名函数句柄实现。例如：

```
sqr=@(n)n.^2;
```

```
x=sqr(4);
```
可以创建一组函数句柄，放在元胞数组或结构数组中。例如：
```
C={@sin,@cos,@tan};%元胞数组中定义了 3 个三角函数的句柄
y1=C{2}(pi);%通过元胞调用句柄,计算 cos(π)
S.a=@sin;S.b=@cos;S.c=@tan;%通过结构体 S 定义 3 个三角函数句柄
y2=S.a(pi/2);通过结构体字段调用句柄,计算 sin(π/2)
```

### 1.1.6 Map 容器

Map 是一种通过快捷键查找数据的结构类型，它提供了灵活的手段来索引 Map 中的每个元素。MATLAB 的大多数数组数据结构都是通过整数索引查找数据，Map 的索引（称为键）可以是任何标量数值或字符矢量。Map 中存储了键和对应的数值，两者是一一对应的。

Map 是一个 Map 类的对象，是由 MATLAB 的容器包定义的。Map 对象的创建方法如下：
```
mapObj=containers.Map({key1,key2,...},{val1,val2,...});
%一个键对应一个值
```
如果键为字符向量，则需要用单引号：
```
mapObj=containers.Map({'keystr1','keystr2',...},{val1,val2,...});
```
**例 1.7** 创建一个 Map 对象，存储某地某年 1～12 月份的降雨量和年降雨量。
```
k={'Jan','Feb','Mar','Apr','May','Jun',...
  'Jul','Aug','Sep','Oct','Nov','Dec','Annual'};
v={327.2,368.2,197.6,178.4,100.0,69.9,...
  32.3,37.3,19.0,37.0,73.2,110.9,1551.0};
rainfallMap=containers.Map(k,v);

rainfallMap=
  Map - 属性:
          Count:13
        KeyType:char
      ValueType:double
>>key=keys(rainfallMap)
key=
  1×13 cell 数组
  1 至 9 列
     {'Annual'}     {'Apr'}     {'Aug'}     {'Dec'}     {'Feb'}...
{'Jan'}    {'Jul'}    {'Jun'}    {'Mar'}
  10 至 13 列
```

```
    {'May'}    {'Nov'}    {'Oct'}    {'Sep'}
>>val=values(rainfallMap)
val=
  1×13 cell 数组
  1 至 6 列
    {[1551]}    {[178.4000]}    {[37.3000]}    {[110.9000]}
{[368.2000]}    {[327.2000]}
  7 至 13 列
    {[32.3000]}    {[69.9000]}    {[197.6000]}    {[100]}
{[73.2000]}    {[37]}    {[19]}
```

Map 对象操作的相关函数及功能说明见表 1.6。

**表 1.6　Map 对象操作的相关函数及功能说明**

| 函数名称 | 功能说明 |
| --- | --- |
| containers.Map | 将数值映射到唯一的键 |
| isKey | 确定 containers.Map 对象是否包括键 |
| keys | 辨识 containers.Map 对象的键 |
| remove | 从 containers.Map 对象删除键-值对 |
| values | 辨识 containers.Map 对象的值 |

### 1.1.7　时间序列

时间序列是在相同的时间间隔上，按指定的时间对数据进行采样得到的数据向量。时间序列与随机采样的数据不同，它表示一个动态过程随时间的演化。时间序列的线性时序在数据分析中具有与众不同的地位，分析方法也有其特殊性。时间序列分析主要涉及模式辨识、模式建模和数值预测。

采用函数 timeseries 可创建时间序列对象，格式如下：

```
ts=timeseries(data,time,quality,'Name',tsname);%采用指定的质量
%quality 和名称 tsname 创建空时间序列对象
```

其中，data 为时间序列数据，通常为样本数组；time 为时间向量；quality 为整数值向量，取值范围为−128～127，长度与时间向量一致；tsname 为时间序列对象名称。

例如：

```
b=timeseries(rand(5,4),'Name','LaunchData');%创建名为 LaunchData 的
%时间序列对象 b,包含 4 个数据集,长度为 5,采用默认时间向量
b=timeseries(rand(5,1),[1 2 3 4 5]);%创建时间序列对象 b,包含 1 个数
%据集,长度为 5,时间向量起点为 1,终点为 5
b=timeseries(rand(1,5),1,'Name','FinancialData');%创建名为
```

```
%FinancialData 的时间序列对象 b,包含 5 个数据点,1 个时间点
```

时间序列操作的函数较多，部分函数及功能见表 1.7。

**表 1.7　时间序列操作的部分函数及功能**

| 函数名称 | 功能说明 |
|---|---|
| addsample | 时间序列对象增加数据样本 |
| delsample | 从时间序列对象删除样本 |
| detrend | 从时间序列对象的二维数据中减去均值或最佳拟合线，同时删除 NaN（not a number，表示未定义或不可表示的数）值 |
| filter | 利用传递函数对时间序列对象进行滤波 |
| getabstime | 提取时间向量的日期字符串放入元胞数组 |
| getdatasamples | 通过数组索引提取时间序列的样本子集 |
| getinterpmethod | 获取时间序列对象的插值方法 |
| getsampleusingtime | 提取数据样本放入一个新的时间序列对象中 |
| idealfilter | 将理想的（非因果）滤波器用于时间序列对象 |
| resample | 采用新的时间向量对时间序列数据进行选择或采样 |
| setabstime | 设置时间序列对象的时间为日期字符串 |
| setinterpmethod | 设置时间序列对象的默认插值方法 |
| setuniformtime | 修改时间序列对象的均匀时间向量 |
| synchronize | 用相同的时间向量对两个时间序列对象进行同步和重采样 |
| timeseries | 创建时间序列对象 |

## 1.2　特殊矩阵与稀疏矩阵

MATLAB 是以矩阵和数组运算为基础的编程语言，所有 MATLAB 变量都是多维数组，不论它们是何种数据类型。矩阵是一个二维数组，在 MATALB 中具有重要的应用。特殊矩阵是指具有特殊的形式或结构的矩阵，如对角矩阵、三角矩阵等。表 1.8 给出了部分特殊矩阵的生成函数。下面对部分特殊矩阵做简要介绍。

**表 1.8　特殊矩阵生成函数及功能说明**

| 函数名称 | 功能说明 |
|---|---|
| compan | 生成多项式的伴随矩阵 |
| gallery | 测试矩阵 |
| hadamard | 阿达马（Hadamard）矩阵 |
| hankel | 汉克尔（Hankel）矩阵 |
| hilb | 希尔伯特（Hilbert）矩阵 |
| invhilb | 逆希尔伯特矩阵 |

续表

| 函数名称 | 功能说明 |
|---|---|
| magic | 魔方阵 |
| pascal | 帕斯卡（Pascal）矩阵 |
| rosser | 罗斯（Rosser）矩阵 |
| toeplitz | 特普利茨（Toeplitz）矩阵 |
| vander | 范德蒙德（Vandermonde）矩阵 |
| wilkinson | 威尔金森（Wilkinson）矩阵 |

$n$ 阶首一多项式（最高次项系数为 1）：

$$p(x)=x^n+c_{n-1}x^{n-1}+\cdots+c_1x+c_0$$

的伴随矩阵定义为

$$C(p)=\begin{bmatrix} -c_{n-1} & -c_{n-2} & \cdots & -c_1 & -c_0 \\ 1 & 0 & \cdots & 0 & 0 \\ 0 & 1 & \cdots & 0 & 0 \\ \vdots & \vdots & & \vdots & \vdots \\ 0 & 0 & \cdots & 1 & 0 \end{bmatrix}=[\boldsymbol{c};\boldsymbol{I},\boldsymbol{0}]$$

式中，$\boldsymbol{c}=[-c_{n-1},-c_{n-2},\cdots,-c_0]$；$\boldsymbol{I}$ 是$(n-1)\times(n-1)$的单位矩阵；$\boldsymbol{0}$ 是 $n-1$ 维全 0 列向量。

由 +1 和−1 组成的 $n$ 阶方阵 $\boldsymbol{H}$，如果满足列正交，即 $\boldsymbol{H}^{\mathrm{T}}\boldsymbol{H}=n\boldsymbol{I}$，则称矩阵 $\boldsymbol{H}$ 为阿达马矩阵，它在信号处理、通信编码等领域有重要应用。

汉克尔矩阵是每一条副对角线上的元素都相等的方阵。希尔伯特矩阵的元素满足 $H(i,j)=1/(i+j-1)$。魔方阵是每一行和每一列的元素之和都相等的方阵。帕斯卡矩阵是对称正定矩阵，它的每个元素均来自帕斯卡三角形。罗斯矩阵用于评价特征值算法。特普利茨矩阵是主对角线上元素都相等的矩阵。若有向量 $\boldsymbol{x}=[x_1,x_2,\cdots,x_n]$，则对应的范德蒙德矩阵为

$$\boldsymbol{V}=\begin{bmatrix} x_1^{n-1} & \cdots & x_1^2 & x_1 & 1 \\ x_2^{n-1} & \cdots & x_2^2 & x_2 & 1 \\ \vdots & & \vdots & \vdots & \vdots \\ x_{n-1}^{n-1} & \cdots & x_{n-1}^2 & x_{n-1} & 1 \\ x_n^{n-1} & \cdots & x_n^2 & x_n & 1 \end{bmatrix} \text{或} \boldsymbol{V}=\begin{bmatrix} 1 & x_1 & x_1^2 & \cdots & x_1^{n-1} \\ 1 & x_2 & x_2^2 & \cdots & x_2^{n-1} \\ \vdots & \vdots & \vdots & & \vdots \\ 1 & x_{n-1} & x_{n-1}^2 & \cdots & x_{n-1}^{n-1} \\ 1 & x_n & x_n^2 & \cdots & x_n^{n-1} \end{bmatrix}$$

威尔金森矩阵是一个对称的三对角矩阵，有一对特征值几乎相等。三对角矩阵是只有主对角线和其上下各一条对角线上的元素非零的矩阵。

## 1.3　随机数的产生

随机数在信号处理、信息加密、蒙特卡罗模拟、计算机仿真等方面都具有重要应用。通常所说的由计算机程序产生的随机数都不是真正意义上的随机数，而是伪随机数，只要

种子相同，随机数是可以重复的。MATLAB 用于产生伪随机数的函数见表 1.9。这些函数可以产生均匀分布、正态分布的随机数或随机矩阵。

**表 1.9 伪随机数产生函数及功能说明**

| 函数名称 | 功能说明 |
| --- | --- |
| rand | 产生均匀分布的随机数或随机矩阵 |
| randn | 产生正态分布的随机数或随机矩阵 |
| randi | 均匀分布伪随机整数或随机矩阵 |
| randperm | 随机排序 |
| rng | 控制随机数的产生 |

**例 1.8** 产生满足不同分布和范围要求的伪随机数。

```
r1=rand(5);%产生 5×5 在(0,1)均匀分布的随机数矩阵
r2=1+(9-1)*rand(10,1);%产生 10×1 在(1,9)均匀分布的随机数列向量
r3=rand+1i*rand;%产生一个随机复数
r4=randi([10,50],1,5);%产生在(10,50)均匀分布的 5 个随机整数
s=rng;%保存当前随机数发生器状态
r5=rand(1,5);%产生在(0,1)均匀分布的 5 个随机数
rng(s);%恢复随机数发生器之前保存的状态
r6=rand(1,5);%产生与 r5 完全相同的 5 个随机数
r7=randn(5);%产生 5×5 正态分布的随机数矩阵
```

rand($N$, 1)产生在（0，1）范围内均匀分布的 $N$ 个随机数。如果要产生在（$a$，$b$）范围内均匀分布的随机数，可用 $a+(b-a)$*rand($N$, 1)。

# 1.4 数据导入与分析

## 1.4.1 数据导入与导出

数据导入工具（import tool）可以交互式预览和导入电子表格、文本、图像、音频和视频等文件格式的数据，如图 1.3 所示。在 MATLAB 主窗口上变量（VARIABLE）区可找到“导入数据（Import Data）”按钮，单击它进入数据文件夹，选择合适的文件类型和数据，并可导入数据进行分析。

MATLAB 支持的标准数据格式包括文本文件（包括分隔文本和格式化文本）、电子表格（Microsoft Excel）、图像、科学数据文件[网络通用数据格式（network common data form，NetCDF）、HDF（hierarchical data file）5/4、FITS（flexible image transport system）、Band-Interleaved、频道定义格式（channel definition format，CDF）]、音视频、可扩展标记语言（extensible markup language，XML）文本等。此外，MATLAB 支持工作空间变量的编辑、浏览、保存（save）和加载（load）等，底层二进制文件读写（fread，fwrite），通

过传输控制协议/网际协议（transmission control protocol/internet protocol，TCP/IP）接口读写数据，通过 Web 服务、E-mail 和文件传输协议（file transfer protocol，FTP）等访问数据，通过串口设备读写数据。

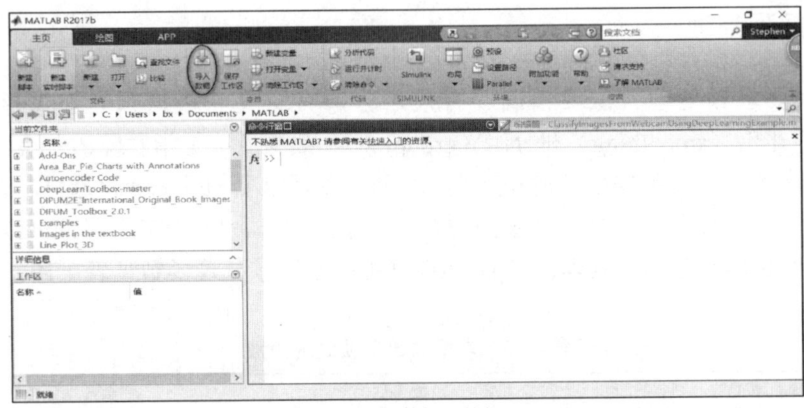


(a) “导入数据”按钮

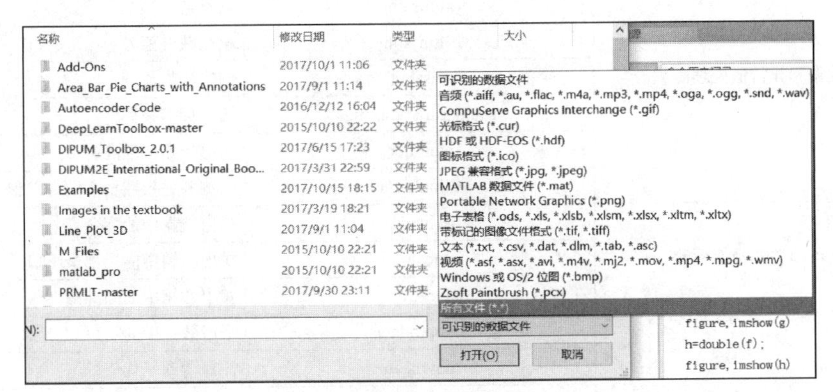


(b) 导入数据类型选择

图 1.3　数据导入工具的使用

### 1.4.2　大文件与大数据

MATLAB 支持对文件集和大数据集的访问与处理。

数据商店（datastore）可以存储那些太大而无法放入存储器的数据集，它允许将存储在磁盘上、远程位置或数据库中的多个文件作为一个整体进行读取和处理。创建数据商店的函数包括 datastore、TabularTextDatastore、SpreadsheetDatastore、ImageDatastore、FileDatastore，从数据商店读取数据可以用函数 read 或 readall。

高数组（tall arrays）提供了一种处理数据商店中行数多达几百万甚至几十亿的数据的方法，用函数 tall 创建。高数组可以是数值数组、Cell 数组、字符串、日期时间等。

MapReduce 是一种处理大数据集的编程方法，包括 Map 和 Reduce 两个阶段，用函数 mapreduce 实现。另外，用 matfile 函数可以直接对 MATLAB 的 MAT 文件进行访问和修改，不需要将文件读入内存中。matfile 函数可创建大于 2GB 的文件。采用内存映射（memory-mapping）机制可以提高访问大数据的速度，它将磁盘上的文件或文件的一部分映射到应用空间一定范围的地址。

### 1.4.3　数据预处理

数据集要求预处理方法要精确、有效，分析有意义。数据预处理包括数据清洗（cleaning）、平滑（smoothing）和分组（grouping）。数据清洗是指发现、去除和替换坏的数据或缺失的数据，发现局部极值和突变，有助于发现重要的数据变化趋势。平滑是去除数据中的噪声。分组是识别数据变量间关系的方法。另外，尺度伸缩（scaling）和去趋势（detrending）也属于数据预处理。MATLAB 常用的数据预处理函数见表 1.10。

**表 1.10　常用的数据预处理函数**

| 预处理类型 | 函数名称 | 函数功能说明 |
| --- | --- | --- |
| 缺失数据和异常值处理函数 | ismissing | 找出缺失数据值 |
| | rmmissing | 删除缺失项 |
| | fillmissing | 填充缺失值 |
| | missing | 创建缺失值 |
| | standardizeMissing | 插入标准缺失值 |
| | isoutlier | 找出数据中的离群值 |
| | filloutliers | 检测并替换数据中的离群值 |
| 变化点和局部极值检测 | ischange | 找出数据中的突变点 |
| | islocalmin | 找出数据中的局部最小值 |
| | islocalmax | 找出数据中的局部最大值 |
| 数据平滑、尺度伸缩和去趋势 | smoothdata | 平滑数据中的噪声 |
| | movmean | 计算滑动平均值 |
| | movmedian | 计算滑动中值 |
| | rescale | 改变数组元素值的范围 |
| | detrend | 去除数据中的线性趋势 |
| 数据分组与合并（binning） | discretize | 数据分组、分类或装箱 |
| | histcounts | 直方图直条数统计 |
| | histcounts2 | 双变量直方图直条数统计 |
| | findgoups | 找出数据组，返回组号 |
| | splitapply | 数据分离为组并用于函数 |
| | rowfun | 函数用于表或时间表的行 |
| | varfun | 函数用于表或时间表的变量 |
| | accumarray | 用累加方式创建数组 |

### 1.4.4　统计描述

数据统计是找出数据的取值范围、中心趋势、标准偏差、方差和相关系数等统计量的过程，这些统计量可以分为基本统计量、累积统计量和滑动统计量，MATLAB 常用的统计量计算函数见表 1.11。

**表 1.11　常用的统计量计算函数**

| 统计量分类 | 函数名称 | 函数功能说明 |
| --- | --- | --- |
| 基本统计量 | min | 找到数组中的最小元素值 |
| | mink | 找到数组中前 *k* 个最小元素值 |
| | max | 找到数组中的最大元素值 |
| | maxk | 找到数组中前 *k* 个最大元素值 |
| | bounds | 找到最大和最小元素值 |
| | mean | 计算数组元素的平均值 |
| | median | 找到数组元素的中值 |
| | mode | 找到数组中出现频数最大的元素值 |
| | std | 计算数组元素的标准偏差 |
| | var | 计算方差 |
| | corrcoef | 计算相关系数 |
| | cov | 计算协方差 |
| 累积统计量 | cummax | 计算累积最大值 |
| | cummin | 计算累积最小值 |
| 滑动统计量 | movmad | 计算滑动绝对偏差中值 |
| | movmax | 计算滑动最大值 |
| | movmean | 计算滑动均值 |
| | movmedian | 计算滑动中值 |
| | movmin | 计算滑动最小值 |
| | movprod | 计算滑动乘积 |
| | movstd | 计算滑动标准偏差 |
| | movsum | 计算滑动求和 |
| | movvar | 计算滑动方差 |

### 1.4.5　可视化探索

可视化探索利用图形全景显示、缩放、旋转，修改和保存图形观测结果。数据可视化和图形工具的功能包括创建归纳可视化图形，如直方图或散点图等，通过全景显示、缩放或旋转调整图形的视角，突出显示和编辑图形上的观测结果，描述图形上的观测结果，连接数据图形和变量。MATLAB 可绘制图形包括标准图形、定制图形和高级图形，用于绘制数据图形的常用函数见表 1.12。

**表 1.12　绘制数据图形的常用函数**

| 线图 | 饼图、条形图和直方图 | 离散数据图 | 极坐标图 | 轮廓图 | 矢量场 | 表面和网线图 | | 立体可视化 | 动画 | 图像 |
|---|---|---|---|---|---|---|---|---|---|---|
| plot | area | stairs | polarplot | contour | quiver | surf | mesh | streamline | animatedline | image |
| plot3 | pie | stem | polarhistogram | contourf | quiver3 | surfc | meshc | streamslice | comet | imagesc |
| semilogx | pie3 | stem3 | polarscatter | contour3 | feather | surfl | meshz | streamparticles | comet3 | image |
| semilogy | bar | scatter | compass | contourslice | | ribbon | waterfall | streamribbon | | imagesc |
| loglog | barh | scatter3 | ezpolar | fcontour | | pcolor | fmesh | streamtube | | |
| errorbar | bar3 | spy | | | | fsurf | | coneplot | | |
| fplot | bar3h | plotmatrix | | | | fimplicit3 | | slice | | |
| fplot3 | histogram | heatmap | | | | | | | | |
| fimplicit | histogram2 | | | | | | | | | |
| | pareto | | | | | | | | | |

**例 1.9**　绘制图中图：先绘制正弦函数 $\sin(t)$ 的图形，再在图中不同位置分别绘制函数 $\sin^2(t)$ 和函数 $\sin^3(t)$ 的图形。MATLAB 代码如下：

```
%创建数据
```

```
t=linspace(0,2*pi);
t(1)=eps;
y=sin(t);

%设置坐标轴范围在(0.1,0.1),宽和高均为 0.8
figure
handaxes1=axes('Position',[0.12 0.12 0.8 0.8]);

%绘制主图
plot(t,y)
xlabel('t')
ylabel('sin(t)')
set(handaxes1,'Box','off')

%调整 XY 标记字体
handxlabel1=get(gca,'XLabel');
set(handxlabel1,'FontSize',16,'FontWeight','bold')
handylabel1=get(gca,'ylabel');
set(handylabel1,'FontSize',16,'FontWeight','bold')

%在同一个图上设置第二组坐标
handaxes2=axes('Position',[0.6 0.6 0.2 0.2]);
fill(t,y.^2,'g')
set(handaxes2,'Box','off')
xlabel('t')
ylabel('(sin(t))^2')

%调整 XY 标记字体
set(get(handaxes2,'XLabel'),'FontName','Times')
set(get(handaxes2,'YLabel'),'FontName','Times')

%增加第三组坐标
handaxes3=axes('Position',[0.25 0.25 0.2 0.2]);
plot(t,y.^3)
set(handaxes3,'Box','off')
xlabel('t')
ylabel('(sin(t))^3')
```

绘制图形如图 1.4 所示。

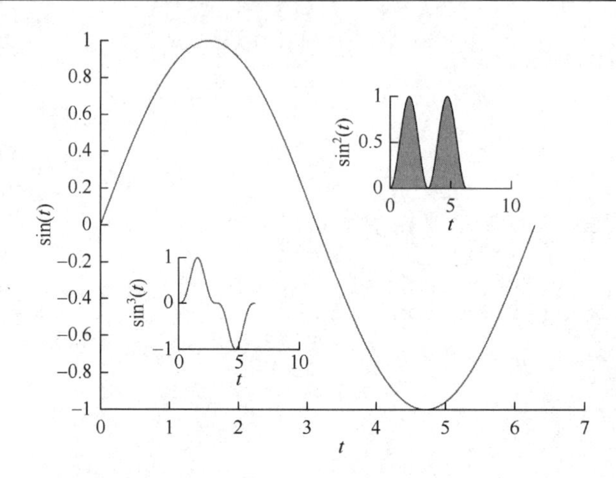


图 1.4　函数 $\sin(t)$、$\sin^2(t)$ 和 $\sin^3(t)$ 的图形

**例 1.10**　绘制复杂图形：区域图、饼图、条形图，并进行标记。MATLAB 代码如下：

```
%建立数据
t=0:0.01:2*pi;
x1=-pi/2:0.01:pi/2;
x2=-pi/2:0.01:pi/2;
y1=sin(2*x1);
y2=0.5*tan(0.8*x2);
y3=-0.7*tan(0.8*x2);
rho=1+0.5*sin(7*t).*cos(3*t);
x=rho.*cos(t);
y=rho.*sin(t);

%创建左边的图形(填充图,误差条形图,文字)
figure
subplot(121)
hold on
h(1)=fill(x,y,[0 0.7 0.7]);
set(h(1),'EdgeColor','none')

h(2)=fill([x1,x2(end:-1:1)],[y1,y2(end:-1:1)],[0.8 0.8 0.6]);
set(h(2),'EdgeColor','none')

h(3)=line(x1,y1,'LineWidth',1.5,'LineStyle',':');
h(4)=line(x2,y2,'Linewidth',1.5,'LineStyle','--','Color','red');
```

```
h(5)=line(x2,y3,'Linewidth',1.5,'LineStyle','-.',...
'Color',[0 0.5 0]);

%创建误差条形图
err=abs(y2-y1);
hh=errorbar(x2(1:15:end),y3(1:15:end),err(1:15:end),'r');
h(6)=hh(1);

%创建标记
text(x2(15),y3(15),'\leftarrow \psi=-0.7tan(0.8\theta)',...
    'FontWeight','bold','FontName','times-roman',...
    'Color',[0 0.5 0],'FontAngle','italic')
text(x2(10),y2(10),'\leftarrow \psi=.5tan(0.8\theta)',...
    'FontWeight','bold','FontName','times-roman',...
    'Color','red','FontAngle','italic')

text(0,-1.65,'Text box','EdgeColor',[0.3 0 0.3],...
    'HorizontalAlignment','center',...
    'VerticalAlignment','middle','LineStyle',':',...
    'FontName','palatino','Margin',4,'BackgroundColor',...
    [0.8 0.8 1],'LineWidth',1)

%调整坐标特性
axis equal
set(gca,'Box','on','LineWidth',1,'Layer','top',...
    'XMinorTick','on','YMinorTick','on','XGrid','off',...
    'YGrid','on','TickDir','out','TickLength',...
    [0.015 0.015],'XLim',x1([1,end]),'FontName',...
    'avantgarde','FontSize',10,'FontWeight','normal',...
    'FontAngle','italic')

xlabel('theta(\theta)','FontName','bookman','FontSize',...
    12,'FontWeight','bold')
ylabel('value(\Psi)','FontName','helvetica','FontSize',12,...
    'FontWeight','bold','FontAngle','normal')
title('Cool Plot','FontName','palatino','FontSize',18,...
    'FontWeight','bold','FontAngle','italic','Color',...
    [0.3 0.7 0.3])
```

```
legh=legend(h,'blob','diff','sin(2\theta)','tan','tan2','error');
set(legh,'FontName','helvetica','FontSize',8,'FontAngle',...
'italic')

%创建右上角图形(条形图)
subplot(222)
bar(rand(10,5),'stacked')
set(gca,'Box','on','LineWidth',.5,'Layer','top',...
    'XMinorTick','on','YMinorTick','on','XGrid','on',...
    'YGrid','on','TickDir','in','TickLength',...
    [0.015 0.015],'XLim',[011],'FontName','helvetica',...
    'FontSize',8,'FontWeight','normal','YAxisLocation',...
    'right')
xlabel('bins','FontName','avantgarde','FontSize',10,...
    'FontWeight','normal')
yH=ylabel('y val(\xi)','FontName','bookman','FontSize',10,...
    'FontWeight','normal');
set(yH,'Rotation',-90,'VerticalAlignment','bottom')
title('Bar Graph','FontName','times-roman','FontSize',12,...
    'FontWeight','bold','Color',[0 0.7 0.7])

%创建右下角图形(饼图)
subplot(224)
pie([2 4 3 5],{'North','South','East','West'})
tP=get(get(gca,'Title'),'Position');
set(get(gca,'Title'),'Position',[tP(1),1.2,tP(3)])
title('Pie Chart','FontName','avantgarde','FontSize',12,...
    'FontWeight','bold','FontAngle','italic','Color',...
    [0.7 0 0.7])
th=findobj(gca,'Type','text');
set(th,'FontName','bookman','FontWeight','bold',...
'FontAngle','italic')
```

绘制的图形如图 1.5 所示。

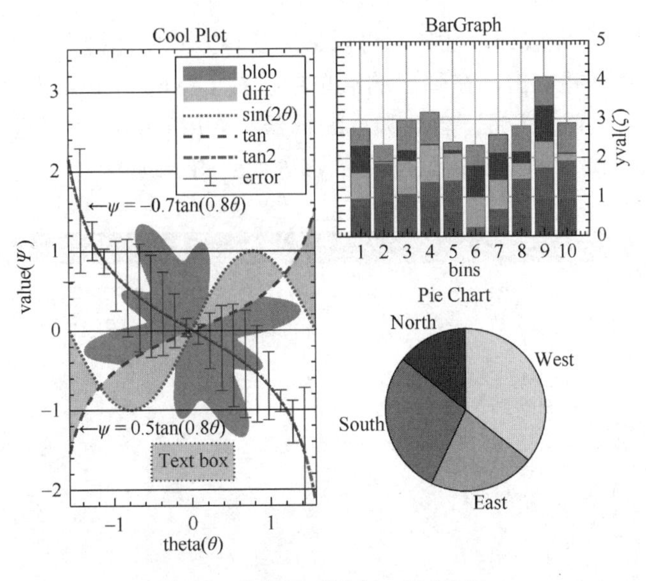


图 1.5　复杂图形绘制（见彩图）

# 1.5　脚本文件与函数文件编写

## 1.5.1　控制流语句

MATLAB 控制流语句包括条件语句、循环语句和分支语句，见表 1.13。

**表 1.13　控制流语句**

| 控制流语句 | 功能说明 |
|---|---|
| if，elseif，else | 条件执行语句 |
| for | for 循环，执行指定的次数 |
| switch，case，otherwise | 执行几组语句中的一组语句 |
| try，catch | 执行语句，并进行错误处理 |
| while | 条件成立时 while 循环重复执行 |
| break | 终止执行 for 或 while 循环 |
| continue | 进入 for 或 while 循环下一次迭代 |
| end | 代码块结束 |
| pause | 暂停执行 MATLAB 语句 |
| return | 返回触发控制的函数 |

## 1.5.2　脚本文件

脚本是一种最简单的程序文件，它没有输入参数或输出参数，可以自动重复执行一系列的 MATLAB 命令，完成计算任务。可以采用三种方式创建脚本文件：①在 Command History 窗口选中命令并右击，在弹出的菜单中选择 Create Script 选项；②在 MATLAB 主窗口，单击 New Script 按钮，启动脚本编辑器；③用 edit 函数创建，即 edit+文件名。图 1.6 给出了用脚本编辑器编辑例 1.10 中的部分代码的示例。

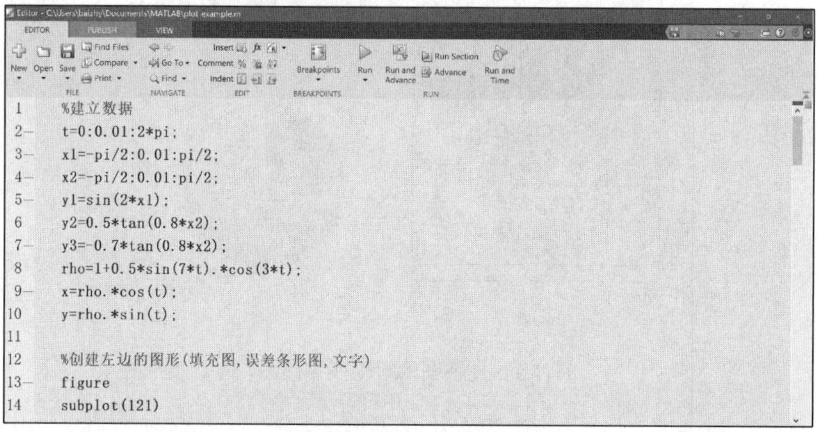

```
%建立数据
t=0:0.01:2*pi;
x1=-pi/2:0.01:pi/2;
x2=-pi/2:0.01:pi/2;
y1=sin(2*x1);
y2=0.5*tan(0.8*x2);
y3=-0.7*tan(0.8*x2);
rho=1+0.5*sin(7*t).*cos(3*t);
x=rho.*cos(t);
y=rho.*sin(t);

%创建左边的图形(填充图,误差条形图,文字)
figure
subplot(121)
```

图 1.6　MATLAB 脚本编辑器

## 1.5.3　实时脚本文件

MATLAB 实时脚本是一个交互式的文档，它将 MATLAB 代码、嵌入式输出、格式化文本、超链接、方程和图像等组合在实时编辑器环境中。实时脚本文件存储格式后缀为.mlx。只有 MATLAB 2016a 及其更新的版本支持实时脚本文件编辑和运行。采用三种方式可创建实时脚本文件：①在 MATLAB 主窗口，单击 New Live Script 按钮，启动实时脚本编辑器；②在 Command History 窗口选中命令并右击，在弹出的菜单中选择 Create Live Script 选项；③采用 edit 函数创建，即 edit+文件名（后缀为.mlx）。实时脚本编辑器对计算机的磁盘空间和内存空间有较高的要求，不支持配置较低的计算机系统。

采用实时脚本文件，我们能用可视化方式探索和分析问题，共享丰富的格式化文本，进行交互式教学，如图 1.7 所示。图 1.7（a）说明，在单一环境中工作并消除上下文切换，结果和可视化内容就显示在生成它们的代码旁边。将代码划分为可管理的区段，然后独立运行每个区段。MATLAB 通过有关参数、文件名等内容的上下文提示来帮助用户编码。可以使用交互式工具来探索图形，以及添加格式和注释。图 1.7（b）说明，可利用格式、图像和超链接来增强代码和输出，从而将实时脚本变成案例。要描述分析中使用的数学过程或方法，可以使用交互式编辑器插入公式，或使用 LaTeX 创建公式。可以采用实时脚本进行教学，创建结合说明文本、数学公式、代码和结果的文件，如图 1.7（c）所示。教师可以逐步讲授主题内容，每次讲一个小节，同时通过修改代码来说明概念，也可以采用开发示例说明工程师如何使用数学来解决实际的复杂问题。教师还可使用 MATLAB 代码创建实时脚本，布置探索性学习作业由学生自行完成。

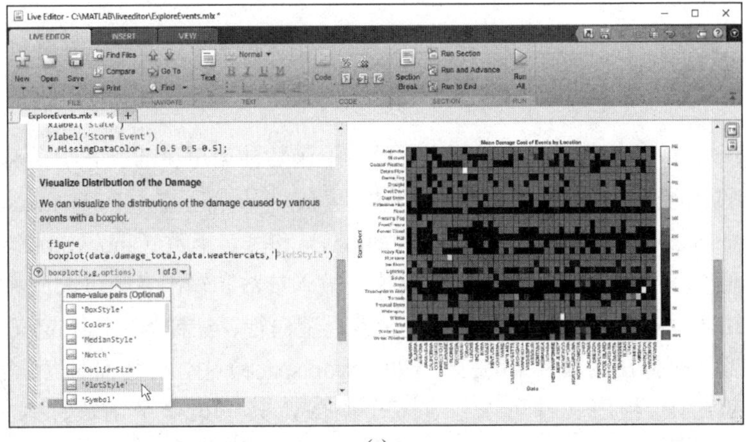


(a)

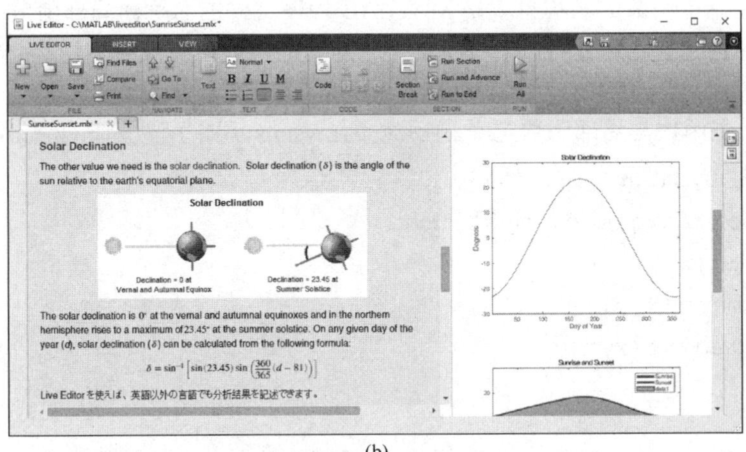


(b)

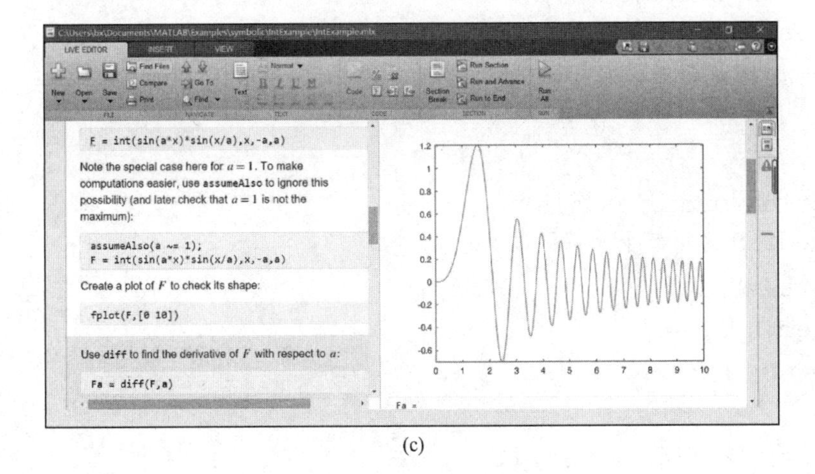


(c)

图 1.7　实时脚本编辑器示例

资料来源：https://cn.mathworks.com/products/matlab/live-editor.html？s_tid=srchtitle.

### 1.5.4　函数文件

函数与脚本一样都是 MATLAB 程序文件，但函数使用更灵活、方便，函数可以接收输入参数，返回输出参数。MATLAB 支持的函数类型包括局部函数（local functions）、嵌套函数（nested functions）、私有函数（private functions）和匿名函数（anonymous functions）。用关键字 function 定义函数时需要声明函数名称，输入参数和输出参数可选。函数体可包含有效的 MATLAB 表达式、控制流语句、嵌套函数、空白行、注释等。函数定义以 end 语句结束。函数里的变量存储在函数专用的工作空间（workspace）中，与基本的工作空间是分开的。

一个 MATLAB 程序文件可以包含多个函数，其中第一个函数称为主函数（main function），其余的函数称为局部函数。主函数对其他文件中的函数是可见的，或者可以从命令行调用它。主函数的名称也就是 MATLAB 程序文件的名称。局部函数可以出现在主函数之后的任何位置，只对同一个程序文件中的其他函数可见或被调用，相当于其他编程语言中的子程序，因此有时也称为子函数（subfunction）。

**例 1.11**　主函数与局部函数定义。主函数为 mystats，局部函数为 mymean 和 mymedian，程序文件名为 mystats.m。

```
function [avg,med]=mystats(x)
n=length(x);
avg=mymean(x,n);
med=mymedian(x,n);
end

function a=mymean(v,n)
%mymean 为第一个局部函数
a=sum(v)/n;
end

function=mymedian(v,n)
%mymedian 为第二个局部函数
w=sort(v);
if rem(n,2)==1
  m=w((n+1)/2);
else
  m=(w(n/2)+w(n/2+1))/2;
end
end
```

匿名函数是一类特殊的函数，不需要存储在程序文件中，它与数据类型函数句柄

（function handle）相关联。与标准的函数一样，匿名函数可以接收输入参数，返回输出参数，但是匿名函数只能包含一条语句。匿名函数用关键字@定义，例如：

```
sqr=@(x)x.^2;%定义匿名函数 sqr,计算 x 的平方,其数据类型为函数句柄
```

匿名函数的调用方式与标准函数类似，例如：

```
a=sqr(5);%计算 5 的平方
```

嵌套函数是完全包含在父函数中的一类函数，也就是函数中的函数。嵌套函数与父函数可共享变量，修改变量的值。例如：

```
function parent
disp('This is the parent function')
nestedfx
  function nestedfx
    disp('This is the nested function')
  end
end
```

私有函数可以限制函数的作用范围。将函数文件存储在一个名为 private 的子文件夹中，就可以将其指定为私有函数。

### 1.5.5 程序调试

启动 MATLAB 编辑器（Editor），可以编辑程序代码。编辑功能包括插入节、增加或删除注释、增加或减少缩进等，编辑器可以运行、调试程序，设置或清除断点，程序运行至断点会暂停，单击“继续”按钮可继续运行程序，或单击“退出调试”按钮停止程序运行。程序运行可以按节进行，运行完一节进入下一节等待，还可以对程序运行过程计时，采用探查器（Profiler）对程序中函数的调用次数、自用时间和总时间等进行统计分析。编辑器功能按钮如图 1.8 所示，其中图 1.8（a）为非调试状态时的按钮，图 1.8（b）为进入调试状态时的按钮。

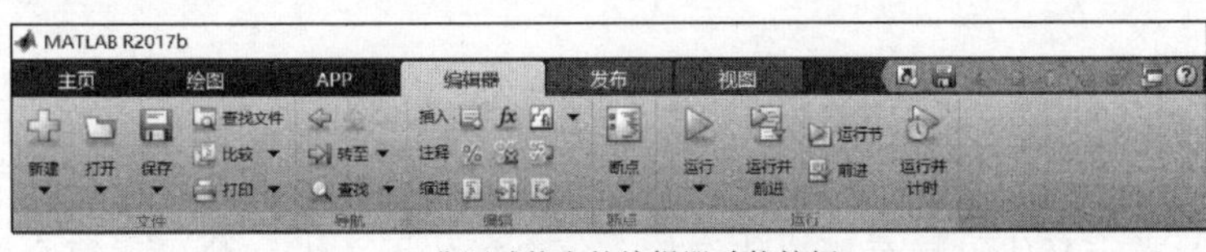


(a) 非调试状态的编辑器功能按钮

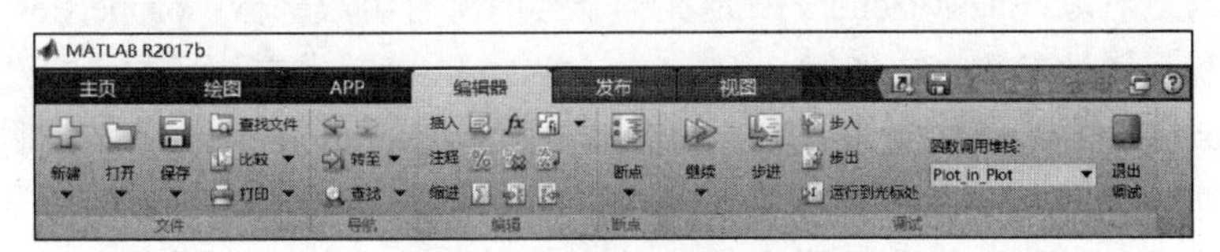


(b) 调试状态的编辑器功能按钮

图 1.8　编辑器功能按钮

# 第 2 章　MATLAB 高级软件开发

## 2.1　面向对象编程

MATLAB 支持用户使用面向对象（object-oriented）编程方法进行程序设计。如果程序涉及专用数据结构或大量与特殊数据类型交互的函数，则面向对象的方法可简化程序设计任务。

### 2.1.1　类定义关键字和函数

MATLAB 类定义由几个代码块组成，分别定义了类的属性、方法和事件。每个代码块声明的属性值适用于所有属性、方法或声明属性值的代码块定义的事件。属性值也适用于类本身。表 2.1 给出了类定义的关键字和相关函数。

**表 2.1　类定义的关键字和相关函数**

| 关键字或函数名称 | 功能说明 |
| --- | --- |
| classdef | 类定义关键字 |
| class | 确定对象所属的类 |
| isobject | 确定输入是否为 MATLAB 对象 |
| enumeration | 显示类枚举成员名称 |
| events | 事件名称 |
| methods | 类方法名称 |
| properties | 类属性名称 |

### 2.1.2　创建简单的类

MATLAB 类定义代码具有模块化结构，每个模块用关键字分隔，每个关键字都有一个 end 语句与之对应：class…end——定义一个类的所有组成部分；properties…end——定义类属性名称、属性参数、缺省值；methods…end——声明类方法标志、方法属性、函数代码；events…end——声明类事件名、事件属性；enumeration…end——声明枚举成员和枚举类的枚举值。

类可以定义一种称为构造函数（constructor）的特殊方法用于创建对象，可以将参数传递给构造函数，验证和分配类属性值。通过定义一种与现有的 MATLAB 函数同名的方法，类可以实现 MATLAB 现有的功能，如加法运算。如果要将两个类对象相加，是将每个对象的类属性值相加。这个方法称为函数重载（function overload）。

**例 2.1**　设计一个基本类 BasicClass，它包含一种属性和四种作用在属性数据上的方法。类 BasicClass 定义如下：

```
classdef BasicClass  %classdef 为类定义关键字
    properties  %定义类属性
        Value
    end
    methods  %声明类方法
        function obj=BasicClass(val) %类构造函数(constructor)
            if nargin==1
                if isnumeric(val)
                    obj.Value=val;
                else
                    error('Value must be numeric')
                end
            end
        end
        function r=roundOff(obj) %将属性值四舍五入到两位有效数字
            r=round([obj.Value],2);
        end
        function r=multiplyBy(obj,n) %将属性值乘以 n
            r=[obj.Value]*n;
        end
        function r=plus(o1,o2) %函数重载加法运算
            r=o1.Value+o2.Value;
        end
    end
end
```

用类名 BasicClass 可以定义类对象，如：

```
a=BasicClass;%定义类对象 a
a=
  BasicClass with properties:
    Value:[]
```

注意，开始时类属性值 Value 为空。用点将对象变量和属性名连接起来，可以给类属性分配属性值，如“a.Value=pi/3;”，如果要获取属性值，则用：

```
a.Value
ans=1.0472
```

定义了类对象后，可对对象调用方法，如：

```
roundOff(a)
```

```
ans=
1.0500
multiplyBy(a,3)
ans=
   3.1416
```

注意，也可用 a.multiplyBy(3)代替 multiplyBy(a,3)。

**例 2.2** 典型的类定义：计算圆面积的类 CircleArea，用于保存圆半径、计算圆面积、绘图、显示结果和创建类对象。CircleArea 类代码如下：

```
classdef CircleArea
   properties
      Radius
   end
   poproperties(Constant)
      P=pi
   end
   properties(Dependent)
      Area
   end
   methods
      function obj=CircleArea(r)
         if nargin>0
            obj.Radius=r;
         end
      end
      function val=get.Area(obj)
         val=obj.P*obj.Radius^2;
      end
      function obj=set.Radius(obj,val)
         if val<0
            error('Radius must be positive')
         end
         obj.Radius=val;
      end
      function plot(obj)
         r=obj.Radius;
         d=r*2;
         pos=[0 0 d d];
         curv=[1 1];
```

```
            rectangle('Position',pos,'Curvature',curv,...
                'FaceColor',[.9 .9 .9])
            line([0,r],[r,r])
            text(r/2,r+.5,['r=',num2str(r)])
            title(['Area=',num2str(obj.Area)])
            axis equal
        end
        function disp(obj)
            rad=obj.Radius;
            disp(['Circle with radius:',num2str(rad)])
        end
    end
    methods(Static)
        function obj=createObj
            prompt={'Enter the Radius'};
            dlgTitle='Radius';
            rad=inputdlg(prompt,dlgTitle);
            r=str2double(rad{:});
            obj=CircleArea(r);
        end
    end
end
```

假设上述类代码保存在当前路径目录下，类 CircleArea 的使用方法如下：如用类对话框创建一个对象 ca，在 MATLAB 命令窗口输入 ca=CircleArea.createObj 并按回车键，出现输入圆半径的窗口，在窗口中输入圆半径的值，单击“确定”按钮，显示圆的半径，如图 2.1 所示。

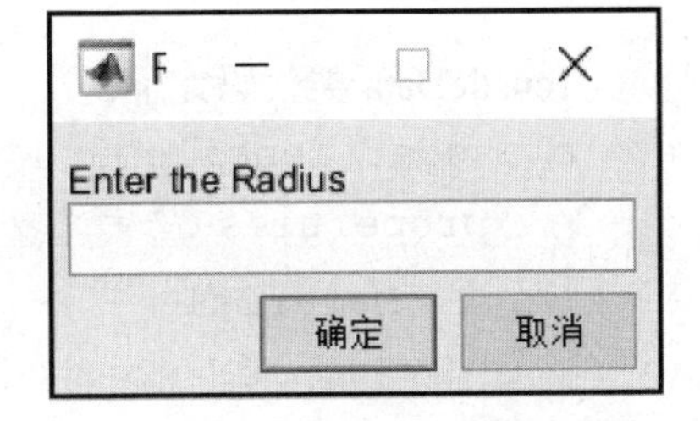


图 2.1　输入圆半径的窗口

在窗口中输入 10，单击“确定”按钮，显示结果如下：

```
ca=
Circle with radius:10
```

要计算圆面积，输入 ca.Area 并按回车键，显示结果如下：

```
ca.Area
ans=
314.1593
```

调用类重载的绘图函数 plot，输入 plot（ca）并按回车键，可绘制圆，显示半径和面积，结果如图 2.2 所示。

**例 2.3**　用类 TensileData 表示材料应力（tensile stress）和应变（tensile strain）结构化测量数据。表 2.2 给出了类表示的测试材料数据结构。

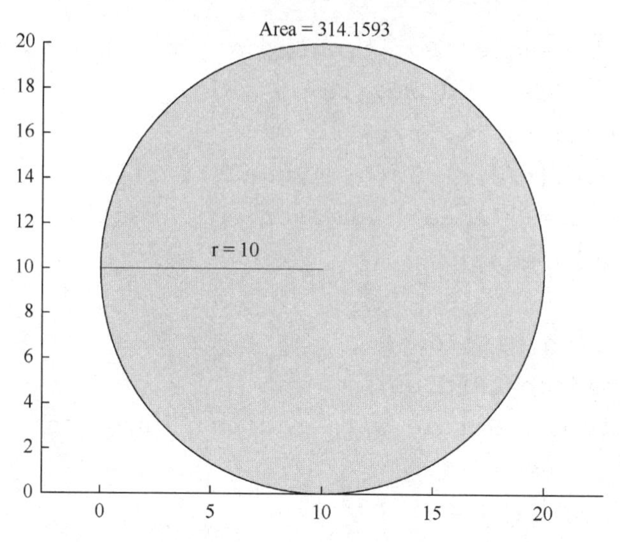


图 2.2 用类 CircleArea 计算圆面积显示的结果

**表 2.2 测试材料数据结构**

| 数据 | 描述 |
| --- | --- |
| Material | 字符向量，用于区分测试材料的类型 |
| SampleNumber | 测试样本的数量 |
| Stress | 数值向量，表示测试时作用于样本的应力 |
| Strain | 数值向量，表示对应于应力的应变 |
| Modulus | 定义测试材料的弹性模量（elastic modulus），可由应力和应变数据计算得到 |

TensileData 类代码如下：

```
classdef TensileData  %数值类可以独立复制对象
   properties  %定义数据结构
      Material
      SampleNumber
      Stress
      Strain
   end
   properties(Dependent) %计算弹性模量
      Modulus
   end
   methods  %定义方法
   function td=TensileData(material,samplenum,...  %构造函数
      stress,strain)
      if nargin>0
```

```
            td.Material=material;
            td.SampleNumber=samplenum;
            td.Stress=stress;
            td.Strain=strain;
         end
      end
      function obj=set.Material(obj,material) %限制材料属性可能的取值
         if(strcmpi(material,'aluminum')||...
            strcmpi(material,'stainless steel')||...
            strcmpi(material,'carbon steel'))
            obj.Material=material;
         else
            error('Invalid Material')
         end
      end
      function m=get.Modulus(obj) %计算弹性模量属性
         ind=find(obj.Strain>0);
         m=mean(obj.Stress(ind)./obj.Strain(ind));
      end
      function obj=set.Modulus(obj,~) %模量属性设置
         fprintf('%s%d\n','Modulus is:',obj.Modulus)
         error('You cannot set Modulus property');
      end
      function disp(td) %重载显示函数disp,控制对象在命令窗口的显示格式
         fprintf(1,...
         'Material:%s\nSample Number:%g\nModulus:%1.5g\n',...
         td.Material,td.SampleNumber,td.Modulus)
      end
      function plot(td,varargin) %重载绘图函数plot,接受类对象并进行图
                                 %形绘制
         plot(td.Strain,td.Stress,varargin{:})
         title(['Stress/Strain plot for Sample',...
            num2str(td.SampleNumber)])
         ylabel('Stress(psi)')
         xlabel('Strain %')
      end
      end
   end %方法和类定义结束
```

利用上面定义的类，绘制碳钢（carbon steel）材料的应力与应变关系曲线，使用下面的语句：

```
td=TensileData('carbon steel',1,...
   [2e4 4e4 6e4 8e4],[.12 .20 .31 .40]);
plot(td,'-+b','LineWidth',2)
```

运行后，绘制出的曲线如图 2.3 所示。

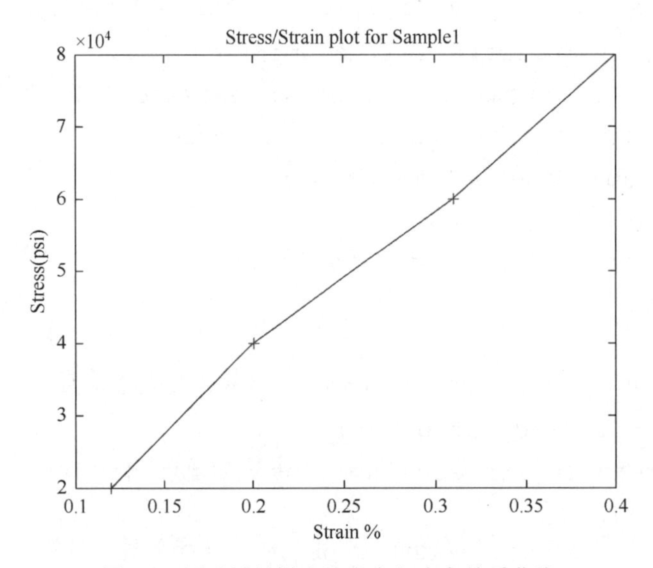


图 2.3　测试材料样本的应力与应变关系曲线

# 2.2　调用外部函数

## 2.2.1　调用 MEX 文件函数

MEX 文件是一个 MATLAB 函数，可以调用 C、C++或 Fortran 语言子程序。MEX 文件仅包含一个函数或子程序，函数名就是 MEX 文件名。二进制 MEX 文件是由 C/C++或 Fortran 源代码产生的子程序，可以像 MATLAB 脚本和内嵌函数一样使用。

调用 MEX 文件时直接用文件名，不需要文件的扩展名，只需 MEX 文件在 MATLAB 路径上。调用的语法取决于 MEX 文件定义的输入和输出参数。MEX 文件的扩展名与操作系统平台有关，对于 64bit Windows 平台、64bit Linux 平台和 64bit Apple MAC 平台，MEX 文件的扩展名分别为.mexw64、.mexa64 和.mexmaci64。尽管调用时不需要扩展名，但 MATLAB 是通过与平台相关的扩展名来识别 MEX 文件的。

**例 2.4**　从 C 语言程序中调用 MATLAB 函数示例。首先，找到 MATLAB 安装目录下的 C 语言程序 mexcallmatlab.c，目录路径为～\MATLAB\R2017b\extern\examples\mex，将该程序复制至 MATLAB 当前工作目录下。其次，在 MATLAB 命令窗口输入 mex mexcallmatlab.c 并按回车键，显示“使用'Microsoft Visual C++2015（C）'编译。MEX 已

成功完成。”根据 C 编译器的不同，显示略有不同。编译完成的 MEX 文件保存在当前工作目录下，文件名为 mexcallmatlab.mexw64。最后，在 MATLAB 命令窗口输入 mexcallmatlab 并按回车键（这里不需要加后缀名，MATLAB 自动识别为 mexcallmatlab.mexw64），显示如下结果：

```
>>mexcallmatlab
   1.0000+1.0000i  2.0000+2.0000i  3.0000+3.0000i  4.0000+4.0000i
   2.0000+2.0000i  3.0000+1.0000i  4.0000+2.0000i  3.0000+3.0000i
   3.0000+3.0000i  4.0000+2.0000i  3.0000+1.0000i  2.0000+2.0000i
   4.0000+4.0000i  3.0000+3.0000i  2.0000+2.0000i  1.0000+1.0000i

   10.8990+8.8990i 0.0000+0.0000i  0.0000+0.0000i  0.0000+0.0000i
   0.0000+0.0000i  -3.4142 -3.4142i  0.0000+0.0000i 0.0000+0.0000i
   0.0000+0.0000i 0.0000+0.0000i  1.1010 -0.8990i  0.0000+0.0000i
   0.0000+0.0000i 0.0000+0.0000i 0.0000+0.0000i  -0.5858 -0.5858i

   0.0551 -0.0449i 0.0000+0.0000i  0.0000+0.0000i  0.0000+0.0000i
   0.0000+0.0000i  -0.1464+0.1464i 0.0000+0.0000i  0.0000+0.0000i
   0.0000+0.0000i  0.0000+0.0000i  0.5449+0.4449i  0.0000+0.0000i
   0.0000+0.0000i  0.0000+0.0000i  0.0000+0.0000i -0.8536+0.8536i

ans=

   0.4899+0.1000i  0.6533+0.0000i  0.5000+0.0000i  0.2706+0.0000i
   0.5000+0.0000i 0.2706+0.0000i -0.4899 -0.1000i -0.6533 -0.0000i
   0.5000+0.0000i -0.2706+0.0000i -0.4899 -0.1000i  0.6533+0.0000i
   0.4899+0.1000i -0.6533 -0.0000i 0.5000 -0.0000i -0.2706+0.0000i
```

函数 mexcallmatlab.c 首先用汉克尔矩阵和特普利茨矩阵构造复数矩阵并显示，复数矩阵构造表达式用 MATLAB 符号表示为 hankel(1:4, 4:–1:1)+sqrt(–1)*toeplitz(1:4, 1:4)。然后调用 MATLAB 函数 eig 计算矩阵的特征值和特征向量，显示特征值矩阵。最后，计算特征矩阵的逆矩阵并显示。显示调用了 MATLAB 函数 disp。

### 2.2.2　调用 C 共享库函数

共享库函数是由应用程序运行时动态装载的一个函数集合。MATLAB 支持动态链接，共享库接口支持以任何语言编写的库函数，只要这些函数有一个 C 接口。共享库需要一个头文件提供库函数的签名。函数签名也称为原型，它建立了函数名及其参数的数量和类型。调用共享库函数时需要指定完整的路径和头文件。另外还需要安装 MATLAB 支持的 C 编译器。

MATLAB 通过命令行接口访问外部共享库中的 C 语言例程。该接口可以让用户将外部库装载到 MATLAB 内存中，并访问库中的函数。尽管 C 语言和 MATLAB 语言的环境类型不同，但通常用户不需要进行类型转换，而由 MATLAB 自动进行转换。表 2.3 给出了常用的调用 C 共享库的函数和指针。

**表 2.3　调用 C 共享库的函数和指针**

| 函数或指针名 | 功能说明 |
| --- | --- |
| loadlibrary | 将 C/C++共享库加载到 MATLAB |
| unloadlibrary | 从内存中卸载共享库 |
| libisloaded | 确定是否已加载共享库 |
| calllib | 调用共享库中的函数 |
| libfunctions | 返回有关共享库中函数的信息 |
| libfunctionsview | 在窗口中显示共享库函数签名 |
| libstruct | 将 MATLAB 结构体转换为 C 样式的结构体以用于共享库 |
| libpointer | 用于共享库的指针对象 |
| lib.pointer | 与 C 指针兼容的指针对象 |

MATLAB 包含了一个名为 shrlibsample 的外部样本库（sample external library），安装位置为 matlabroot\extern\examples\shrlib。要查看 MATLAB 中的源代码，可以通过如下命令实现：

```
edit([matlabroot'/extern/examples/shrlib/shrlibsample.c'])
edit([matlabroot'/extern/examples/shrlib/shrlibsample.h'])
```

要查看 shrlibsample 库中的函数，可通过如下命令实现：

```
addpath(fullfile(matlabroot,'extern','examples','shrlib'))
loadlibrary('shrlibsample')
libfunctions shrlibsample-full
```

shrlibsample 库中的函数如下：

```
[double,doublePtr] addDoubleRef(double,doublePtr,double)
double addMixedTypes(int16,int32,double)
[double,c_structPtr] addStructByRef(c_structPtr)
double addStructFields(c_struct)
c_structPtrPtr allocateStruct(c_structPtrPtr)
voidPtr deallocateStruct(voidPtr)
lib.pointer exportedDoubleValue
lib.pointer getListOfStrings
doublePtr multDoubleArray(doublePtr,int32)
[lib.pointer,doublePtr] multDoubleRef(doublePtr)
```

```
int16Ptr multiplyShort(int16Ptr,int32)
doublePtr print2darray(doublePtr,int32)
printExportedDoubleValue
cstring readEnum(Enum1)
[cstring,cstring] stringToUpper(cstring)
```

**例 2.5**　利用 shrlibsample 库函数 stringToUpper 将 MATLAB 中的字符数组转换为大写字母。

函数 stringToUpper 定义如下：

```
EXPORTED_FUNCTION char* stringToUpper(char *input)
{
   char *p=input;
   if(p!=NULL)
      while(*p!=0)
         *p++=toupper(*p);
   return input;
}
```

这里，输入参数 char *是字符串的 C 指针。

将字符数组转换为大写字母的 MATLAB 代码如下：

```
str='This was a Mixed Case string';%定义字符数组
if not(libisloaded('shrlibsample'))%加载 shrlibsample 库
   addpath(fullfile(matlabroot,'extern','examples','shrlib'))
   loadlibrary('shrlibsample')
end
res=calllib('shrlibsample','stringToUpper',str)%将 str 传递给函数
```

运行上述代码，结果如下：

```
res=
'THIS WAS A MIXED CASE STRING'
```

该例子说明如何将 MATLAB 字符数组 str 传递给 C 函数 stringToUpper。需要注意的是，stringToUpper 函数的输入参数是指向字符型数据的指针，而 MATLAB 的字符型数据不是指针，因此，stringToUpper 函数不会修改输入参数 str 的值，即 str='This was a Mixed Case string'。

**例 2.6**　利用 lib.pointer 对象创建元胞数组，MATLAB 代码如下：

```
%加载 shrlibsample 库
if not(libisloaded('shrlibsample'))
   addpath(fullfile(matlabroot,'extern','examples','shrlib'))
   loadlibrary('shrlibsample')
end
```

```
%调用 getListOfStrings 函数以创建一个字符向量数组,该函数返回指向该数组
%的指针
ptr=calllib('shrlibsample','getListOfStrings');
class(ptr)

%创建索引变量以循环访问数组,对函数返回的数组使用 ptrindex,对 MATLAB 数
%组使用 index
ptrindex=ptr;%
index=1;

%创建字符向量元胞数组 mlStringArray,将 getListOfStrings 的输出复制到
%该元胞数组
%read until end of list(NULL)
while ischar(ptrindex.value{1})
    mlStringArray{index}=ptrindex.value{1};
    %increment pointer
    ptrindex=ptrindex+1;
    %increment array index
    index=index+1;
end
```

查看元胞数组的内容，如下：

```
mlStringArray=1x4 cell array
    {'String 1'}   {'String Two'}   {0x0 char}   {'Last string'}
```

### 2.2.3 调用 Java 库

MATLAB 支持访问现有的 Java 类并在工作区中使用，也可以访问在各个.class 文件、包或 Java 存档（Java archive，JAR）文件中定义的类，包括用户自己开发的类。归纳起来，在 MATLAB 中可以实现与 Java 相关的功能包括：①访问支持 I/O 操作和联网的 Java 类包；②访问第三方 Java 类；③在 MATLAB 工作空间中构建 Java 对象；④采用 Java 或 MATLAB 句法调用 Java 对象方法；⑤在 MATLAB 变量和 Java 对象之间传递数据。实现这些功能的 MATLAB 函数或类见表 2.4。

**表 2.4　调用 Java 库的 MATLAB 函数或类**

| 函数或类名 | 功能说明 |
| --- | --- |
| import | 将包或类添加到当前导入列表 |
| isjava | 确定输入是否为 Java 对象 |
| javaaddpath | 向动态 Java 类路径中添加条目 |

续表

| 函数或类名 | 功能说明 |
| --- | --- |
| javaArray | 构造 Java 数组对象 |
| javachk | 基于 Java 功能支持的错误消息 |
| javaclasspath | 返回 Java 类路径或指定动态路径 |
| javaMethod | 调用 Java 方法 |
| javaMethodEDT | 从事件调度线程中调用 Java 方法 |
| javaObject | 调用 Java 构造函数 |
| javaObjectEDT | 对事件调度线程调用 Java 构造函数 |
| javarmpath | 从动态 Java 类路径中删除条目 |
| usejava | 确定 Java 功能是否可用 |
| matlab.exception.JavaException | 捕获 Java 异常的错误信息 |

在 MATLAB 中使用 Java 类之前，需将这些类置于 Java 类路径。类路径是一系列文件和文件夹设定的。加载 Java 类时，MATLAB 按照文件和文件夹在类路径中出现的顺序搜索文件和文件夹。当 MATLAB 找到包含类定义的文件时，搜索结束。

Java 类路径分为静态路径和动态路径。每次启动 MATLAB 会话时，会从 MATLAB 内置 Java 路径和文件 javaclasspath.txt 加载静态路径。MATLAB 先搜索静态路径，再搜索动态路径。静态的 Java 路径提供比动态 Java 路径更好的 Java 类加载性能。如果修改了静态路径，则必须重新启动 MATLAB。动态路径为用户开发自己的 Java 类提供了便利。用户可在 MATLAB 会话期间使用 javaclasspath 函数随时修改和加载动态路径。在开发和调试 Java 类后，应将该类添加到静态路径中。

**例 2.7**　访问 Java 数组元素。Java 数组是一个容器对象（container object），它包含固定数目、单一数据类型的数值。下面的 MATLAB 代码首先创建一个 MATLAB 数组，然后将该数组复制到 Java 数组中。

```
%创建 MATLAB 数组 matlabArr
for m=1:4
    for n=1:5
        matlabArr(m,n)=(m*10)+n;
    end
end
%将数组 matlabArr 内容复制到 Java 数组
javaArr=javaArray('java.lang.Integer',4,5);
for m=1:4
    for n=1:5
        javaArr(m,n)=java.lang.Integer(matlabArr(m,n));
    end
end
```

查看数组内容，可得如下结果：

```
matlabArr
matlabArr=
    11    12    13    14    15
    21    22    23    24    25
    31    32    33    34    35
    41    42    43    44    45

javaArr
javaArr=
  java.lang.Integer[][]:
    [11]    [12]    [13]    [14]    [15]
    [21]    [22]    [23]    [24]    [25]
    [31]    [32]    [33]    [34]    [35]
    [41]    [42]    [43]    [44]    [45]
```

注意 MATLAB 数组与 Java 数组表示方法的区别，采用单一下标索引数组元素，结果也是不同的。例如：

```
matlabArr(3)
    ans=31

javaArr(3)
ans=
  java.lang.Integer[]:
    [31]
    [32]
    [33]
    [34]
    [35]
```

需要注意的是，MATLAB 数组下标只能从 1 开始，并用圆括号，而 Java 数组的下标可从 0 开始，用方括号。例如，对于数组 *A*，MATLAB 索引格式为 *A*(row,column)，Java 索引格式为 *A*[row−1][column−1]。

### 2.2.4 调用.NET 库

Microsoft .NET Framework 组件提供了大量预编码解决方案。用户可以在 MATLAB 中创建.NET 类的实例并与.NET 应用程序进行交互。安装于 Windows 平台上的 MATLAB 支持.NET Framework。相关的 MATLAB 函数和类见表 2.5。

**表 2.5　调用.NET 库的 MATLAB 函数和类**

| 函数或类名 | 功能说明 |
| --- | --- |
| NET.addAssembly | 将.NET 程序集添加至 MATLAB |
| NET.isNETSupported | 检查支持的 Microsoft .NET Framework |
| NET | MATLAB .NET 接口函数摘要 |
| enableNETfromNetworkDrive | 可以从网络驱动器访问.NET 命令 |
| NET.Assembly | .NET 程序集成员 |
| NET.NetException | 捕获.NET 异常的错误信息 |

**例 2.8**　访问简单的.NET 类。用户可以在 MATLAB 中使用 Microsoft .NET Framework 类库中的类。下面的 MATLAB 代码创建一个 System.DateTime 类对象，用 DateTime 属性和方法显示当前的日期和时间。

```
%为当前的日期和时间创建对象
netDate=System.DateTime.Now;
%显示对象属性
netDate.DayOfWeek
netDate.Hour
%调用对象方法
ToShortTimeString(netDate)
AddDays(netDate,7);
%调用静态方法
System.DateTime.DaysInMonth(netDate.Year,netDate.Month)
```

### 2.2.5　调用 COM 对象

Microsoft 组件对象模型（component object model，COM）提供了一个将可重复使用的二进制软件组件集成到应用程序中的框架。用户可以通过 MATLAB 访问 Microsoft COM 组件和 ActiveX 控件。由于组件是使用编译代码实现的，因此可以采用支持 COM 的编程语言来编写源代码。由于可以简单地交换组件，而无须重新编译整个应用程序，因此简化了应用程序升级。此外，组件位置对应用程序是透明的，因此可以将组件重新放置到单独的进程甚至远程系统中，而不必修改应用程序。

MATLAB 只在 Windows 平台上支持 COM 和.NET Framework 集成。支持 COM 组件访问的 MATLAB 函数和对象见表 2.6。

**表 2.6　支持 COM 组件访问的 MATLAB 函数和对象**

| 函数或对象名 | 功能说明 |
| --- | --- |
| actxserver | 创建 COM 服务器 |
| actxcontrol | 在图形窗口中创建 Microsoft ActiveX 控件 |

续表

| 函数或对象名 | 功能说明 |
| --- | --- |
| actxcontrollist | 列出当前安装的 Microsoft ActiveX 控件 |
| actxcontrolselect | 根据用户界面创建 Microsoft ActiveX 控件 |
| eventlisteners | 列出与 COM 对象事件关联的事件处理程序函数 |
| methodsview | 查看类方法 |
| registerevent | 在运行时关联 COM 对象事件的事件处理程序 |
| unregisterallevents | 注销与 COM 对象事件关联的所有事件处理程序 |
| unregisterevent | 在运行时注销与 COM 对象事件关联的事件处理程序 |
| iscom | 确定输入是 COM 还是 ActiveX 对象 |
| isevent | 确定输入是否为 COM 对象事件 |
| isinterface | 确定输入是否为 COM 接口 |
| COM（对象） | 通过 MATLAB 访问 COM 组件和 ActiveX 控件 |

**例 2.9**　使用 ActiveX 将 MATLAB 矩阵数据写入 Excel 电子表格。

```
%创建一个 Excel 对象
e=actxserver('Excel.Application');
%添加一个工作簿
eWorkbook=e.Workbooks.Add;
e.Visible=1;
%激活第一个工作表
eSheets=e.ActiveWorkbook.Sheets;
eSheet1=eSheets.get('Item',1);
eSheet1.Activate
%将 MATLAB 数据置入工作表
A=[1 2;3 4];
eActivesheetRange=get(e.Activesheet,'Range','A1:B2');
eActivesheetRange.Value=A;
%将数据读回 MATLAB,其中的数组 B 为元胞数组。
eRange=get(e.Activesheet,'Range','A1:B2');
B=eRange.Value;
%将数据转换为双精度值矩阵,如果元胞数组仅包含标量值,则使用以下命令
B=reshape([B{:}],size(B));
%在文件中保存工作簿
SaveAs(eWorkbook,'myfile.xls')
%如果 Excel 程序显示关于保存文件的对话框,请选择相应的响应以继续
%如果已保存文件,则关闭工作簿
eWorkbook.Saved=1;
```

```
Close(eWorkbook)
%退出Excel程序并删除服务器对象
Quit(e)
delete(e)
```

### 2.2.6　调用Python库

用户可以从MATLAB中调用Python库，但需要安装MATLAB支持的Python参考实现（CPython）版本。MATLAB支持版本2.7、3.4、3.5和3.6。

**例2.10**　通过MATLAB使用第三方Python模块Beautiful Soup：一个超文本标记语言（hypertext markup language，HTML）解析工具。在使用Beautiful Soup模块之前，需要使用apt-get、pip、easy_install或用于安装Python模块的其他工具来安装此模块。下面的MATLAB代码实现从一个网页爬取数据的功能。

```
%首先找到一个包含数据表的网页,这里使用来自维基百科的英文网站的世界人口表
%假定第三个表包含人口数据,第二列包含国家/地区名称,第三列包含人口数目
html=webread('http://en.wikipedia.org/wiki/...
List_of_countries_by_population');
soup=py.bs4.BeautifulSoup(html,'html.parser');
%其次从HTML中提取所有表数据以创建一个元胞数组
tables=soup.find_all('table');
t=cell(tables);
%提取第三个表的行数据
c=cell(t{3}.find_all('tr'));
c=cell(c)';
%对元胞数组执行循环操作,提取每一行的国家/地区名称和人口
%它们分别位于第二列和第三列
countries=cell(size(c));
populations=nan(size(c));
for i=1:numel(c)
    row=c{i};
    row=cell(row.find_all('td'));
    if~isempty(row)
        countries{i}=char(row{2}.get_text());
        populations(i)=str2double(char(row{3}.get_text()));
    end
end
%基于这些数据创建一个MATLAB表,并消除任何孤立的NaN值
%导入HTML时,这些NaN代表无效的行
```

```
data=table(countries,populations,...
    'VariableNames',{'Country','Population'});
data=data(~isnan(data.Population),:);
%修剪表的末尾并制作饼图
restofWorldPopulation=sum(data.Population(11:end));
data=data(1:10,:);
data=[data;table({'Rest of World'},restofWorldPopulation,...
    'VariableNames',{'Country','Population'})]
pie(data.Population)
legend(data.Country,'Location','EastOutside');
title('Distribution of World Population')
```

最终爬取的各国人口数据如下：

```
data=
  11×2 table
          Country               Population
    ___________________________  __________
    'China[Note 2]'               1.383e+09
    'India'                      1.3154e+09
    'United States[Note 3]'      3.2491e+08
    'Indonesia'                  2.6351e+08
    'Brazil'                     2.0744e+08
    'Pakistan'                    1.963e+08
    'Nigeria'                    1.9184e+08
    'Bangladesh'                 1.6238e+08
    'Russia[Note 4]'              1.468e+08
    'Japan'                      1.2679e+08
    'Rest of World'               3.125e+09
```

世界人口分布情况的运行结果如图 2.4 所示。

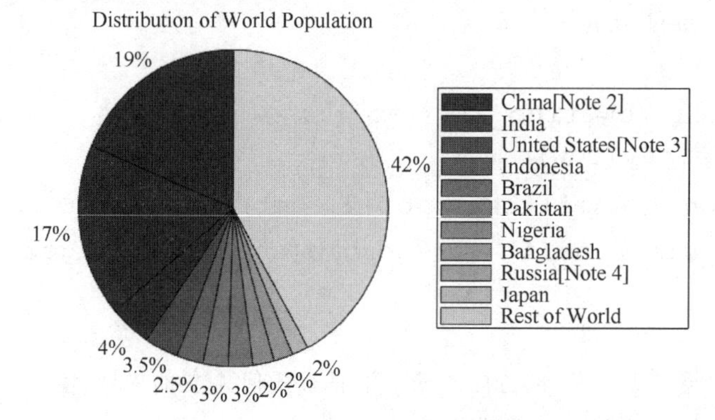


图 2.4　世界人口分布（见彩图）

## 2.3　调用 Web 服务

用户使用超文本传输协议（hypertext transfer protocol，HTTP）可实现 MATLAB 与 Web 服务通信。MATLAB RESTful Web 服务函数 webread、websave、webwrite 和支持函数 weboptions 允许非编程人员使用 HTTP GET 和 POST 方法访问多个 Web 服务。对于 RESTful Web 服务函数不支持的部分更复杂的交互功能，MATLAB HTTP 接口提供用于编写 Web 访问应用程序的类。该接口包括用于消息、消息头和字段以 IETF（The Internet Engineering Task Force）标准中定义的其他实体的类，它包含实现 HTTP 消息语义的函数以及用于处理发送和接收数据的实用工具，还包含处理、传送和接收消息所需的支持类。支持交互的有关类见表 2.7～表 2.10，MATLAB 函数见表 2.11。

**表 2.7　HTTP 消息类**

| 类名 | 功能说明 |
| --- | --- |
| matlab.net.http.RequestMessage | HTTP 请求消息 |
| matlab.net.http.ResponseMessage | HTTP 响应消息 |
| matlab.net.http.Message | HTTP 请求或响应消息 |
| matlab.net.http.MessageType | HTTP 消息类型 |
| matlab.net.http.MessageBody | HTTP 消息的主体 |
| matlab.net.http.ProtocolVersion | HTTP 协议版本 |
| matlab.net.http.RequestLine | HTTP 请求消息的第一行 |
| matlab.net.http.RequestMethod | HTTP 请求方法 |
| matlab.net.http.StartLine | HTTP 消息的第一行 |
| matlab.net.http.StatusClass | HTTP 响应的状态类 |
| matlab.net.http.StatusCode | HTTP 响应中的状态代码 |
| matlab.net.http.StatusLine | HTTP 响应消息的第一行 |

**表 2.8　HeaderField 类和 Field 包**

| 类名 | 功能说明 |
| --- | --- |
| matlab.net.http.HeaderField | HTTP 消息的标头字段 |
| matlab.net.http.field.AcceptField | HTTP Accept 标头字段 |
| matlab.net.http.field.AuthenticateField | HTTP WWW-Authenticate 或 Proxy-Authenticate 标头字段 |
| matlab.net.http.field.AuthenticationInfoField | 响应消息中的 HTTP Authentication-Info 标头字段 |
| matlab.net.http.field.AuthorizationField | HTTP Authorization 或 Proxy-Authorization 标头字段 |
| matlab.net.http.field.ContentLengthField | HTTP Content-Length 字段 |
| matlab.net.http.field.ContentLocationField | HTTP Content-Location 标头字段 |
| matlab.net.http.field.ContentTypeField | HTTP Content-Type 标头字段 |

续表

| 类名 | 功能说明 |
| --- | --- |
| matlab.net.http.field.CookieField | HTTP Cookie 标头字段 |
| matlab.net.http.field.DateField | HTTP Date 标头字段 |
| matlab.net.http.field.GenericField | 具有任意名称和值的 HTTP 标头字段 |
| matlab.net.http.field.HTTPDateField | 包含日期的 HTTP 标头字段 |
| matlab.net.http.field.IntegerField | 包含非负整数的 HTTP 标头字段的基类 |
| matlab.net.http.field.LocationField | HTTP Location 标头字段 |
| matlab.net.http.field.MediaRangeField | HTTP Content-Type 和 Accept 标头字段的基类 |
| matlab.net.http.field.SetCookieField | HTTP Set-Cookie 标头字段 |
| matlab.net.http.field.URIReferenceField | 包含统一资源标识符分量的 HTTP 标头字段的基类 |

**表 2.9　HTTP 支持类**

| 类名 | 功能说明 |
| --- | --- |
| matlab.net.http.AuthenticationScheme | HTTP 身份验证方案 |
| matlab.net.http.AuthInfo | HTTP 消息中的身份验证或授权信息 |
| matlab.net.http.Cookie | 从服务器接收到的 HTTP Cookie |
| matlab.net.http.CookieInfo | HTTP Cookie 信息 |
| matlab.net.http.Credentials | 用于对 HTTP 请求进行身份验证的凭据 |
| matlab.net.http.Disposition | HTTP 日志记录中的结果 |
| matlab.net.http.HTTPException | HTTP 服务引发的异常 |
| matlab.net.http.HTTPOptions | 用来控制 HTTP 消息交换的选项 |
| matlab.net.http.LogRecord | HTTP 历史记录日志 |
| matlab.net.http.MediaType | HTTP 标头中使用的 Internet 媒体类型 |
| matlab.net.http.ProgressMonitor | HTTP 消息交换的进度监视器 |

**表 2.10　URI 支持类**

| 类名 | 功能说明 |
| --- | --- |
| matlab.net.URI | 统一资源标识符 |
| matlab.net.ArrayFormat | 转换 HTTP 查询中的数组 |
| matlab.net.QueryParameter | 统一资源标识符的查询部分的参数 |

**表 2.11　MATLAB 函数**

| 函数名 | 功能说明 |
| --- | --- |
| matlab.net.base64decode | 字符串的 Base 64 解码 |
| matlab.net.base64encode | 对字节字符串或向量进行 Base 64 编码 |

**例 2.11**　通过MATLAB发送和接收HTTP消息。首先定义发送请求函数sendRequest，然后调用该函数。

```
function response=sendRequest(uri,request)
% uri:matlab.net.URI
% request:matlab.net.http.RequestMessage
% response:matlab.net.http.ResponseMessage

% matlab.net.http.HTTPOptions persists across requests to reuse
% previous
% Credentials in it for subsequent authentications
persistent options

% infos is a containers.Map object where:
%    key is uri.Host;
%    value is "info" struct containing:
%        cookies:vector of matlab.net.http.Cookie or empty
%        uri:target matlab.net.URI if redirect,or empty
persistent infos

if isempty(options)
    options=matlab.net.http.HTTPOptions('ConnectTimeout',20);
end

if isempty(infos)
    infos=containers.Map;
end
host=string(uri.Host);% get Host from URI
try
    % get info struct for host in map
    info=infos(host);
    if~isempty(info.uri)
        % If it has a uri field,it means a redirect previously
        % took place,so replace requested URI with redirect URI.
        uri=info.uri;
    end
    if~isempty(info.cookies)
        % If it has cookies,it means we previously received cookies
        %from this host.
```

```
            % Add Cookie header field containing all of them.
            request=request.addFields(matlab.net.http.field. ...
            CookieField(info.cookies));
        end
    catch
        % no previous redirect or cookies for this host
        info=[];
    end

    % Send request and get response and history of transaction.
    [response,~,history]=request.send(uri,options);
    if response.StatusCode ~=matlab.net.http.StatusCode.OK
        return
    end

    % Get the Set-Cookie header fields from response message in
    % each history record and save them in the map.
    arrayfun(@addCookies,history)

    % If the last URI in the history is different from the URI sent
    % in the original
    % request,then this was a redirect. Save the new target URI in
    % the host info struct.
    targetURI=history(end).URI;
    if ~isequal(targetURI,uri)
        if isempty(info)
            % no previous info for this host in map,create new one
            infos(char(host))=struct('cookies',[],'uri',targetURI);
        else
            % change URI in info for this host and put it back in map
            info.uri=targetURI;
            infos(char(host))=info;
        end
    end
        function addCookies(record)
            % Add cookies in Response message in history record
            % to the map entry for the host to which the request was
            % directed.
```

```
        ahost=record.URI.Host;% the host the request was sent to
        cookieFields=record.Response.getFields('Set-Cookie');
        if isempty(cookieFields)
            return
        end
        cookieData=cookieFields.convert();
        % get array of Set-Cookie structs
        cookies=[cookieData.Cookie];
        % get array of Cookies from all structs
        try
            % If info for this host was already in the map,add its
            % cookies to it.
            ainfo=infos(ahost);
            ainfo.cookies=[ainfo.cookies cookies];
            infos(char(ahost))=ainfo;
        catch
            % Not yet in map,so add new info struct.
            infos(char(ahost))=struct('cookies',cookies,'uri',[]);
        end
    end
end
%调用函数
request=matlab.net.http.RequestMessage;
uri=matlab.net.URI('https://www.mathworks.com/products');
response=sendRequest(uri,request)
```

结果如下：

```
response=ResponseMessage with properties:
    StatusLine:'HTTP/1.1 200 OK'
    StatusCode:OK
        Header:[1×11 matlab.net.http.HeaderField]
            Body:[1×1 matlab.net.http.MessageBody]
    Completed:0
```

## 2.4　功能与性能测试

测试代码是开发高质量软件必不可少的一部分。要在代码功能中指导软件开发并监视回归，用户可以为自己的程序编写单元测试。若要测量运行（或测试）代码花费的时间，可以编写性能测试代码。

### 2.4.1 单元测试

单元测试是指用户测试代码功能，检查代码运行结果是否与预期结果或理论值一致（在允许的容差范围内）。单元测试可以采用脚本、函数、类或扩展单元的方式进行，这里仅介绍采用实时脚本编辑器进行单元测试的方法，其他方法请读者自行参考 MATLAB 帮助文档。

编写测试脚本对用户定义的函数进行测试，用到的 MATLAB 函数和类见表 2.12。

**表 2.12 单元测试函数和类**

| 函数或类名 | 功能说明 |
|---|---|
| assert | 条件为 false 时引发错误 |
| runtests | 运行一组测试 |
| testsuite | 创建测试套件 |
| TestResult | 运行测试套件的结果 |

**例 2.12** 用实时编辑器编写测试脚本文件 TestRightTriLiveScriptExample.mlx，分别测试直角三角形函数 rightTri 的小角度近似、三角和关系、角与边的关系及等腰直角三角形。测试脚本文件如下：

```
%小角度近似:sin(theta)是否等于 theta
angles=rightTri([1 1500]);
smallAngleInRadians=(pi/180)*angles(1);%convert to radians
approx=sin(smallAngleInRadians);
assert(abs(approx-smallAngleInRadians)<=1e-10,'Problem...
with small angle approximation')
%角度求和:直角三角形的三个角度之和是否等于 180°
angles=rightTri([7 9]);
assert(sum(angles)==180)
%角边关系:直角三角形的两条边分别为 1 和 sqrt(3),三个角度是否为 30°,60°和
%90°
tol=1e-10;
angles=rightTri([2 2*sqrt(3)]);
assert(abs(angles(1)-30)<=tol)
assert(abs(angles(2)-60)<=tol)
assert(abs(angles(3)-90)<=tol)
%等腰直角三角形:直角三角形的两条边相等,对应的角度是否相等
```

```
angles=rightTri([4 4]);
assert(angles(1)==45)
assert(angles(1)==angles(2))

function angles=rightTri(sides) %已知直角三角形两条直角边,计算其三
%个角
A=atand(sides(1)/sides(2));
B=atand(sides(2)/sides(1));
hypotenuse=sides(1)/sind(A);
C=asind(hypotenuse*sind(A)/sides(1));
angles=[A B C];
end
```

如果用实时编辑器窗口的“运行（Run）”按钮执行上述脚本文件命令，则测试结果仅给出每条命令的运行结果，如果中间某条命令测试未通过，则不再继续执行后续命令。测试脚本文件的最好方法是用 runtests 函数来运行，如在 MATLAB 命令窗口输入命令:

```
result=runtests('TestRightTriLiveScriptExample')
```

运行结果如下:

```
正在运行 TestRightTriLiveScriptExample
.
已完成 TestRightTriLiveScriptExample
__________
result=
 TestResult-属性:
              Name:'TestRightTriLiveScriptExample/test_1'
              Passed:1
              Failed:0
    Incomplete:0
       Duration:0.0846
          Details:[1×1 struct]
Totals:
   1 Passed,0 Failed,0 Incomplete.
   0.084639 seconds testing time
```

### 2.4.2　性能测试

测试代码运行所花费的时间即属于性能测试，MATLAB 函数 runperf 用于测试一组代码的性能。下面是一个基于脚本的性能测试的例子。

**例 2.13**　用脚本编辑器编写一个性能测试脚本文件 preallocationTest.m，用四种不同的方法计算向量预分配耗费的时间。脚本文件如下：

```
vectorSize=1e7;
%%采用函数 Ones 的方式
x=ones(1,vectorSize);
%%变量索引方式
id=1:vectorSize;
x(id)=1;
%%左边(LHS)索引方式
x(1:vectorSize)=1;
%%循环分配方式
for i=1:vectorSize
    x(i)=1;
end
```

在 MATLAB 命令窗口输入 results=runperf('preallocationTest.m')，运行结果如下：

```
正在运行 preallocationTest
..........
..........
..........
......警告:对 preallocationTest/OnesFunction 运行 MaxSamples 后，
未满足目标相对误差界限。
....
..........
..........
已完成 preallocationTest
__________
results=
  1×4 MeasurementResult 数组 - 属性:
    Name
    Valid
    Samples
    TestActivity
Totals:
  4 Valid,0 Invalid.
```

results 一共有四组测试结果，这是第一组结果。要查看第二组结果，输入 results(2)，结果如下：

```
ans=
  MeasurementResult-属性:
```

```
            Name:'preallocationTest/IndexingWithVariable'
          Valid:1
        Samples:[4×7 table]
    TestActivity:[8×12 table]
  Totals:
    1 Valid,0 Invalid.
```

进一步查看第二组结果中的样本 Samples，可以输入 results(2).Samples，这是一个 4×7 的表，结果如图 2.5 所示（不同的系统结果可能略有不同）。

| 1<br>Name | 2<br>MeasuredTime | 3<br>Timestamp | 4<br>Host | 5<br>Platform | 6<br>Version | 7<br>RunIdentifier |
|---|---|---|---|---|---|---|
| preallocationTest/IndexingWithVariable | 0.2120 | 2018-06-19 20:24:42 | bx-PC | win64 | 9.3.0.713579 (R2017b) | 589f294d-cdcd-43e9-b9fc-d190921ff04d |
| preallocationTest/IndexingWithVariable | 0.2161 | 2018-06-19 20:24:42 | bx-PC | win64 | 9.3.0.713579 (R2017b) | 589f294d-cdcd-43e9-b9fc-d190921ff04d |
| preallocationTest/IndexingWithVariable | 0.2159 | 2018-06-19 20:24:42 | bx-PC | win64 | 9.3.0.713579 (R2017b) | 589f294d-cdcd-43e9-b9fc-d190921ff04d |
| preallocationTest/IndexingWithVariable | 0.2121 | 2018-06-19 20:24:43 | bx-PC | win64 | 9.3.0.713579 (R2017b) | 589f294d-cdcd-43e9-b9fc-d190921ff04d |

图 2.5　第二组结果中的样本 Samples

## 2.5　性能与内存

MATLAB 代码编写首先要简单，可读性好，能正常运行。除此之外，我们通常需要对代码进行优化，分析代码并找出瓶颈，提升代码运行速度，改进性能。还要分析内存要求，并采取手段提升内存使用效率。表 2.13 给出了常用的 MATLAB 代码性能和内存分析函数。

**表 2.13　MATLAB 代码性能和内存分析函数**

| 函数名 | 功能说明 |
|---|---|
| timeit | 测量函数运行所需的时间 |
| tic | 启动秒表（stopwatch）计时器 |
| toc | 从 stopwatch 读出代码运行需要的时间 |
| cputime | 读出 CPU 时间 |
| profile | 分析函数运行时间 |
| bench | MATLAB 基准 |
| memory | 显示内存信息 |
| inmem | 内存中的函数，MEX 文件和类名称 |
| pack | 合并工作空间内存 |
| memoize | 给函数句柄增加 memoization 语句 |
| MemoizedFunction | 调用 memoized 函数和缓冲区结果 |
| clearAllMemoizedCaches | 清除所有 MemoizedFunction 对象的缓冲区 |

### 2.5.1 代码测试分析

对 MATLAB 代码进行测试分析的目的是更好地优化代码。利用函数 timeit，秒表计时函数 tic 和 toc 可以对代码运行时间进行计时。timeit 可用于精确测量函数运行时间，它需要给待测函数定义句柄，通过句柄多次调用待测函数，返回典型的运行时间，也就是测量结果的中值，以秒为单位。例如，假设函数名称为 myFun，输入参数为 $x$，$y$，定义函数句柄 $f=@(x, y)$myFun，用函数 timeit 计时即 timeit($f$)。

函数 tic 和 toc 可用来估计一段代码运行的时间，或比较程序代码不同时间的运行速度。tic 函数启动秒表计时，toc 函数读出它和 tic 之间的代码运行的时间，格式如下：

```
tic
    %需要计时的程序段
toc
```

有时程序运行太快，tic 和 toc 函数无法提供有用的测量数据。如果代码运行时间小于 0.1s，可以考虑让代码循环运行多次，然后取平均值作为一次运行的时间。另外，函数 cputime 测量的时间与 timeit 函数和 tic/toc 函数测量的时间不一样，它是测量中央处理器（central processing unit，CPU）运行的总时间，也就是所有线程的运行时间总和，它与 timeit 函数和 tic/toc 函数返回的挂钟时间（wall-clock time）不一样，可能会产生误解。举个例子，pause 函数的 CPU 时间是非常短的，但挂钟时间是 MATLAB 执行暂停的实际时间，这个时间更长。如果函数同等地使用 4 个处理核，则 CPU 时间可能比挂钟时间大约长 4 倍。

MATLAB 提供了一个称为探查器（Profiler）的代码效率分析调试工具，它可以分析程序运行时间都花在哪里，找出哪些函数运行时间最长，对函数进行评估以便提出可能的改进方法。探查器还可以找出哪些代码在运行，哪些代码没有运行，发现程序中的问题和错误。使用探查器对 MATLAB 进行探查的步骤如下。

（1）启动探查器，有三种方法：①在 MATLAB 命令窗口，输入 profile viewer；②在 MATLAB 窗口主界面 HOME 下的 CODE 区，单击 Run and Time 按钮；③在 EDITOR 窗口 RUN 区，单击 Run and Time 按钮，探查器自动探查当前编辑器中的代码。

（2）在探查器窗口中 Run this code 字段，输入需要运行的语句，如[$t$, $y$]=ode23('lotka',[0 2],[20;20])。

（3）单击 Start Profiling 按钮，Profile time 显示在窗口右边，单位为秒。注意，这个时间是从开始探查到探查器停止的时间，不是代码运行时间。

（4）探查器窗口显示 Profile Summary 报告，简要列出 Function Name、Calls、Total Time、Self Time，还有 Total Time Plot。探查器窗口和探查摘要报告示例如图 2.6 所示。

若要探查多行 MATLAB 代码，则在探查器窗口中，在 Run this code 字段没有代码的情况下，单击 Start Profiling 按钮，MATLAB 命令窗口左下角显示 Profile on，输入要探查的语句并运行这些语句。在所有语句运行完毕后，在探查器窗口单击 Stop Profiling 按钮，查看探查摘要报告。

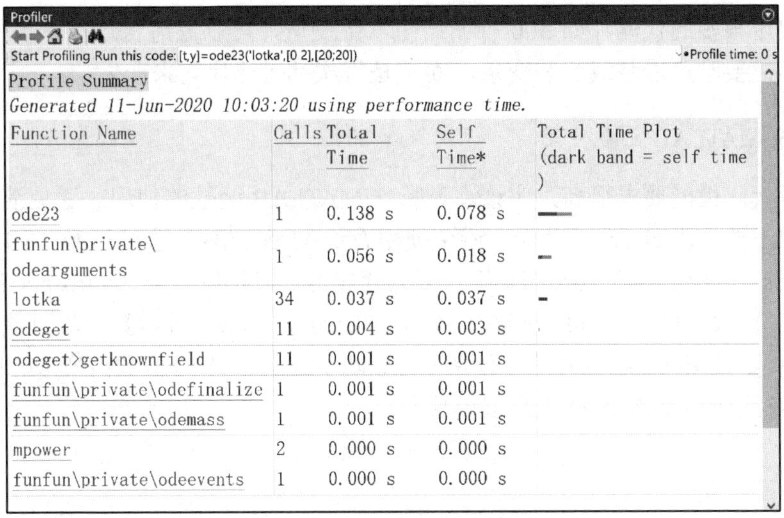

Profiler

Start Profiling Run this code: [t,y]=ode23('lotka',[0 2],[20;20])　Profile time: 0 s

Profile Summary

*Generated 11-Jun-2020 10:03:20 using performance time.*

| Function Name | Calls | Total Time | Self Time* | Total Time Plot (dark band = self time) |
| --- | --- | --- | --- | --- |
| ode23 | 1 | 0.138 s | 0.078 s | |
| funfun\private\odearguments | 1 | 0.056 s | 0.018 s | |
| lotka | 34 | 0.037 s | 0.037 s | |
| odeget | 11 | 0.004 s | 0.003 s | |
| odeget>getknownfield | 11 | 0.001 s | 0.001 s | |
| funfun\private\odefinalize | 1 | 0.001 s | 0.001 s | |
| funfun\private\odemass | 1 | 0.001 s | 0.001 s | |
| mpower | 2 | 0.000 s | 0.000 s | |
| funfun\private\odeevents | 1 | 0.000 s | 0.000 s | |

图 2.6　探查器窗口与探查摘要报告

## 2.5.2　性能提升方法

要加快代码运行速度，可从以下几个方面改进代码。

1. 代码结构

在组织 MATLAB 代码时，使用函数而不是脚本，因为函数通常比脚本运行速度快。使用局部函数代替嵌套函数，尤其是当函数不需要访问主函数变量时。采用模块化编程，避免使用大文件和代码不常访问的文件。将代码分成简单且衔接好的函数，可以降低首次运行的代价。

2. 良好的编程习惯

养成良好的编程习惯有助于提升代码性能，这些习惯包括以下几点。

（1）为数组预先分配所需的最大存储空间，而不是连续改变数组大小。

（2）用 MATLAB 矩阵和向量运算代替循环代码。

（3）独立运算放在循环外。如果代码对每个 for 循环或 while 循环都重复相同的计算，则把这部分代码放在循环体之外，避免冗余计算。

（4）如果数据类型发生改变，则创建新变量而不是把不同类型的数据分配给已经存在的变量，因为改变已经存在的变量数组形状或类别需要额外的时间进行处理。

（5）尽可能使用高效的短路（short-circuiting）逻辑运算符“&&”和“||”，因为 MATLAB 只在第一个操作数不能完全确定运算结果时进行第二个操作数的计算。

（6）尽可能避免使用全局变量，因为全局变量会降低代码性能。

（7）避免在任何标准数据类型上重载 MATLAB 内部函数。

（8）避免使用“数据代码（data as code）”。

如果要用很多的代码（如 500 行）产生常数变量，可以考虑将这些常量保存在 MAT 文件中，当需要时可以装载这些变量，而不是每次都运行代码来产生。

3. 特殊 MATLAB 函数使用

如果对代码性能要求很高，应该注意特殊 MATLAB 函数的使用。避免清除过多的代码，编程中不要使用 clear all 功能。避免使用查询 MATLAB 状态的函数，如 nputname、which、whos、exist（var）、dbstack 等，因为代码运行时进行内查（introspection）需要很高的计算代价。避免使用 eval、evalc、evalin、feval（fname）等函数，尽可能使用函数句柄作为 feval 函数输入。编程时避免使用 cd、addpath、rmpath 等函数改变 MATLAB 路径，因为代码运行时改变路径需要重新编译代码。

# 第3章　MATLAB应用程序设计

MATLAB 应用程序（App）包含菜单、按钮和滑块等交互式控件，当用户对控件进行交互操作时，这些控件将执行特定的指令。App 也可以包含用于数据可视化或交互式数据探查的绘图。用户自己编写的 App 可通过打包与其他 MATLAB 用户共享，也可使用 MATLAB Compiler 以独立应用程序形式分发 App。

MATLAB App 的构建方法包括 App 设计工具、图形用户接口开发环境（graphical user interface developing environment，GUIDE）和编程工作流。

## 3.1　App 设计工具

App 设计工具是一个包含丰富功能的拖放式开发环境，包括完全集成的 MATLAB 编辑器版本，提供了大量的交互式控件，包括仪表、信号灯、旋钮和开关等。它支持大多数二维和三维图，但不支持极坐标图、子图或图形交互（如鼠标和按键自定义）。

App 设计工具可使用拖放操作在 App 中添加、删除和定位组件。用户可以使用常用组件收集和绘制输入，使用容器组件将组件划分为有意义的子组，使用检测组件复制硬件控件的外观和操作，使用对话框报告状态、提问，允许用户选择其系统上的文件夹和文件。App 设计工具的组件包括 MATLAB 函数组件和属性组件。MATLAB 函数组件包含常用组件、组件控件、容器组件、检测组件和预定义对话框，见表 3.1、表 3.2 和表 3.3。属性组件包含常用组件、容器组件和检测组件，见表 3.4 和表 3.5。

**表 3.1　App 设计工具常用组件创建函数**

| 函数名称 | 功能说明 |
| --- | --- |
| uiaxes | （App 设计工具）在 App 设计工具中为绘图创建用户界面坐标区 |
| uibutton | （App 设计工具）创建下压按钮或状态按钮组件 |
| uibuttongroup | 创建用于管理单选按钮和切换按钮的按钮组 |
| uicheckbox | （App 设计工具）创建复选框组件 |
| uidropdown | （App 设计工具）创建下拉组件 |
| uieditfield | （App 设计工具）创建文本或数值编辑字段组件 |
| uilabel | （App 设计工具）创建标签组件 |
| uilistbox | （App 设计工具）创建列表框组件 |
| uimenu | 创建菜单或菜单项 |
| uiradiobutton | （App 设计工具）创建单选按钮组件 |
| uislider | （App 设计工具）创建滑块组件 |
| uispinner | （App 设计工具）创建微调器组件 |

续表

| 函数名称 | 功能说明 |
| --- | --- |
| uitable | 创建表用户界面组件 |
| uitextarea | （App 设计工具）创建文本区域组件 |
| uitogglebutton | （App 设计工具）创建切换按钮组件 |
| uitree | （App 设计工具）创建树组件 |
| uitreenode | （App 设计工具）创建树节点组件 |

**表 3.2　App 设计工具组件控件、容器组件和检测组件创建函数**

| 组件类别 | 函数名称 | 功能说明 |
| --- | --- | --- |
| 组件控件 | expand | （App 设计工具）展开树节点 |
| | collapse | （App 设计工具）折叠树节点 |
| | move | （App 设计工具）移动树节点 |
| | scroll | （App 设计工具）滚动到列表框或树中的位置 |
| 容器组件 | uifigure | （App 设计工具）创建用户界面图形窗口 |
| | uipanel | 创建面板容器对象 |
| | uitabgroup | 创建包含选项卡式面板的容器 |
| | uitab | 创建选项卡式面板 |
| 检测组件 | uigauge | （App 设计工具）创建圆形、线性、90°或半圆形仪表组件 |
| | uiknob | （App 设计工具）创建连续或分挡旋钮组件 |
| | uilamp | （App 设计工具）创建信号灯组件 |
| | uiswitch | （App 设计工具）创建滑块开关、跷板开关或跷板开关组件 |

**表 3.3　App 设计工具预定义对话框组件创建函数**

| 函数名称 | 功能说明 |
| --- | --- |
| uialert | （App 设计工具）为用户界面图形窗口显示警告对话框 |
| uiconfirm | （App 设计工具）创建确认对话框 |
| questdlg | 创建问题对话框 |
| inputdlg | 创建接收用户输入的对话框 |
| listdlg | 创建列表选择对话框 |
| uisetcolor | 打开颜色选择器 |
| uigetfile | 打开文件选择对话框 |
| uiputfile | 打开用于保存文件的对话框 |
| uigetdir | 打开文件夹选择对话框 |
| uiopen | 打开用于选择要将文件加载到工作区的对话框 |
| uisave | 打开用于将变量保存到 MAT 文件的对话框 |

**表 3.4　App 设计工具常用属性组件**

| 属性名称 | 功能说明 |
| --- | --- |
| UIAxes | （App 设计工具）控制用户界面坐标区的外观和行为 |
| Button | （App 设计工具）控制按钮的外观和行为 |
| ButtonGroup | （App 设计工具）控制按钮组的外观和行为 |
| CheckBox | （App 设计工具）控制复选框的外观和行为 |
| DropDown | （App 设计工具）控制下拉组件的外观和行为 |
| EditField | （App 设计工具）控制编辑字段的外观和行为 |
| Label | （App 设计工具）控制标签外观 |
| ListBox | （App 设计工具）控制列表框的外观和行为 |
| Menu（App Designer） | （App 设计工具）控制菜单的外观和行为 |
| NumericEditField | （App 设计工具）控制数值编辑字段的外观和行为 |
| RadioButton | （App 设计工具）控制单选按钮的外观 |
| Slider | （App 设计工具）控制滑块的外观和行为 |
| Spinner | （App 设计工具）控制微调器的外观和行为 |
| StateButton | （App 设计工具）控制状态按钮的外观和行为 |
| Table（App Designer） | （App 设计工具）控制表用户界面组件的外观和行为 |
| TextArea | （App 设计工具）控制文本区域的外观和行为 |
| ToggleButton | （App 设计工具）控制切换按钮的外观 |
| Tree | （App 设计工具）控制树的外观和行为 |
| TreeNode | （App 设计工具）控制树节点的外观和行为 |

**表 3.5　App 设计工具容器组件和检测组件**

| 属性类别 | 属性名称 | 功能说明 |
| --- | --- | --- |
| 容器组件 | UI Figure | （App 设计工具）控制用户界面图形窗口的外观和行为 |
| | Panel | （App 设计工具）控制面板的外观 |
| | TabGroup | （App 设计工具）控制选项卡组的外观和行为 |
| | Tab | （App 设计工具）控制选项卡的外观 |
| 检测组件 | DiscreteKnob | （App 设计工具）控制分挡旋钮的外观和行为 |
| | Gauge | （App 设计工具）控制仪表的外观和行为 |
| | Knob | （App 设计工具）控制旋钮的外观和行为 |
| | Lamp | （App 设计工具）控制信号灯的外观 |
| | LinearGauge | （App 设计工具）控制线性仪表的外观和行为 |
| | NinetyDegreeGauge | （App 设计工具）控制 90°仪表的外观和行为 |
| | RockerSwitch | （App 设计工具）控制翘板开关的外观和行为 |
| | SemicircularGauge | （App 设计工具）控制半圆形仪表的外观 |
| | Switch | （App 设计工具）控制开关的外观和行为 |
| | ToggleSwitch | （App 设计工具）控制拨动开关的外观和行为 |

**例 3.1** 用 App 设计工具设计一个分期还款的抵押贷款计算器 App，如图 3.1 所示。

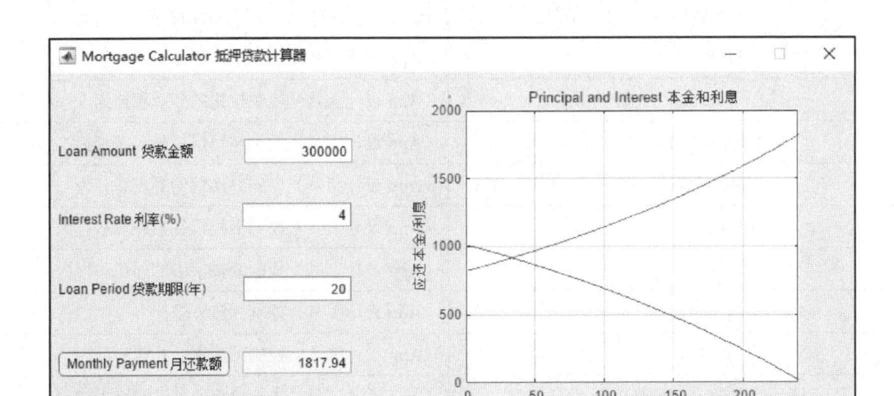


图 3.1 抵押贷款计算器 App

这是一个采用定额还款模式的按揭贷款计算器 App，是使用数值编辑字段创建的简单计算器。它包括四个数值编辑字段，前三个字段允许用户输入贷款金额、利率和贷款期限的值，第四个数值编辑字段显示基于输入值得出的每月还款金额。此外，还有用于绘制本金和利息金额图的坐标区。

图 3.2 和图 3.3 分别为采用 App 设计工具构建抵押贷款计算器 App 时的设计视图和代码视图。设计视图左边是组件库列表，我们可以从组件库中选择所需的组件，拖拽复制到设计区域。右边是组件浏览器和属性设置区。代码视图左边是代码浏览器和 App 布局图，右边也是组件浏览器和属性设置区。

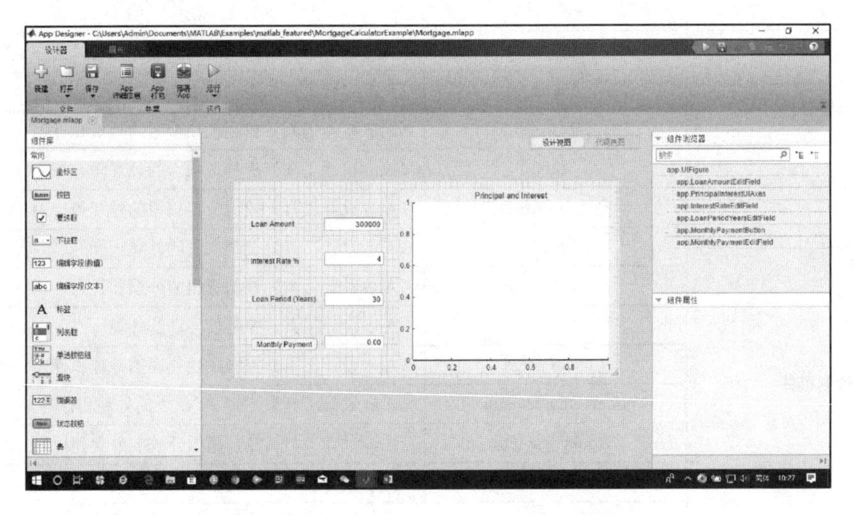


图 3.2 抵押贷款计算器 App 设计视图

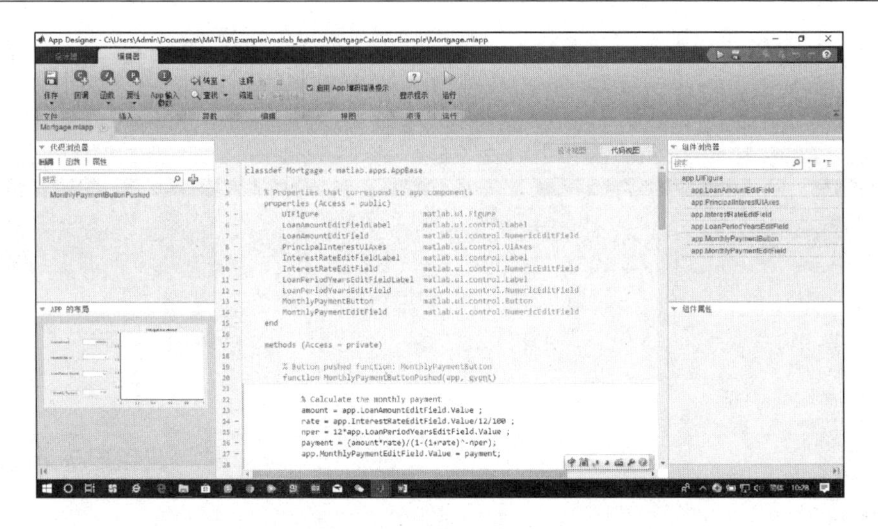


图 3.3　抵押贷款计算器 App 代码视图

**例 3.2**　用 App 设计工具设计一个带有仪器仪表控件的 App——脉冲发生器，如图 3.4 所示。该 App 显示如何从仪器仪表控件生成脉冲，它包括数值编辑字段、开关、下拉菜单和旋钮等组件。

App 组件用于收集用户输入数据，绘制生成的波形图。数值编辑字段允许用户输入脉冲频率和长度，MATLAB 会自动检查以确保其值为数值并且处于 App 指定的范围内。开关允许用户控制自动绘图更新以及在时域和频域中的绘图之间切换。下拉菜单允许用户从脉冲形状列表中做出选择，如高斯脉冲、正弦脉冲和方形脉冲。旋钮允许用户通过指定窗口函数、调制信号或应用其他增强功能来修改脉冲。

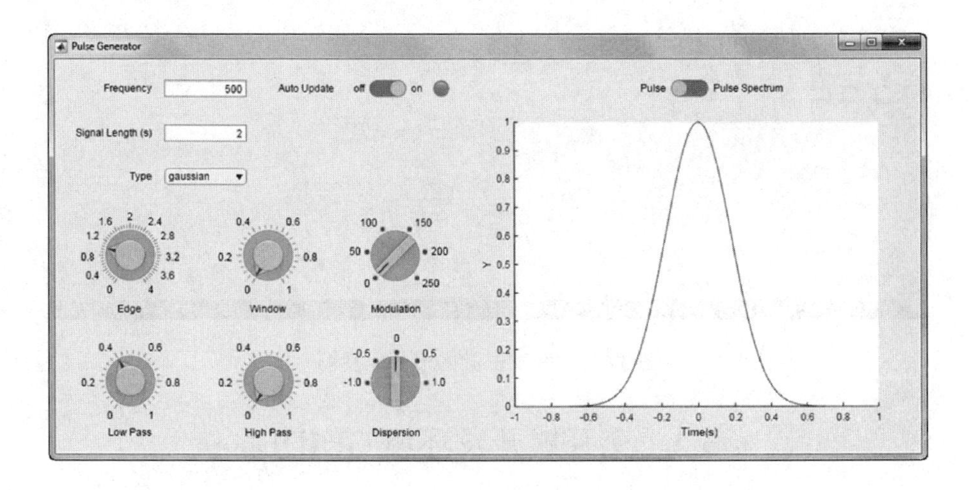


图 3.4　脉冲发生器 App

图 3.5 和图 3.6 分别为采用 App 设计工具构建脉冲发生器 App 时的设计视图和代码视图。设计视图左边是组件库列表，我们可以从组件库中选择所需的组件，拖拽复制到设计

区域。右边是组件浏览器和属性设置区。代码视图左边是代码浏览器和 App 布局图，右边也是组件浏览器和属性设置区。

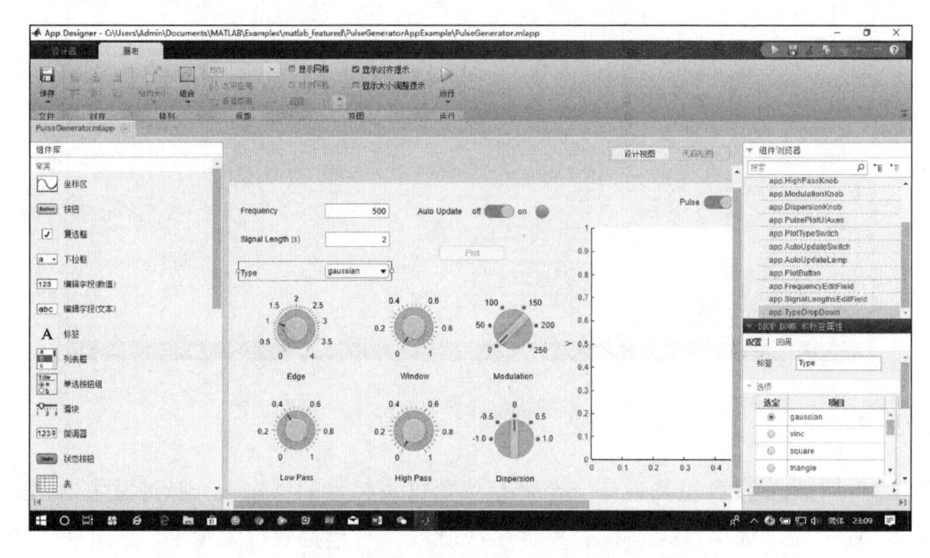


图 3.5　脉冲发生器 App 设计视图

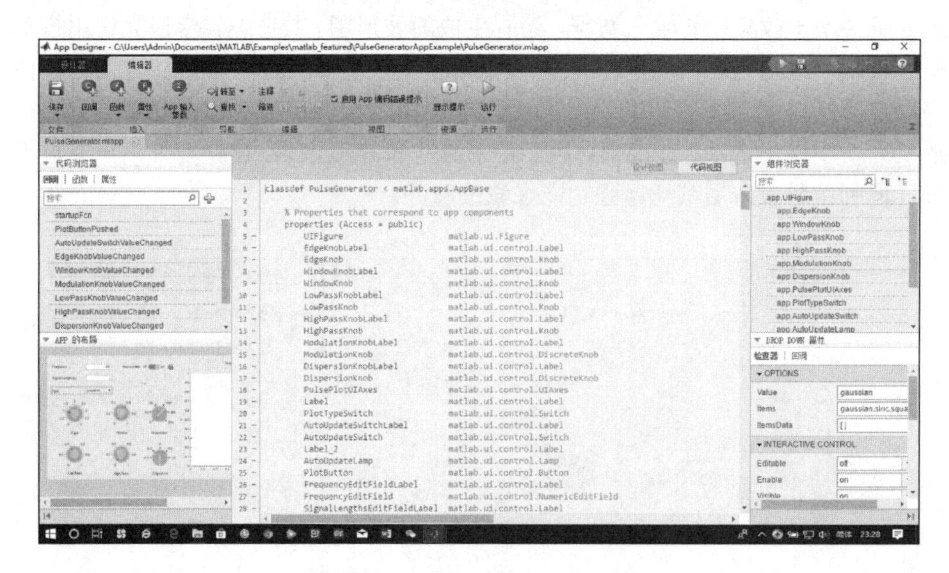


图 3.6　脉冲发生器 App 代码视图

## 3.2　交互式开发环境 GUIDE

GUIDE 是用于对用户界面（user interface，UI）进行布局的拖放式开发环境。可在 MATLAB 编辑器中单独为 App 的交互式行为编码。使用 GUIDE 创建的 App 可显示任意类型的 MATLAB 绘图。GUIDE 还提供了各种交互式组件，包括菜单、工具栏和表。使用 GUIDE 可以创建能显示任何类型绘图的简单 App。

### 3.2.1　组件创建和布局

使用 UI 组件功能用户可为自己的 App 创建交互式组件，使用按钮、滑块和文本等组件布局 UI，还可通过更改某些属性值来修改特定组件的外观和行为。布局函数用于修改设计内容的特定环节，例如，组件的对齐方式或可视堆叠顺序等。表 3.6 列出了用于创建 UI 组件的 MATLAB 函数，表 3.7 给出了用于调整 UI 组件布局的 MATLAB 函数，表 3.8 是用于控制组件外观的属性。

**表 3.6　UI 组件创建函数**

| 函数名称 | 函数功能 |
| --- | --- |
| figure | 创建图形窗口 |
| axes | 创建笛卡儿坐标区 |
| uicontrol | 创建用户界面控制对象 |
| uitable | 创建表用户界面组件 |
| uipanel | 创建面板容器对象 |
| uibuttongroup | 创建用于管理单选按钮和切换按钮的按钮组 |
| uitab | 创建选项卡式面板 |
| uitabgroup | 创建包含选项卡式面板的容器 |
| uimenu | 创建菜单或菜单项 |
| uicontextmenu | 创建上下文菜单 |
| uitoolbar | 在图窗上创建工具栏 |
| uipushtool | 在工具栏上创建按钮 |
| uitoggletool | 在工具栏上创建切换按钮 |
| actxcontrol | 在图形窗口中创建 Microsoft ActiveX 控件 |

**表 3.7　UI 布局函数**

| 函数名称 | 函数功能 |
| --- | --- |
| align | 对齐 UI 组件和图形对象 |
| movegui | 将 UI 图形窗口移到屏幕上的指定位置 |
| getpixelposition | 获取组件位置（以像素为单位） |
| setpixelposition | 设置组件位置（以像素为单位） |
| listfonts | 列出可用的系统字体 |
| textwrap | 使 uicontrol 的文本换行 |
| uistack | 对对象的可视堆栈顺序重新排序 |

**表 3.8　组件属性控制**

| 组件类型 | 属性名称 | 属性功能 |
| --- | --- | --- |
| 交互式组件 | UIControl | 控制用户界面控件的外观和行为 |
| | Table | 控制表 UI 组件的外观和行为 |
| | Menu | 控制菜单的外观和行为 |
| | ContextMenu | 控制上下文菜单的外观和行为 |
| | PushTool | 控制按钮工具的外观和行为 |
| | ToggleTool | 控制切换工具的外观和行为 |
| 容器组件 | Figure | 控制图形窗口的外观和行为 |
| | Axes | 控制坐标区的外观和行为 |
| | Uipanel | 控制面板的外观和行为 |
| | Uibuttongroup | 控制按钮组的外观和行为 |
| | Uitab | 控制选项卡的外观和行为 |
| | Uitabgroup | 控制选项卡组的外观和行为 |
| | Toolbar | 控制工具栏的外观和行为 |

### 3.2.2　对话框函数

对话框用于报告状态、提问、呈现打印选项，还允许用户选择其系统上的文件夹和文件。大多数对话框都具有预定义的布局和行为。在大多数情况下，可以指定外观和行为的某些方面，例如，要显示的文本或默认选项。对话框创建函数如表 3.9 所示。

**表 3.9　对话框创建函数**

| 对话框类型 | 函数名称 | 函数功能 |
| --- | --- | --- |
| 警报 | errordlg | 创建错误对话框 |
| | warndlg | 创建警告对话框 |
| | msgbox | 创建消息对话框 |
| | helpdlg | 创建帮助对话框 |
| | waitbar | 打开或更新等待条对话框 |
| 输入和输出 | questdlg | 创建问题对话框 |
| | inputdlg | 创建接收用户输入的对话框 |
| | listdlg | 创建列表选择对话框 |
| | uisetcolor | 打开颜色选择器 |
| | uisetfont | 打开字体选择对话框 |
| | export2wsdlg | 创建用来将变量导出到工作区的对话框 |

续表

| 对话框类型 | 函数名称 | 函数功能 |
| --- | --- | --- |
| 文件系统 | uigetfile | 打开文件选择对话框 |
| | uiputfile | 打开用于保存文件的对话框 |
| | uigetdir | 打开文件夹选择对话框 |
| | uiopen | 打开用于选择将文件加载到工作区的对话框 |
| | uisave | 打开用于将变量保存到 MAT 文件的对话框 |
| 打印和导出 | printdlg | 打开图形窗口的“打印”对话框 |
| | printpreview | 打开图形窗口的“打印预览”对话框 |
| | exportsetupdlg | 打开图形窗口的“导出设置”对话框 |

### 3.2.3　代码编写

在 GUIDE 环境中，需要编写代码来控制 App 的行为。回调负责 App 交互式功能，它是用户自己编写的函数，用于使组件（例如，按钮、滑块或菜单）能够响应用户交互（例如，按钮单击、滑块移动和菜单项目选择）。用户可以通过设置这些组件的某些属性来将回调函数分配给特定组件。表 3.10 给出了常用的编写回调的函数。

**表 3.10　回调函数编写常用函数**

| 代码类型 | 函数名称 | 函数功能 |
| --- | --- | --- |
| App 创建 | guide | 打开 GUIDE |
| 控制流 | uiwait | 阻止程序执行并等待恢复 |
| | uiresume | 恢复执行已阻止的程序 |
| | waitfor | 阻止执行并等待条件 |
| | waitforbuttonpress | 等待单击或按下按键 |
| | closereq | 默认图形窗口关闭请求函数 |
| App 数据和预设 | getappdata | 检索应用程序定义的数据 |
| | setappdata | 存储应用程序定义的数据 |
| | isappdata | 如果应用程序定义的数据存在，则为 True |
| | rmappdata | 删除应用程序定义的数据 |
| | guidata | 存储或检索 UI 数据 |
| | guihandles | 创建包含 Figure 的所有子对象的结构体 |
| | uisetpref | 管理 uigetpref 中使用的预设 |

UI 和图形组件具有特定的属性，可以将这些属性与特定的回调函数相关联。其中每个属性对应于一项特定的用户操作。例如，某个 uicontrol 包含名为 Callback 的属性。可以将此属性的值设为某个回调函数或匿名函数的句柄，或包含 MATLAB 表达式的字符向量。通过设置此属性，App 可在用户与该 uicontrol 交互时做出响应。如果 Callback 属性没有指定值，则当用户与该 uicontrol 交互时不会发生任何操作。表 3.11 列出了可用的回调属性、触发回调函数的用户操作，以及使用这些属性的常见 UI 和图形组件。

**表 3.11　回调属性、用户操作和组件**

| 回调属性 | 用户操作 | 使用该属性的组件 |
|---|---|---|
| ButtonDownFcn | 最终用户在指针位于组件或图形窗口上时按下鼠标左键 | axes、figure、uibuttongroup、uicontrol、uipanel、uitable |
| Callback | 最终用户触发组件。例如，选择菜单项、移动滑块或按下鼠标左键 | uicontextmenu、uicontrol、uimenu |
| CellEditCallback | 最终用户在可编辑单元格的表中编辑值 | uitable |
| CellSelectionCallback | 最终用户选中表中的单元格 | uitable |
| ClickedCallback | 最终用户单击推送工具或切换工具 | uitoggletool、uipushtool |
| CloseRequestFcn | 图形窗口关闭 | figure |
| CreateFcn | 在 MATLAB 创建对象后且在该对象显示之前，执行回调 | axes、figure、uibuttongroup、uicontextmenu、uicontrol、uimenu、uipushtool、uipanel、uitable、uitoggletool、uitoolbar |
| DeleteFcn | 在 MATLAB 即将删除图形窗口之前执行回调 | axes、figure、uibuttongroup、uicontextmenu、uicontrol、uimenu、uipushtool、uipanel、uitable、uitoggletool、uitoolbar |
| KeyPressFcn | 最终用户在指针位于对象上时按下键盘键 | figure、uicontrol、uipanel、uipushtool、uitable、uitoolbar |
| KeyReleaseFcn | 最终用户在指针位于对象上时松开键盘键 | figure、uicontrol、uitable |
| OffCallback | 在切换工具的 State 更改为'off'时执行 | uitoggletool |
| OnCallback | 在切换工具的 State 更改为'on'时执行 | uitoggletool |
| SizeChangedFcn | 最终用户调整 Resize 属性为'on'的按钮组、图形窗口或面板的大小 | figure、uipanel、uibuttongroup |
| SelectionChangedFcn | 最终用户选择按钮组内的另一个单选按钮或切换按钮 | uibuttongroup |
| WindowButtonDownFcn | 最终用户在指针位于图形窗口中时按下鼠标左键 | figure |
| WindowButtonMotionFcn | 最终用户在图形窗口内移动指针 | figure |
| WindowButtonUpFcn | 最终用户松开鼠标左键 | figure |
| WindowKeyPressFcn | 最终用户在指针位于图形窗口或其任何子对象上时按下鼠标左键 | figure |
| WindowKeyReleaseFcn | 最终用户在指针位于图形窗口或其任何子对象上时松开鼠标左键 | figure |
| WindowScrollWheelFcn | 最终用户在指针位于图形窗口上时滚动鼠标滚轮 | figure |

在 UI 添加 uicontrol、uimenu 或 uicontextmenu 组件之后，但在保存 UI 之前，GUIDE 会使用值%automatic 来填充 Callback 属性，指示 GUIDE 将为回调函数生成名称。在保存 UI 时，GUIDE 将在代码文件中添加一个空的回调函数定义，并将控件的 Callback 属性设为匿名函数。例如，下面的函数定义是 GUIDE 为一个按钮生成的回调函数示例。

```
function pushbutton1_Callback(hObject,eventdata,handles)
% hObject    handle to pushbutton1(see GCBO)
% eventdata  reserved - to be defined in a future version of
% MATLAB
% handles    structure with handles and user data(see GUIDATA)
end
```

如果使用名称 myui 保存该 UI，则 GUIDE 会将按钮的 Callback 属性设为以下值：

```
@(hObject,eventdata)myui('pushbutton1_Callback',hObject,even
tdata,guidata(hObject))
```

这是一个匿名函数，用作 pushbutton1_Callback 函数的引用。该匿名函数具有四个输入参数。第一个参数是回调函数的名称，其余三个参数是所有回调都必须接受的输入参数：hObject 是触发回调的 UI 组件；eventdata 包含关于特定鼠标或键盘操作的详细信息的变量，见表 3.12；handles 是包含 UI 中所有对象的结构体 struct，GUIDE 使用 guidata 函数存储和维护该结构体。

**表 3.12　使用 eventdata 的属性和组件**

| 回调属性名称 | 组件 |
|---|---|
| WindowKeyPressFcn<br>WindowKeyReleaseFcn<br>WindowScrollWheel | figure |
| KeyPressFcn | figure、uicontrol、uitable |
| KeyReleaseFcn | figure、uicontrol、uitable |
| SelectionChangedFcn | uibuttongroup |
| CellEditCallback<br>CellSelectionCallback | uitable |

GUIDE 不会自动生成其他 UI 组件（例如，表、面板或按钮组）的回调函数。如果希望以上任意组件执行回调函数，则必须通过右击布局中的组件，然后在上下文菜单的查看回调下面选择一个项来创建回调。

## 3.3　编程工作流

在此方法中，使用 MATLAB 函数创建一个传统图形窗口，并以编程方式在该图形窗口中放置交互式组件。生成的 App 所支持的功能与 GUIDE App 所支持的功能相同。使用此方法可以构建复杂的 App，这些 App 包含众多能够显示任何绘图类型的相互依赖的组件。

也可以完全使用 MATLAB 函数为 App 的布局和行为方式编写代码。在此方法中，将以编程方式创建一个传统图形窗口，并在该图形窗口中放置交互式组件。这些 App 支持的图形和交互式组件的类型与 GUIDE 所支持的类型相同，还支持选项卡面板。使用此方法可以构建复杂的 App，这些 App 包含众多能够显示任何绘图类型的相互依赖的组件。

# 第 4 章　Simulink 仿真初步

Simulink 是一个基于模块图的交互式图形化开发环境，用于多领域仿真及基于模型的设计。Simulink 提供图形编辑器、可自定义的模块库及求解器，支持动态系统设计、仿真、自动代码生成及嵌入式系统的连续测试和验证。Simulink 与 MATLAB 集成在一起，既可将 MATLAB 算法融入 Simulink 模型，还可将 Simulink 模型仿真结果导出至 MATLAB 进行深入分析。Simulink 已被广泛用于通信、控制、信号处理、图像处理、计算机视觉等系统的仿真和设计中。

## 4.1　Simulink 基本操作

Simulink 作为一个动态系统和嵌入式系统仿真及基于模型的设计工具，用户无须编写大量的 MATLAB 代码，通过简单的模块图形编辑操作，即可构造复杂的系统。因此，Simulink 具有很多的优点，例如，丰富的且可扩充的预定义模块库，交互式图形编辑器组合和管理模块图，图形化的调试器和剖析器检查仿真结果、诊断设计性能和异常行为等。

### 4.1.1　启动 Simulink

从 MATLAB 启动 Simulink 的方法有两种。

（1）在 MATLAB 主窗口工具条上，单击 Simulink 按钮启动 Simulink。首次启动 Simulink 会有一定的时间延迟，在不关闭 MATLAB 的情况下，若再次启动 Simulink 则会比较快速。Simulink 启动后进入 Simulink Start Page 页面，如图 4.1 所示。

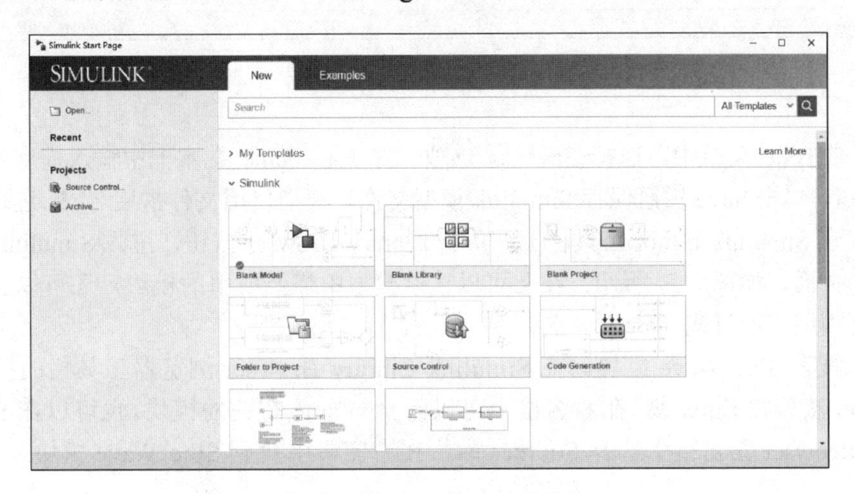


图 4.1　Simulink 启动页面

（2）在 MATLAB 命令行窗口中输入 simulink，然后按 Enter 键，也可以启动 Simulink，结果同上。

### 4.1.2 一个简单的 Simulink 模型

本节通过一个简单的建模实例来说明 Simulink 的基本操作。下面介绍的方法也适用于创建更复杂的系统模型。要创建的简单模型包含 4 个 Simulink 模块，模块是用于创建模型的元素，用来定义系统的数学运算并提供输入信号：Sine Wave 模块为模型生成输入信号（正弦信号）；Integrator 模块处理输入信号（积分）；Bus Creator 模块将多个信号合并为一个信号；Scope 模块可视化和比较输入信号与输出信号。该模型创建的具体步骤如下。

（1）按照前述方法启动 Simulink，进入 Simulink Start Page 页面。单击 Blank Model 模块进入 Simulink 模型编辑器（Simulink Editor），如图 4.2 所示。编辑器打开了一个空模块图，在此可进行模型创建或编辑。

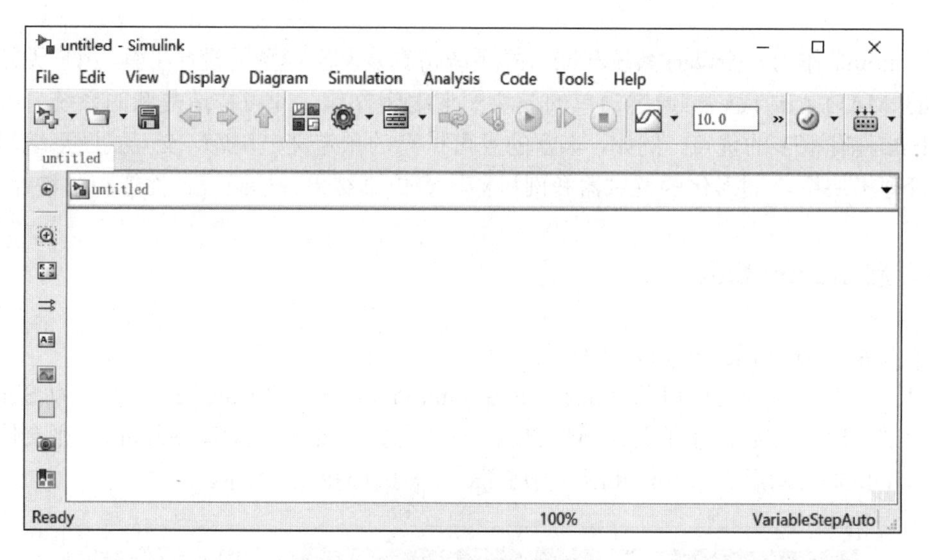


图 4.2 Simulink 模型编辑器

（2）在 File 菜单中，选择 Save as 选项。在 File name 文本框中输入模型名称，如 my_model。单击 Save 按钮保存 Simulink 模型文件。模型使用文件扩展名.slx 进行保存。

（3）在 Simulink Editor 工具栏上，单击 Library Browser 按钮，进入 Simulink Library Browser 页面，如图 4.3 所示。在此可以搜索模型中需要使用的模块，还可以创建新的 Simulink 模型、项目或 Stateflow 图。

（4）搜索 Sine Wave 模块。在 Simulink Library Browser 浏览器工具栏的搜索框中输入 sine，然后按 Enter 键，在右窗格中可以看到与 sine 有关的模块。也可以在 Simulink Library Browser 左窗格中选择 Sources 库，在右窗格中找到 Sine Wave 模块，如图 4.4 所示。

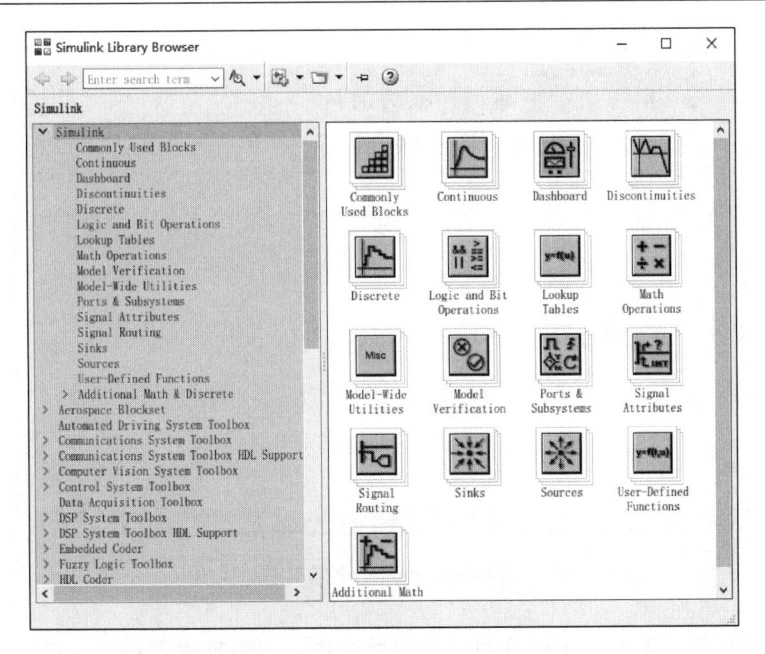


图 4.3 Simulink Library Browser 页面

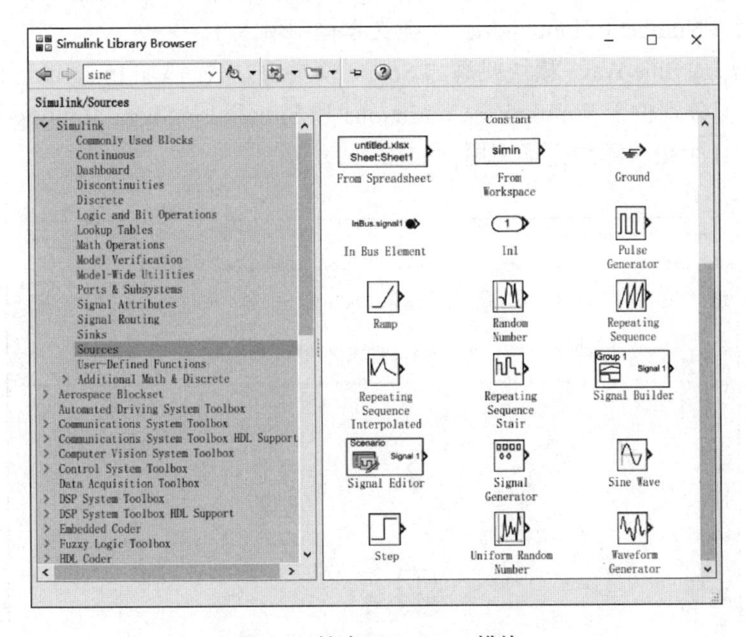


图 4.4 搜索 Sine Wave 模块

（5）将 Sine Wave 模块拖拽到 Simulink 编辑器中。模型中出现 Sine Wave 模块的副本，还有一个文本框用于输入 Amplitude 参数的值。在文本框中输入 2，其余参数采用默认值，可以双击模块进行查看。Frequency 默认值为 1rad/s，Bias 默认值为 0，Phase 默认值为 0，Sample time 默认值为 0。输出正弦波 $O(t)$ = Amplitude*Sin（Frequency*$t$ + Phase）+ Bias，这里“*”表示乘法，如图 4.5 所示。

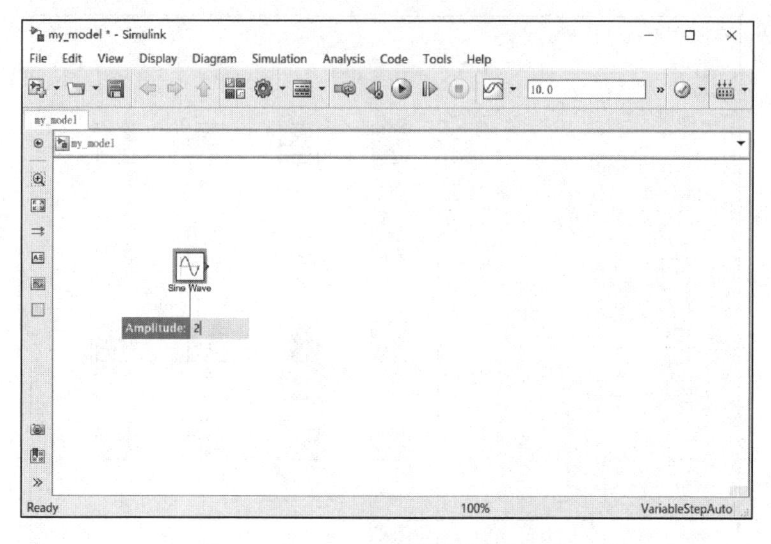


图 4.5　向 my_model 模型中添加模块

（6）添加 Scope 模块。在模块图中空白处双击，出现搜索图标后，键入 scope，然后通过列表从 Simulink→Sinks 库中选择 Scope，添加 Scope 模块，同时出现一个文本框用于输入端口数目（Number of input ports）。在文本框中输入 1。

（7）按照添加 Sine Wave 模块或添加 Scope 模块的方法，添加 Integrator 和 Bus Creator 两个模块。它们分别位于 Simulink→Continuous 和 Simulink→Signal Routing 模块库中。创建模型所需的 4 个模块添加完毕，模型如图 4.6 所示。

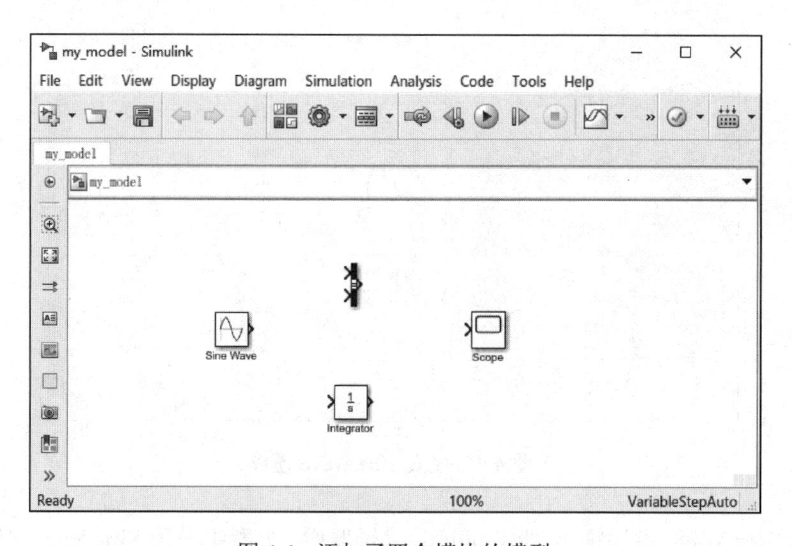


图 4.6　添加了四个模块的模型

（8）移动模块和调整模块大小。单击选中一个模块，然后拖动或者按键盘上的箭头，即可移动该模块。选中模块后将鼠标移动至模块的四个角之一，然后按下鼠标左键并拖动，可改变模块大小。模块调整结果如图 4.7 所示。

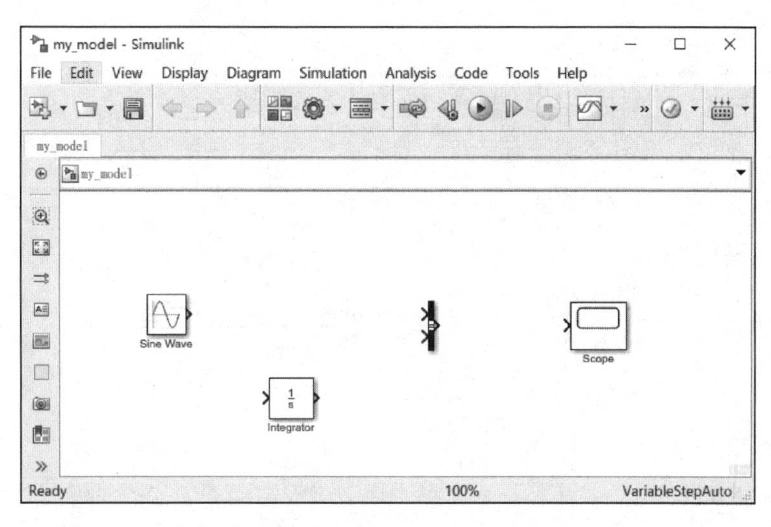


图 4.7　调整了模块位置和大小的模型

（9）模块连接。大多数模块的一侧或两侧带有尖括号“＞”，表示输入和输出端口：指向模块内部的“＞”符号表示输入端口，指向模块外部的“＞”符号表示输出端口。Simulink 用线条连接模块的输出端口和输入端口，线条表示时变信号，并用箭头表示信号流的方向。下面采用两种方法连接模块。

将光标放在 Sine Wave 模块右侧的输出端口上，指针变为一个“十”字，单击并拖动鼠标，从该输出端口绘制一条线，连接到 Bus Creator 模块顶部的输入端口。在按住鼠标左键时，连接线显示为红色虚线箭头。当指针位于输出端口上时，释放鼠标左键。

使用 Ctrl 键快捷方式将 Integrator 模块的输出端口连接到 Bus Creator 模块上的底部输入端口：选择 Integrator 模块，按住 Ctrl 键，单击 Bus Creator 模块。Integrator 模块通过一条信号线连接到 Bus Creator 模块。单击并将输出端口从 Bus Creator 模块拖动到 Scope 模块。

（10）绘制带分支的信号线。该连接不同于从输出端口到输入端口的连接。将光标放在分支线的起始位置，即将光标放在 Sine Wave 和 Bus Creator 模块之间的信号线上，右击它并从该线条向外拖动光标，以绘制一条虚线段。继续将光标拖动到 Integrator 模块的输入端口，然后释放鼠标右键。分支线携带的信号与从 Sine Wave 模块传递给 Bus Creator 模块的信号相同。至此，模型已经创建完成，如图 4.8 所示。

（11）定义配置参数。在对模型进行仿真之前，可以修改配置参数的默认值。配置参数包括数值求解器的类型、开始时间、停止时间以及最大步长大小。在 Simulink Editor 菜单中选择 Simulation→Model Configuration Parameters 选项。Configuration Parameters 窗口随即打开并显示 Solver 窗格，如图 4.9 所示。也可以通过单击 Simulink Editor 工具栏上的参数按钮来打开 Configuration Parameters 窗口。在 Stop time 文本框中，输入 20。如果 Solver 参数设置为 auto，Simulink 将为模型仿真确定最佳数值求解器。在 Additional parameters 区域中的 Max step size 文本框中输入 0.2。单击 OK 按钮或 Apply 按钮保存参数。

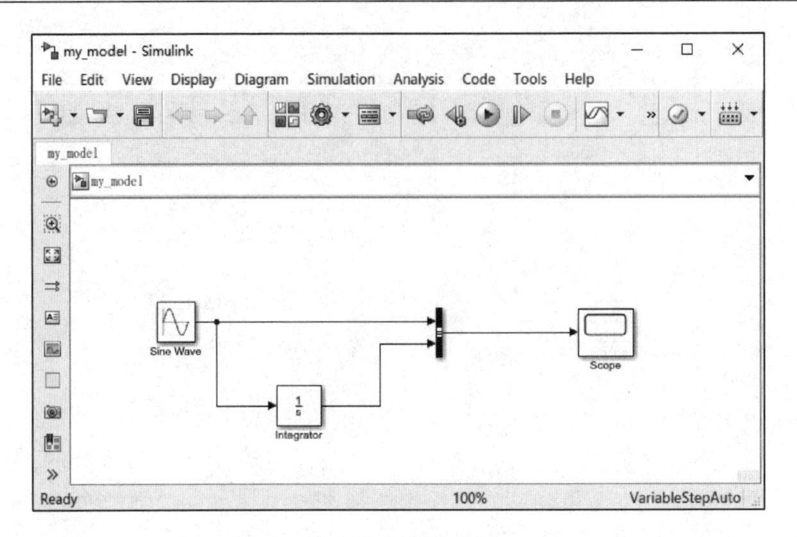


图 4.8　创建完成的模型 my_model

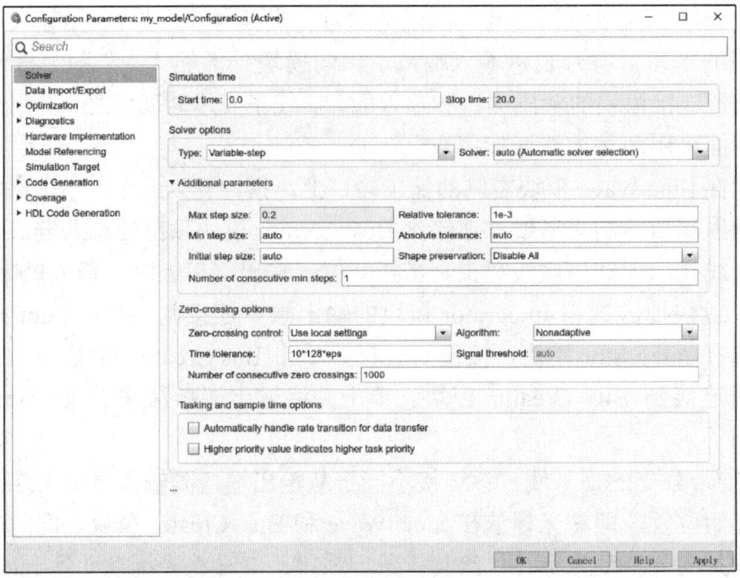

图 4.9　模型参数配置

(12)进行模型仿真并观察仿真结果。定义配置参数后即可进行模型仿真。在 Simulink Editor 菜单栏中，选择 Simulation→Run 选项，也可以通过单击 Simulink Editor 工具栏或 Scope 窗口工具栏上的 Run 仿真按钮和 Pause 仿真按钮来控制仿真。仿真开始运行，然后在到达 Configuration Parameters 窗口所指定的停止时间时停止运行。双击 Scope 模块打开 Scope 窗口，并显示仿真结果。如图 4.10 所示，图中显示正弦波信号以及生成的余弦波信号。

可以更改 Scope 窗口的显示外观：在 Scope 窗口工具栏中，单击 Style 按钮，打开 Style 窗口，其提供了显示选项，如图 4.11 所示。将 Figure color 和 Axes colors 背

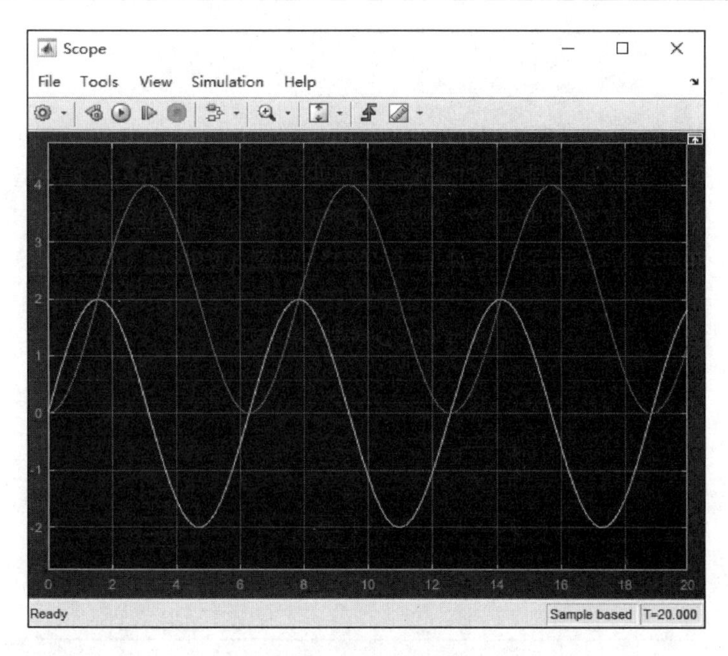


图 4.10　Scope 显示窗口

景（带颜料桶的图标）选择为白色。将 Axes colors 刻度、标签和网格颜色选择为黑色（带画笔的图标）。将 Sine Wave 的信号线颜色更改为蓝色，将 Integrator 的信号线颜色更改为红色。单击 OK 按钮或 Apply 按钮完成更改。同样，在 Scope 窗口工具栏中，单击 Show legend 按钮，可在显示图形上增加图例。显示外观修改后的 Scope 窗口如图 4.12 所示。

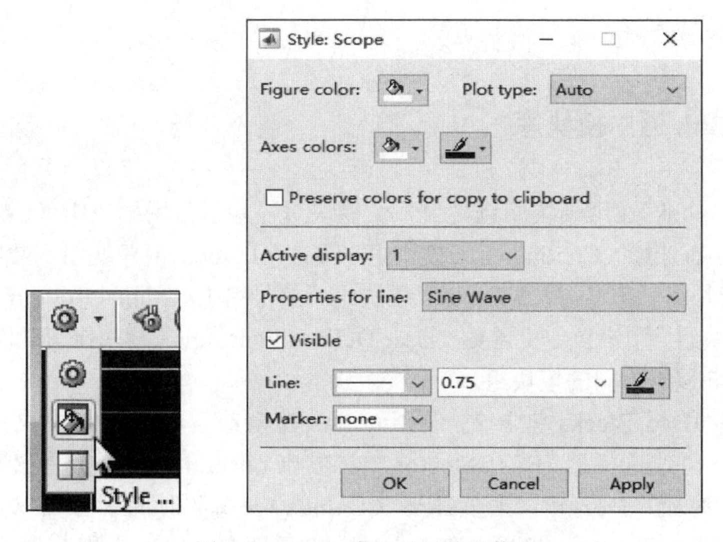


图 4.11　Scope 窗口显示外观修改

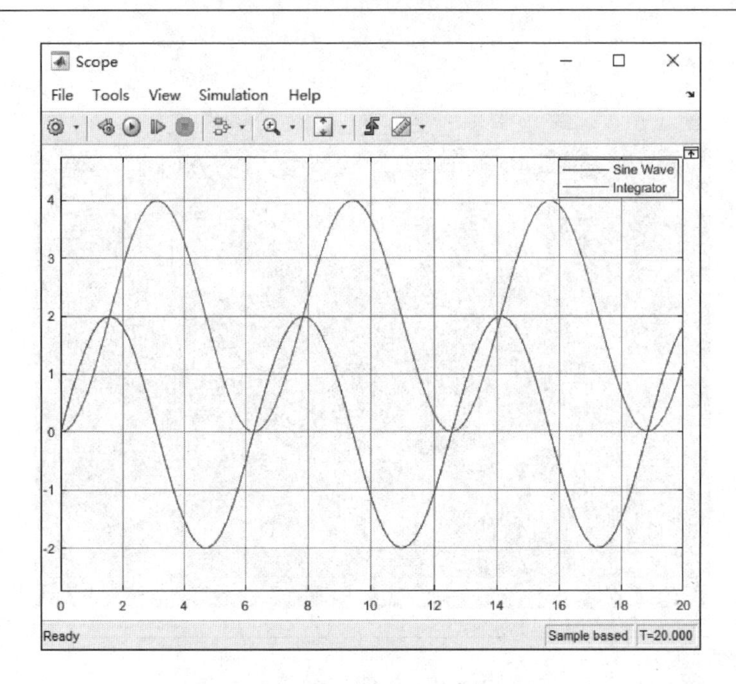


图 4.12　更改 Scope 显示窗口的外观

# 4.2　Simulink 模块库

Simulink 交互式图形化开发环境强大的建模、仿真功能得益于它带有的大量预定义模块。MATLAB 2017b/Simulink 9.0 包含非常丰富的模块，它们分属于不同的模块库，除了 Simulink 通用模块库外，还包括数字信号处理工具箱、通信系统工具箱、控制系统工具箱等专业领域的模块库。

## 4.2.1　Simulink 通用模块库

目前，Simulink 通用模块库包含 17 个模块组，除了常用模块组（Commonly Used Blocks）外，还有连续（Continuous）模块组、离散（Discrete）模块组、数学运算（Math Operations）模块组、信号源（Sources）模块组、信号路由（Signal Routing）模块组、信宿（Sinks）模块组、用户自定义函数（User-Defined Functions）模块组等。值得注意的是，有的模块可能归属于不同的模块组。

Commonly Used Blocks 包含 23 个 Simulink 建模最常用的通用模块：总线生成器（Bus Creator）、总线选择器（Bus Selector）、常数（Constant）、数据类型转换（Data Type Conversion）、时延（Delay）、去多路器（Demux）、离散时间积分器（Discrete-Time Integrator）、增益（Gain）、接地（Ground）、输入端口（In1）、积分器（Integrator）、逻辑运算器（Logical Operator）、多路器（Mux）、输出端口（Out1）、乘积（Product）、关系运算器（Relational Operator）、饱和（Saturation）、可视化仪（Scope）、子系统

（Subsystem）、求和（Sum）、开关（Switch）、终端（Terminator）、向量连接（Vector Concatenate），如图 4.13 所示。

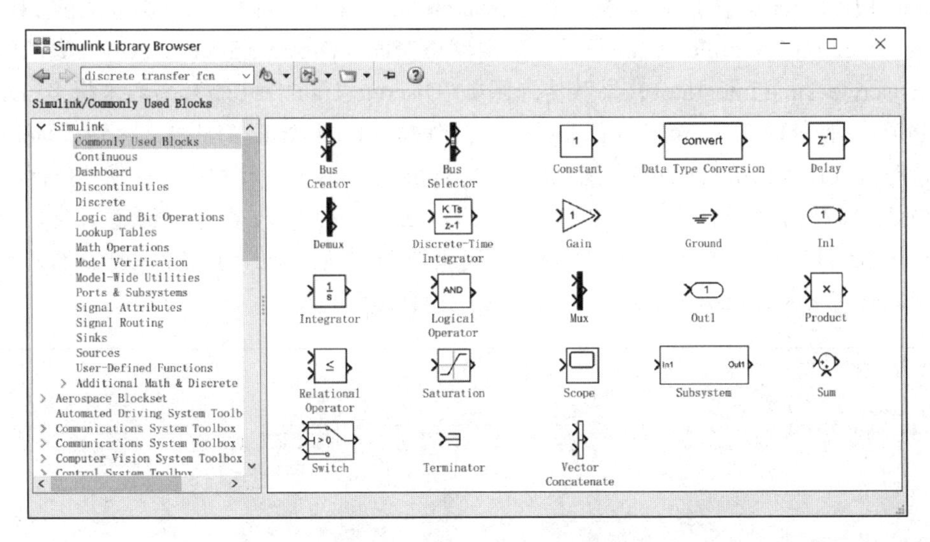


图 4.13 Commonly Used Blocks

Continuous 模块组包括 13 个模块：微分（Derivative）、积分器（Integrator）、幅度受限积分器（Integrator Limited）、二阶积分器（Integrator Second-Order）、幅度受限二阶积分器（Integrator Second-Order Limited）、比例-积分-微分（proportion-integral-differential，PID）控制器（PID Controller）、二自由度 PID 控制器（PID Controller（2DOF））、状态空间模块（State-Space）、传递函数（Transfer Fcn）、传输时延（Transport Delay）、可变时延（Variable Time Delay）、可变传输时延（Variable Transport Delay）、零极点（Zero-Pole），如图 4.14 所示。

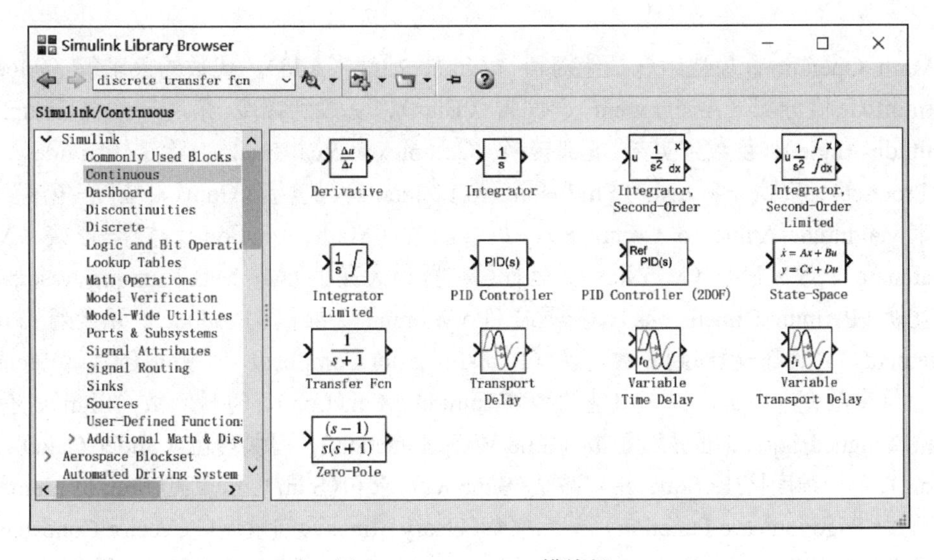


图 4.14 Continuous 模块组

Discrete 模块组包括时延（Delay）、差分（Difference）、离散微分（Discrete Derivative）、离散滤波器（Discrete Filter）、离散有限冲激响应（finite impulse response，FIR）滤波器（Discrete FIR Filter）、离散 PID 控制器（Discrete PID Controller）、二自由度离散 PID 控制器（Discrete PID Controller（2DOF））、离散状态空间（Discrete State-Space）、离散时间积分器（Discrete-Time Integrator）、离散传递函数（Discrete Transfer Fcn）、离散零极点（Discrete Zero-Pole）、使能时延（Enabled Delay）、一阶保持（First-Order Hold）、存储（Memory）、可重置时延（Resettable Delay）、抽头时延（Tapped Delay）、一阶传递函数（Transfer Fcn First Order）、超前或滞后传递函数（Transfer Fcn Lead or Lag）、实零点传递函数（Transfer Fcn Real Zero）、单位时延（Unit Delay）、可变整数时延（Variable Integer Delay）、零阶保持（Zero-Order Hold），共 22 个模块，如图 4.15 所示。

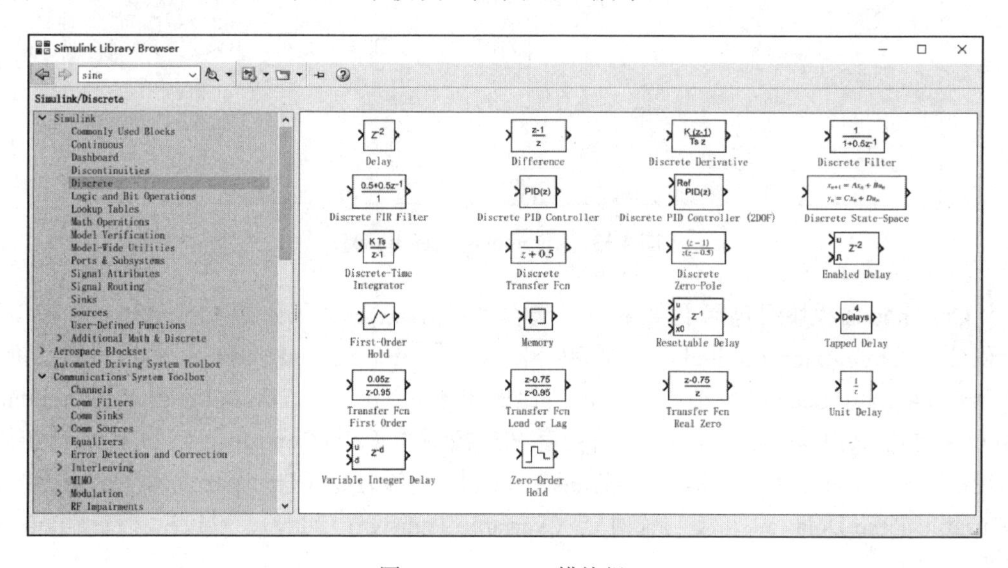


图 4.15　Discrete 模块组

Math Operations 模块组包括绝对值（Abs）、加法（Add）、代数约束求解（Algebraic Constraint）、值分配（Assignment）、偏置（Bias）、复数到幅度-角度转换（Complex to Magnitude-Angle）、复数到实部-虚部转换（Complex to Real-Imag）、除法（Divide）、点乘（Dot Product）、查找非零元素（Find Nonzero Elements）、增益（Gain）、幅度-角度到复数转换（Magnitude-Angle to Complex）、数学函数（Math Function）、矩阵连接（Matrix Concatenate）、最大最小（MinMax）、运行可重置最大最小（MinMax Running Resettable）、维度互换（Permute Dimensions）、多项式（Polynomial）、乘积（Product）、元素乘（Product of Elements）、实部-虚部到复数转换（Real-Imag to Complex）、平方根倒数（Reciprocal Sqrt）、维度改变（Reshape）、取整函数（Rounding Function）、符号函数（Sign）、有符号平方根（Signed Sqrt）、正弦波函数（Sine Wave Function）、滑块增益（Slider Gain）、平方根（Sqrt）、单一维度挤压（Squeeze）、减法（Subtract）、求和（Sum）、元素和（Sum of Elements）、三角函数（Trigonometric Function）、一元取负（Unary Minus）、向量连接（Vector Concatenate）、加权采样时间数学运算（Weighted Sample Time），共 37 个模块，如图 4.16 所示。

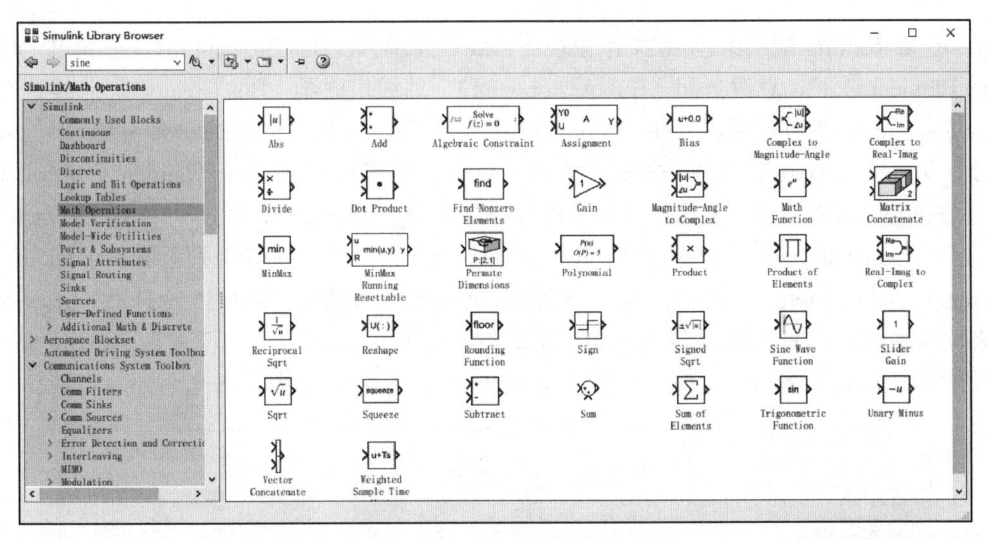


图 4.16　Math Operations 模块组

Sources 模块组包括带限白噪声（Band-Limited White Noise）、Chirp 信号（Chirp Signal）、时钟（Clock）、常量（Constant）、自由运行计数器（Counter Free-Running）、受限计数器（Counter Limited）、数字时钟（Digital Clock）、枚举常量（Enumerated Constant）、源自文件（From File）、源自表单（From Spreadsheet）、源自工作空间（From Workspace）、接地（Ground）、总线单元（In Bus Element）、输入口（In1）、脉冲发生器（Pulse Generator）、斜坡信号（Ramp）、随机数（Random Number）、重复序列（Repeating Sequence）、重复插值序列（Repeating Sequence Interpolated）、重复阶梯序列（Repeating Sequence Stair）、信号构建器（Signal Builder）、信号编辑器（Signal Editor）、信号发生器（Signal Generator）、正弦波（Sine Wave）、阶梯波（Step）、均匀分布随机数（Uniform Random Number）、波形发生器（Wave Generator），共 27 个模块，如图 4.17 所示。

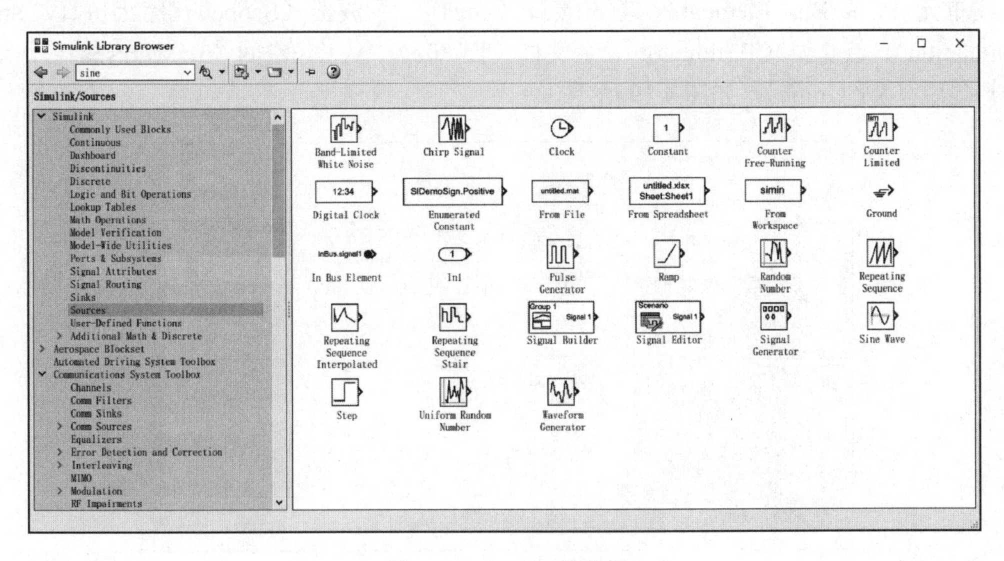


图 4.17　Sources 模块组

Signal Routing 模块组包括 27 个模块：总线单元输入（Bus Element In）、总线单元输出（Bus Element Out）、总线分配（Bus Assignment）、总线生成器（Bus Creator）、总线选择器（Bus Selector）、数据存储区（Data Store Memory）、数据存储区读（Data Store Read）、数据存储区写（Data Store Write）、去多路器（Demux）、环境控制器（Environment Controller）、源自（From）、传送至（Goto）、传送标签可视（Goto Tag Visibility）、索引向量（Index Vector）、手动开关（Manual Switch）、手动可变信宿（Manual Variant Sink）、手动可变信源（Manual Variant Source）、合并（Merge）、多口开关（Multiport Switch）、多路器（Mux）、选择器（Selector）、状态读取器（State Reader）、状态写入器（State Writer）、开关（Switch）、可变信宿（Variant Sink）、可变信源（Variant Source）、向量连接（Vector Concatenate），如图 4.18 所示。

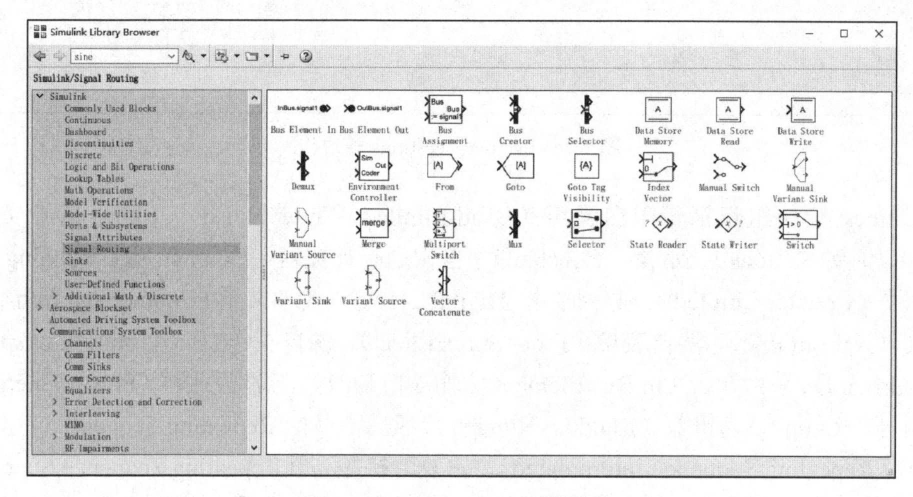


图 4.18　Signal Routing 模块组

Sinks 模块组包括 10 个模块：显示（Display）、浮点示波器（Floating Scope）、输出总线单元（Out Bus Element）、输出接口（Out1）、示波器（Scope）、停止仿真（Stop Simulation）、终止器（Terminator）、至文件（To File）、至工作空间（To Workspace）、XY 图形显示（XY Graph），如图 4.19 所示。

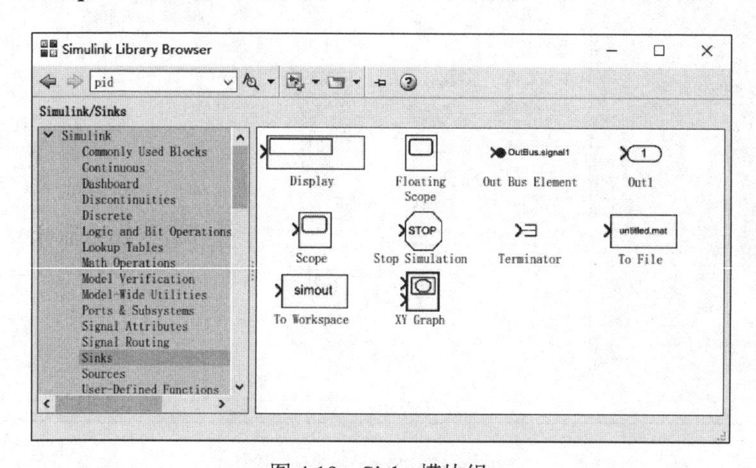


图 4.19　Sinks 模块组

User-Defined Functions 模块组包括传递函数（Fcn）、函数调用（Function Caller）、函数初始化（Initialize Function）、解释 MATLAB 函数（Interpreted MATLAB Function）、二级 MATLAB S 函数（Level-2 MTLAB S-Function）、MATLAB 函数（MTLAB Function）、MATLAB 系统（MATLAB System）、S 函数（S-Function）、S 函数构建器（S-Function Builder）、S 函数例子（S-Function Examples）、Simulink 函数（Simulink Function）、终止函数（Terminate Function），如图 4.20 所示。

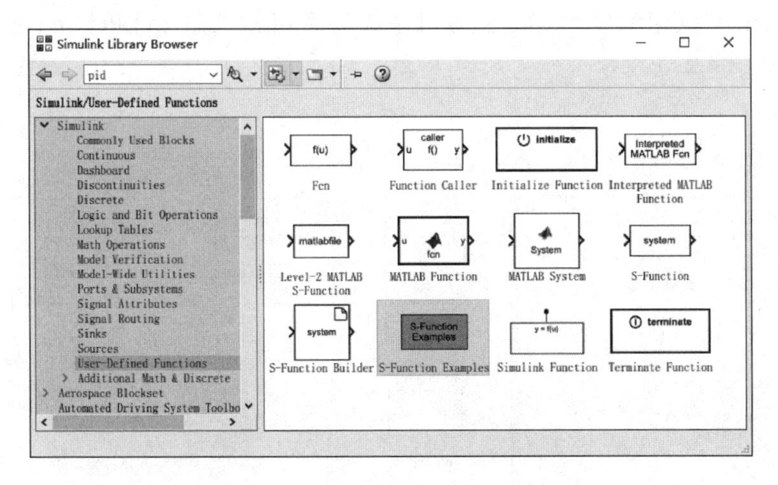


图 4.20　User-Defined Functions 模块组

大多数模块都有若干参数设置，用户可以依据应用条件进行修改。

### 4.2.2　数字信号处理系统工具箱

数字信号处理系统工具箱（DSP System Toolbox）模块库由估计（Estimation）、滤波（Filtering）、数学函数（Math Functions）、量化器（Quantizers）、信号管理（Signal Management）、信号运算（Signal Operations）、信宿（Sinks）、信源（Sources）、统计（Statistics）、变换（Transforms）10 大类模块组成，如图 4.21 所示。

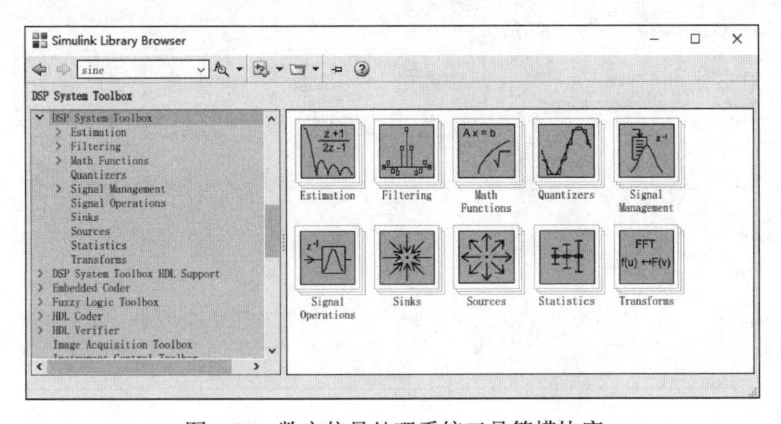


图 4.21　数字信号处理系统工具箱模块库

Estimation 模块由线性预测（Linear Prediction）、参数估计（Parametric Estimation）和功率谱估计（Power Spectrum Estimation）三类模块组成。Linear Prediction 模块包括自相关线性预测系数（Autocorrelation LPC）、Levinson-Durbin 递推（Levinson-Durbin）、线性预测系数到线谱频率/线谱对转换（LPC to LSF/LSP Conversion）、线性预测系数与倒谱系数互相转换（LPC to/from Cepstral Coefficients）、线性预测系数和反射系数互相转换（LPC to/from RC）、线性预测系数/反射系数转换为自相关（LPC/RC to Autocorrelation）、线谱频率/线谱对到预测系数转换（LSF/LSP to LPC Conversion），一共 7 个模块，如图 4.22 所示。

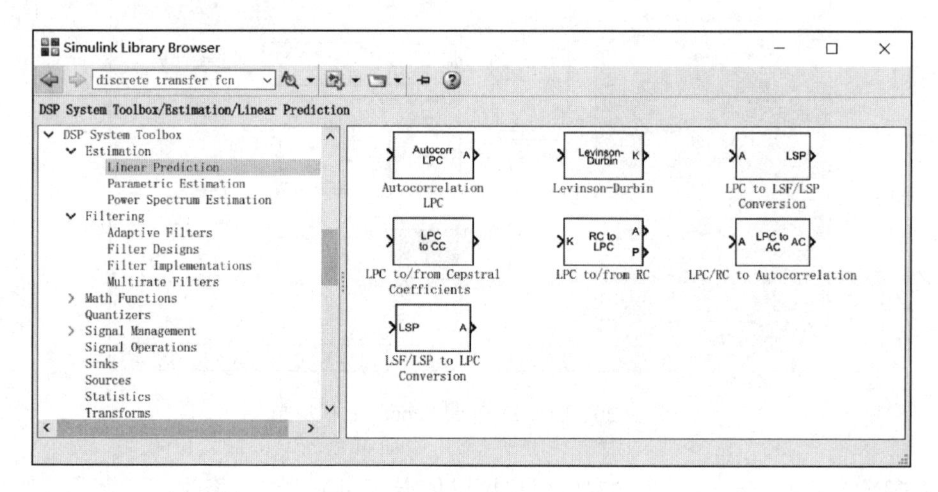


图 4.22　Linear Prediction 模块

Parametric Estimation 模块包括 Burg 自回归估计器（Burg AR Estimator）、协方差自回归估计器（Covariance AR Estimator）、修正的协方差自回归估计器（Modified Covariance AR Estimator）、Yule-Walker 自回归估计器（Yule-Walker AR Estimator）4 个模块，如图 4.23 所示。

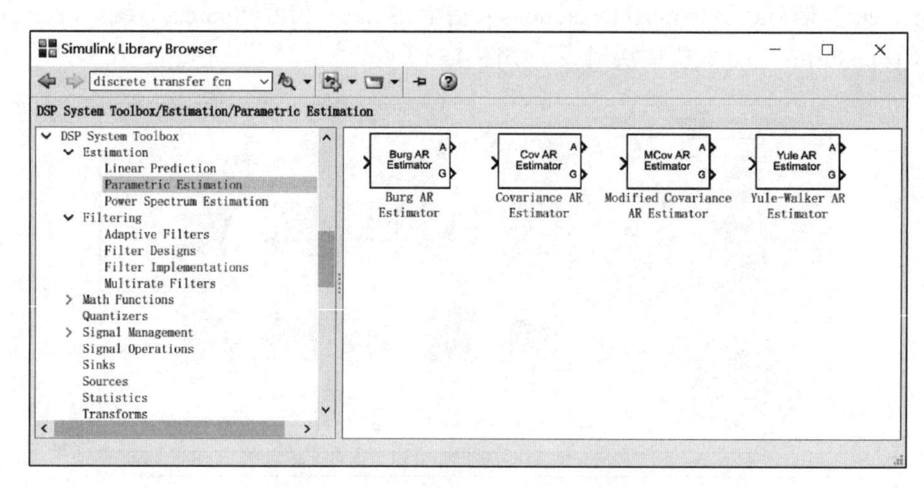


图 4.23　Parametric Estimation 模块

Power Spectrum Estimation 模块包括 Burg 方法(Burg Method)、协方差方法(Covariance Method)、互谱估计器（Cross-Spectrum Estimator)、离散传递函数估计器（Discrete Transfer Function Estimator)、幅度快速傅里叶变换（Magnitude FFT)、修正的协方差方法（Modified Covariance Method)、周期图法(Periodogram)、谱估计器(Spectrum Estimator)、Yule-Walker 方法（Yule-Walker Method)，如图 4.24 所示。

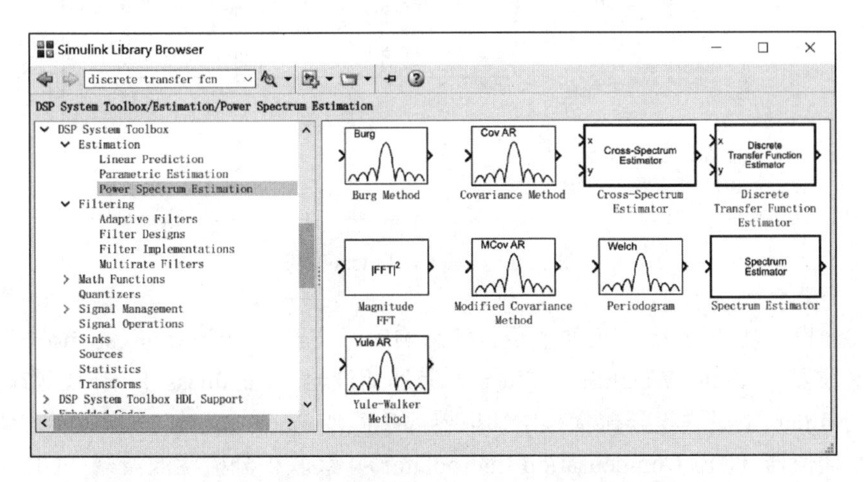


图 4.24　Power Spectrum Estimation 模块

滤波器功能由自适应滤波器（Adaptive Filters)、滤波器设计（Filter Designs)、滤波器实现（Filter Implementations)、多速率滤波器（Multirate Filters）4 类模块完成，如图 4.25 所示。Adaptive Filters 模块包括分块最小均方滤波器（Block LMS Filter)、快速分块最小均方滤波器(Fast Block LMS Filter)、卡尔曼滤波器(Kalman Filter)、最小均方滤波器(LMS Filter)、最小均方更新（LMS Update)、递推最小二乘滤波器（RLS Filter)，一共 6 个模块，如图 4.26 所示。

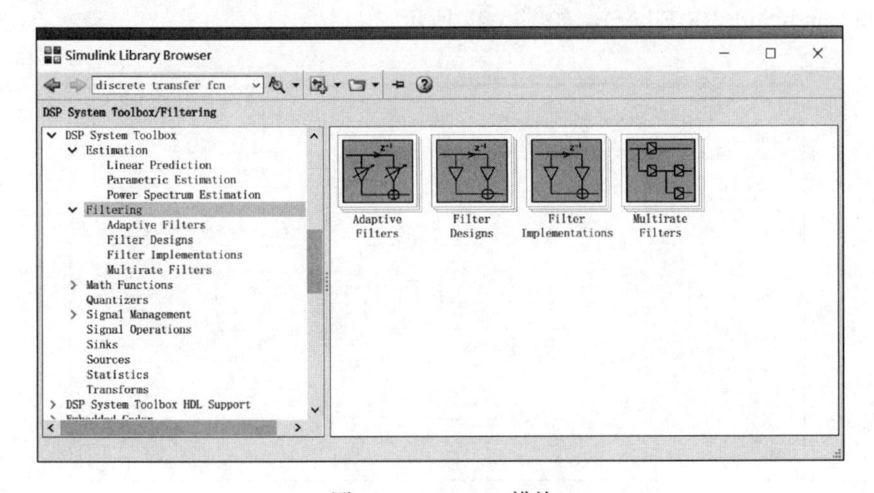


图 4.25　Filtering 模块

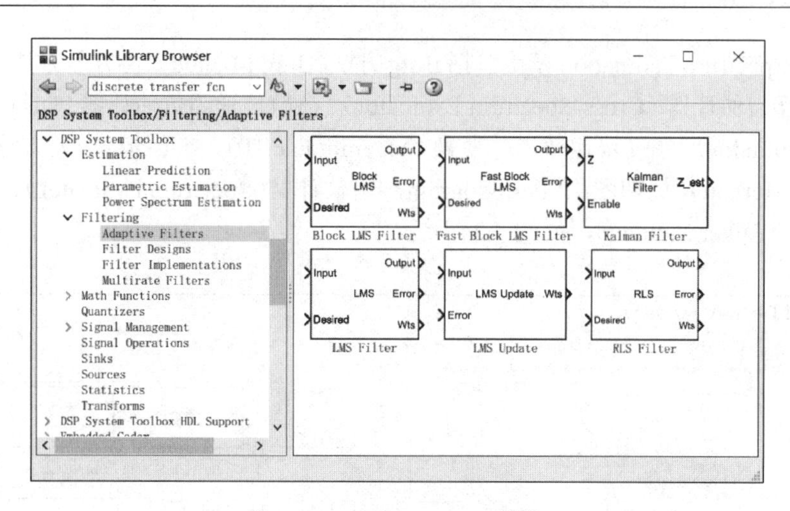


图 4.26　Adaptive Filters 模块

滤波器设计功能由 25 个模块实现：任意响应滤波器（Arbitrary Response Filter）、音频加权滤波器（Audio Weighting Filter）、带通滤波器（Bandpass Filter）、带阻滤波器（Bandstop Filer）、级联积分梳状补偿抽取器（CIC Compensation Decimator）、级联积分梳状补偿插值器（CIC Compensation Interpolator）、级联积分梳状滤波器（CIC Filter）、梳状滤波器（Comb Filter）、微分滤波器（Differentiator Filter）、FIR 半带抽取器（FIR Halfband Decimator）、FIR 半带插值器（FIR Halfband Interpolator）、汉佩尔滤波器（Hampel Filter）、高通滤波器（Highpass Filter）、希尔伯特滤波器（Hilbert Filter）、无限冲激响应（infinite impulse response，IIR）半带抽取器（IIR Halfband Decimator）、IIR 半带插值器（IIR Halfband Interpolator）、逆 Sinc 滤波器（Inverse Sinc Filter）、低通滤波器（Lowpass Filter）、中值滤波器（Median Filter）、陷波峰值滤波器（Notch-Peak Filter）、奈奎斯特滤波器（Nyquist Filter）、倍频程滤波器（Octave Filter）、参数均衡滤波器（Parametric EQ Filter）、可变带宽 FIR 滤波器（Variable Bandwidth FIR Filter）、可变带宽 IIR 滤波器（Variable Bandwidth IIR Filter），如图 4.27 所示。

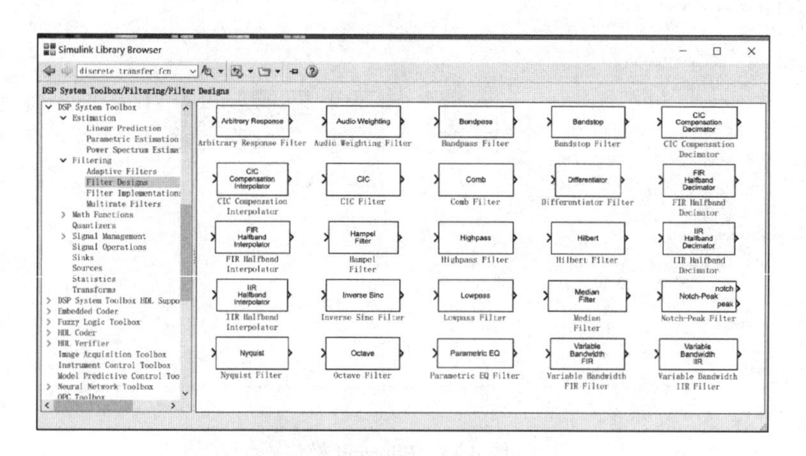


图 4.27　Filter Designs 模块

滤波器实现由如下 10 个模块完成：全通滤波器（Allpass Filter）、全极点滤波器（Allpole Filter）、模拟滤波器设计（Analog Filter Design）、双二阶滤波器（Biquad Filter）、数字滤波器设计（Digital Filter Design）、离散滤波器（Discrete Filter）、离散 FIR 滤波器（Discrete FIR Filter）、硬件描述语言（hardware description language，HDL）优化的离散 FIR 滤波器（Discrete FIR Filter HDL Optimized）、滤波器实现向导（Filter Realization Wizard）、频域 FIR 滤波器（Frequency-Domain FIR Filter），如图 4.28 所示。

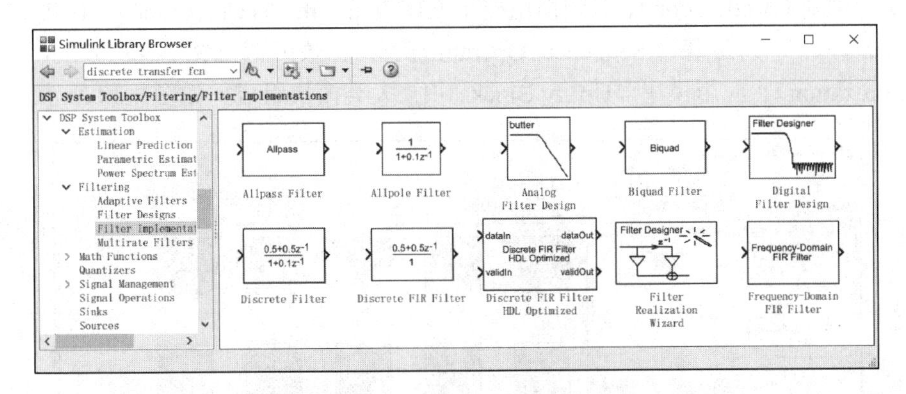


图 4.28　Filter Implementations 模块

多速率滤波可由下面 13 个模块实现：通道合成器（Channel Synthesizer）、通道生成器（Channelizer）、HDL 优化的通道生成器（Channelizer HDL Optimized）、级联积分梳状抽取（CIC Decimation）、级联积分梳状插值（CIC Interpolation）、二元分析滤波器组（Dyadic Analysis Filter Bank）、二元合成滤波器组（Dyadic Synthesis Filter Bank）、FIR 速率转换（FIR Rate Conversion）、HDL 优化的 FIR 速率转换（FIR Rate Conversion HDL Optimized）、FIR 抽取（FIR Decimation）、FIR 插值（FIR Interpolation）、双通道分析子带滤波器（Two-Channel Analysis Subband Filter）、双通道子带合成滤波器（Two-Channel Synthesis Subband Filter），如图 4.29 所示。

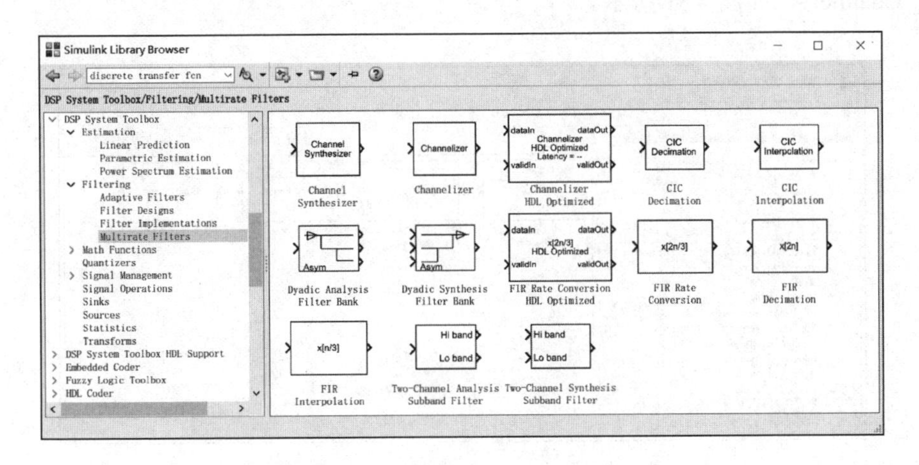


图 4.29　Multirate Filters 模块

### 4.2.3　通信系统工具箱

通信系统工具箱（Communications System Toolbox）由信道（Channels）、通信滤波器（Comm Filters）、通信信宿（Comm Sinks）、通信信源（Comm Sources）、均衡器（Equalizers）、误差检测与校正（Error Detection and Correction）、交织（Interleaving）、多输入多输出（MIMO）、调制（Modulation）、射频损伤校正（RF Impairments Correction）、射频损伤（RF Impairments）、序列运算（Sequence Operations）、信源编码（Source Coding）、同步（Synchronization）、应用模块（Utility Blocks）15 大类模块组成，如图 4.30 所示。

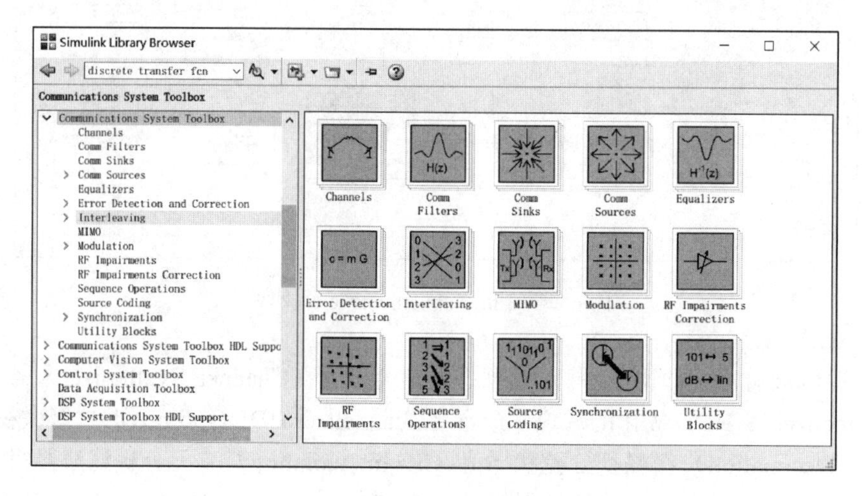


图 4.30　通信系统工具箱模块库

Channels 模块包括加性高斯白噪声信道（AWGN Channel）、二进制对称信道（Binary Symmetric Channel）、多输入多输出（multiple-input multiple-output，MIMO）衰落信道（MIMO Fading Channel）、单输入单输出（single-input single-output，SISO）衰落信道（SISO Fading Channel），如图 4.31 所示。

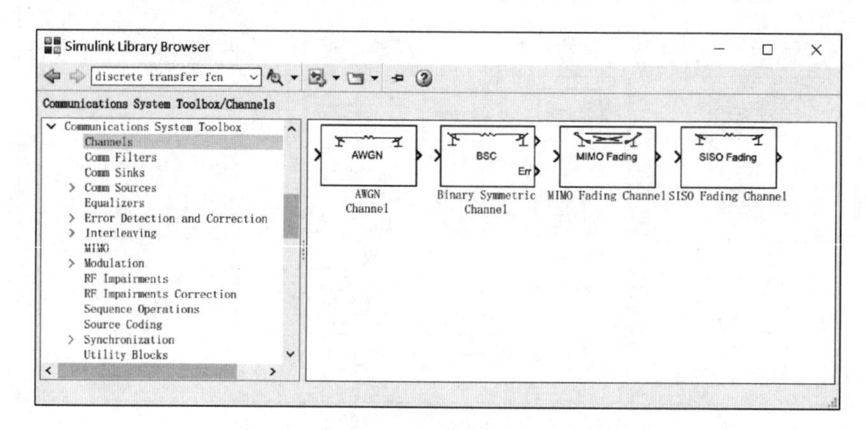


图 4.31　Channels 模块

Comm Filters 模块包括直流阻断器（DC Blocker）、理想矩形脉冲滤波器（Ideal Rectangle Pulse Filter）、积分和清除（Integrate and Dump）、升余弦接收滤波器（Raised Cosine Receive Filter）、升余弦发射滤波器（Raised Cosine Transmit Filter）、加窗积分器（Windowed Integrator），如图 4.32 所示。

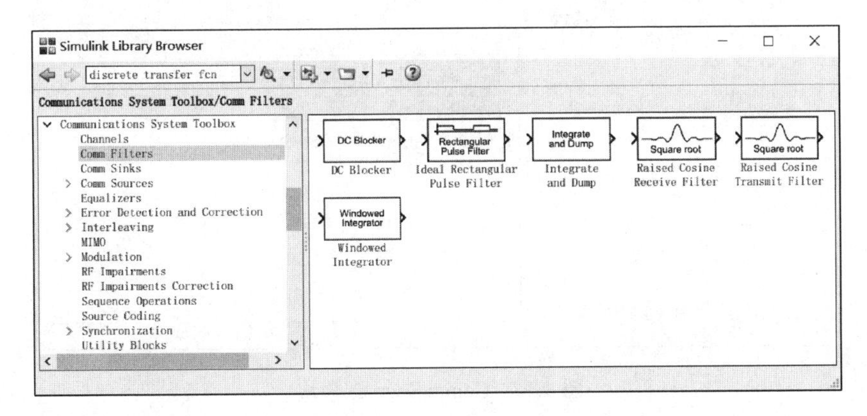


图 4.32　Comm Filters 模块

Comm Sinks 模块包括基带文件写入器（Baseband File Writer）、星图（Constellation Diagram）、误码率计算（Error Rate Calculation）、眼图（Eye Diagram）4 个模块，如图 4.33 所示。

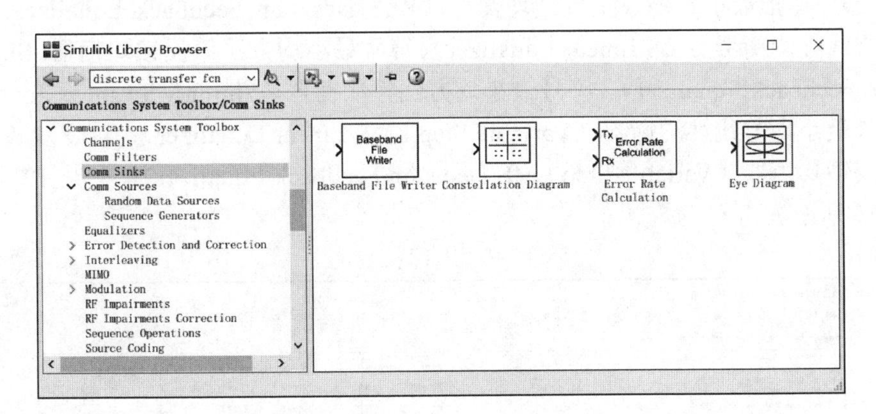


图 4.33　Comm Sinks 模块

Comm Sources 模块包括随机数据信源（Random Data Sources）、序列发生器（Sequence Generators）和基带文件读取器（Baseband File Reader），如图 4.34 所示。Random Data Sources 模块有伯努利二进制发生器（Bernoulli Binary Generator）、泊松整数发生器（Poisson Integrator Generator）、随机整数发生器（Random Integer Generator）3 个模块。Sequence Generators 模块包括 Barker 码发生器（Barker Code Generator）、Gold 序列发生器（Gold Sequence Generator）、Hadamard 序列发生器（Hadamard Sequence Generator）、Kasami 序列发生器（Kasami Sequence Generator）、正交可变扩频因子码发生器（OVSF Code

Generator)、伪随机噪声序列发生器(PN Sequence Generator)、Walsh 码发生器(Walsh Code Generator) 7 个模块。

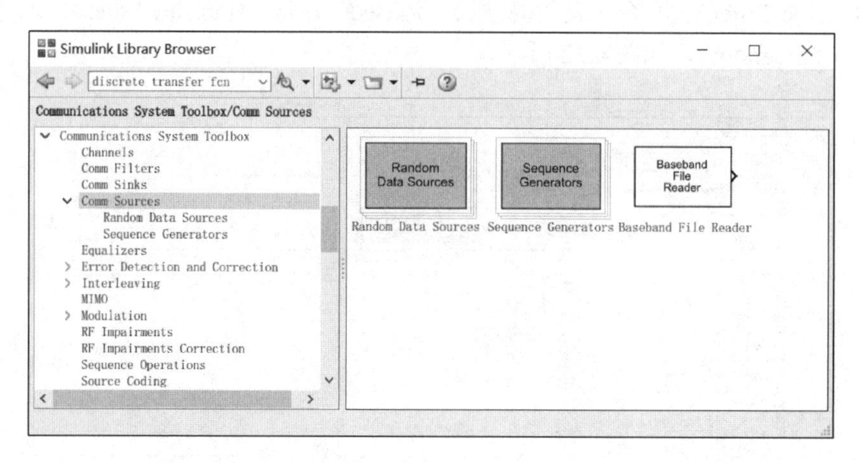


图 4.34　Comm Sources 模块

Equalizers 模块包括常模量均衡器(CMA Equalizer)、最小均方决策反馈均衡器(LMS Decision Feedback Equalizer)、最小均方线性均衡器 (LMS Linear Equalizer)、最大似然序列估计均衡器(MLSE Equalizer)、归一化最小均方线性均衡器(Normalized LMS Linear Equalizer)、归一化最小均方决策反馈均衡器 (Normalized LMS Decision Feedback Equalizer)、递推最小二乘决策反馈均衡器 (RLS Decision Feedback Equalizer)、递推最小二乘线性均衡器(RLS Linear Equalizer)、符号最小均方决策反馈均衡器(Sign LMS Decision Feedback Equalizer)、符号最小均方线性均衡器 (Sign LMS Linear Equalizer)、可变步长最小均方线性均衡器 (Variable Step LMS Linear Equalizer)、可变步长最小均方决策反馈均衡器 (Variable Step LMS Decision Feedback Equalizer)，一共 12 个模块，如图 4.35 所示。

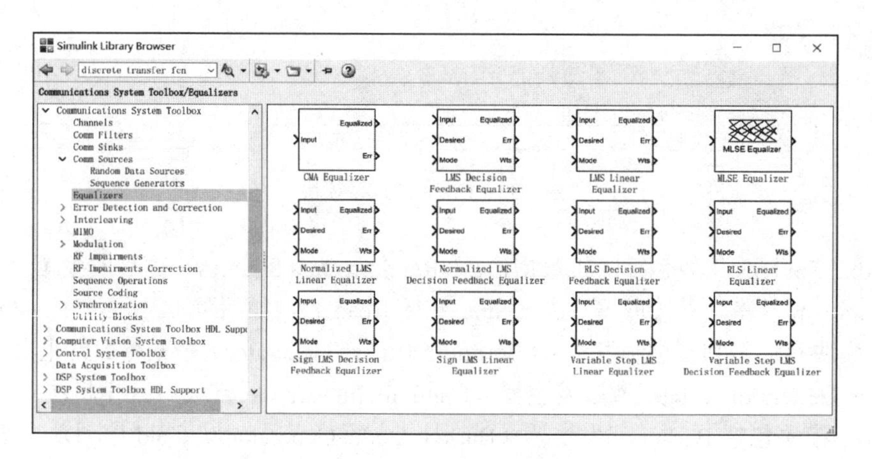


图 4.35　Equalizers 模块

Error Detection and Correction 模块由分块码（Block）、卷积码（Convolutional）和循环冗余校验（CRC）三部分组成。Block 模块包括 16 个模块：BCH 编码器（BCH Encoder）、BCH 译码器（BCH Decoder）、二进制输入里德-阶罗门（Reed-Solomon，RS）编码器（Binary-Input RS Encoder）、二进制输出 RS 译码器（Binary-Out RS Decoder）、二进制循环编码器（Binary Cyclic Encoder）、二进制循环译码器（Binary Cyclic Decoder）、二进制线性编码器（Binary Linear Encoder）、二进制线性译码器（Binary Linear Decoder）、汉明编码器（Hamming Encoder）、汉明译码器（Hamming Decoder）、整数输入 RS 编码器（Integer-Input RS Encoder）、整数输出 RS 译码器（Integer-Output RS Decoder）、HDL 优化的整数输入 RS 编码器（Integer-Input RS Encoder HDL Optimized）、HDL 优化的整数输出 RS 译码器（Integer-Output RS Decoder HDL Optimized）、低密度奇偶校验编码器（LDPC Encoder）、低密度奇偶校验译码器（LDPC Decoder），如图 4.36 所示。Convolutional 模块包括后验概率译码器（APP Decoder）、卷积码编码器（Convolutional Encoder）、Turbo 编码器（Turbo Encoder）、Turbo 译码器（Turbo Decoder）、维特比译码器（Viterbi Decoder），共 5 个模块，如图 4.37 所示。CRC 模块包括 $N$ 阶循环冗余校验生成器（CRC-N Generator）、$N$ 阶循环冗余校验综合检测器（CRC-N Syndrome Detector）、通用循环冗余校验生成器（General CRC Generator）、HDL 优化的通用循环冗余校验生成器（General CRC Generator HDL Optimized）、通用循环冗余校验综合检测器（General CRC Syndrome Detector）、HDL 优化的通用循环冗余校验综合检测器（General CRC Syndrome Detector HDL Optimized），共 6 个模块，如图 4.38 所示。

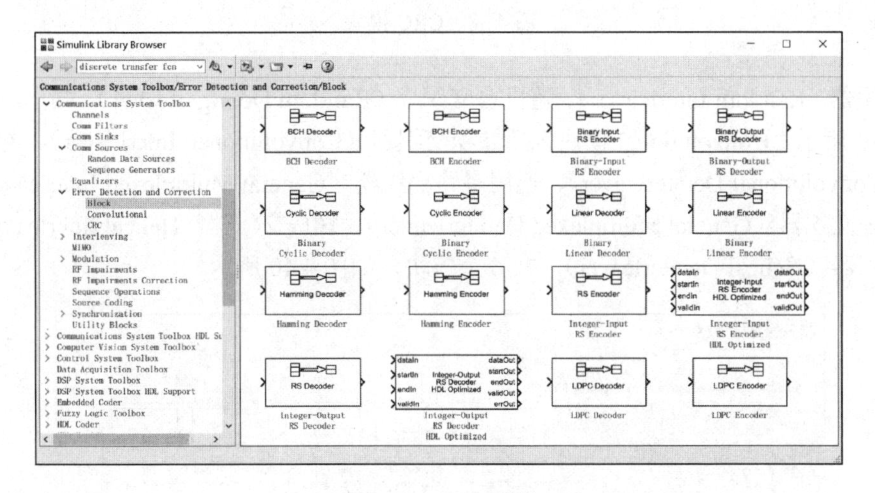


图 4.36　Block 模块

Interleaving 分为块交织（Block）和卷积交织（Convolutional）两类。Block 模块包括代数交织器（Algebraic Interleaver）、代数去交织器（Algebraic Deinterleaver）、通用块交织器（General Block Interleaver）、通用块去交织器（General Block Deinterleaver）、矩阵交织器（Matrix Interleaver）、矩阵去交织器（Matrix Deinterleaver）、矩阵螺旋扫描交织器（Matrix Helical Scan Interleaver）、矩阵螺旋扫描去交织器（Matrix Helical Scan Deinterleaver）、

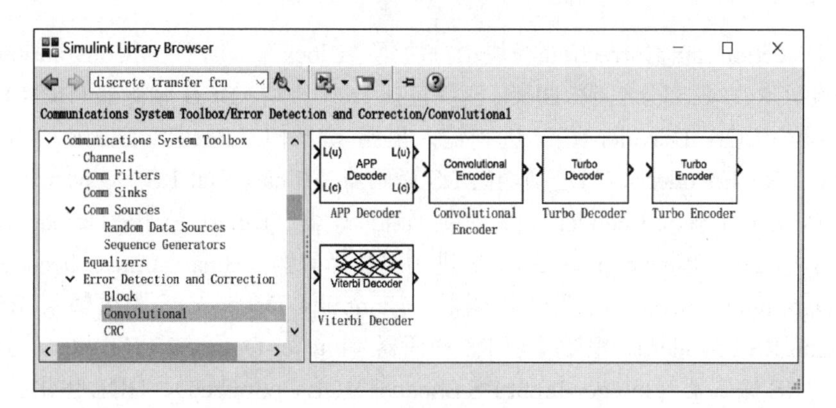


图 4.37　Convolutional 模块

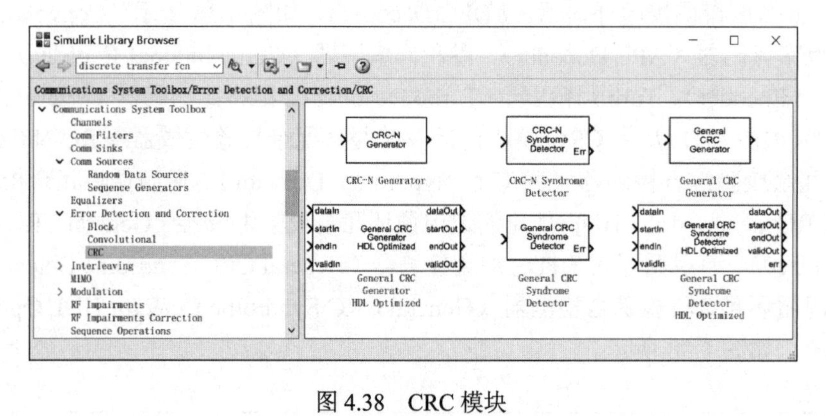


图 4.38　CRC 模块

随机交织器（Random Interleaver）、随机去交织器（Random Deintgerleaver），共 10 个模块，如图 4.39 所示。Convolutional 模块包括卷积交织器（Convolutional Interleaver）、卷积去交织器（Convolutional Deinterleaver）、通用多路交织器（General Multiplexed Interleaver）、通用多路去交织器（General Multiplexed Deinterleaver）、螺旋交织器（Helical Interleaver）、螺旋去交织器（Helical Deinterleaver），共 6 个模块，如图 4.40 所示。

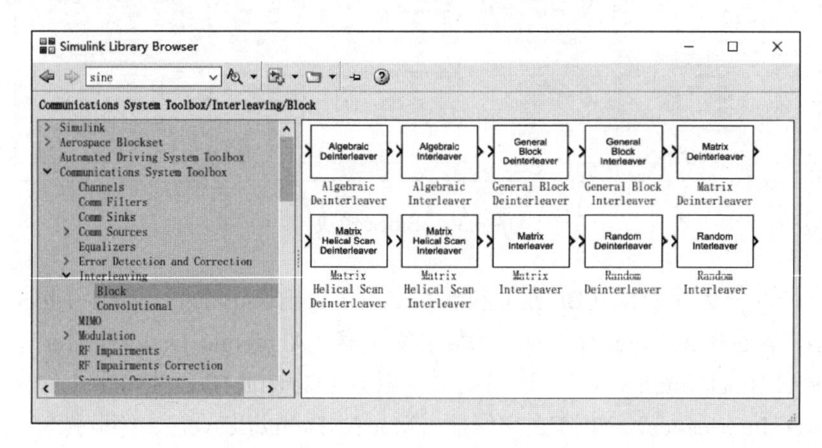


图 4.39　Interleaving/Block 模块

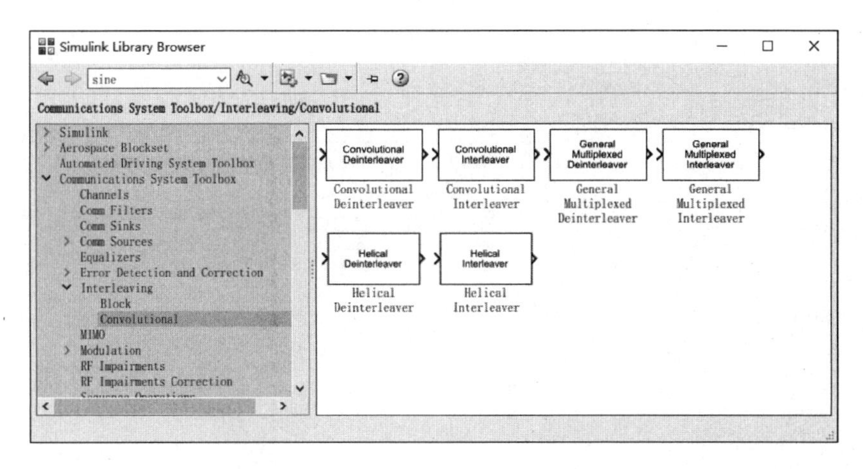


图 4.40　Interleaving/Convolutional 模块

MIMO 模块包括 MIMO 衰落信道（MIMO Fading Channel）、正交空时分块码组合器（OSTBC Combiner）、正交空时分块码编码器（OSTBC Encoder）、球形译码器（Sphere Decoder），如图 4.41 所示。

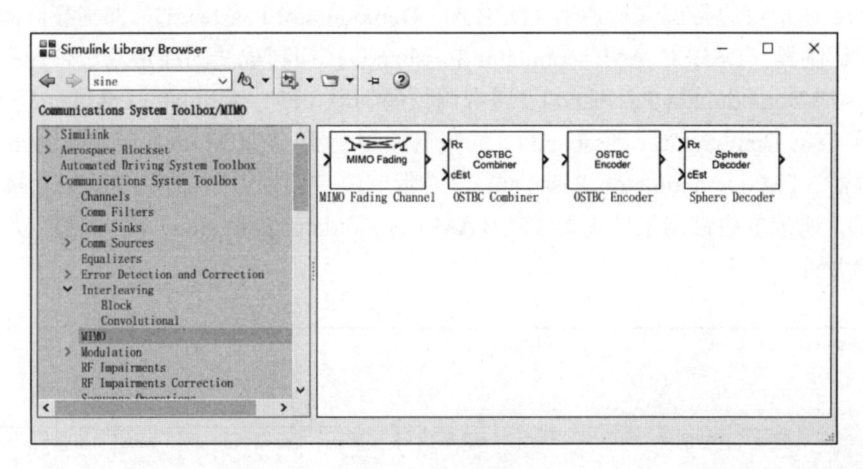


图 4.41　MIMO 模块

调制是用基带信号控制高频载波的参数（振幅、频率和相位），使这些参数随基带信号变化，便于基带信号传输。调制器是通信系统的重要组成部分。在通信系统工具箱模块中，Modulation 模块分为模拟基带调制（Analog Baseband Modulation）、模拟通带调制（Analog Passband Modulation）和数字基带调制（Digital Baseband Modulation）三大类。

Analog Baseband Modulation 模块包括基带调频广播调制器（FM Broadcast Modulator Baseband）、基带调频广播解调器（FM Broadcast Demodulator Baseband）、基带调频调制器（FM Modulator Baseband）、基带调频解调器（FM Demodulator Baseband）4 个模块，如图 4.42 所示。

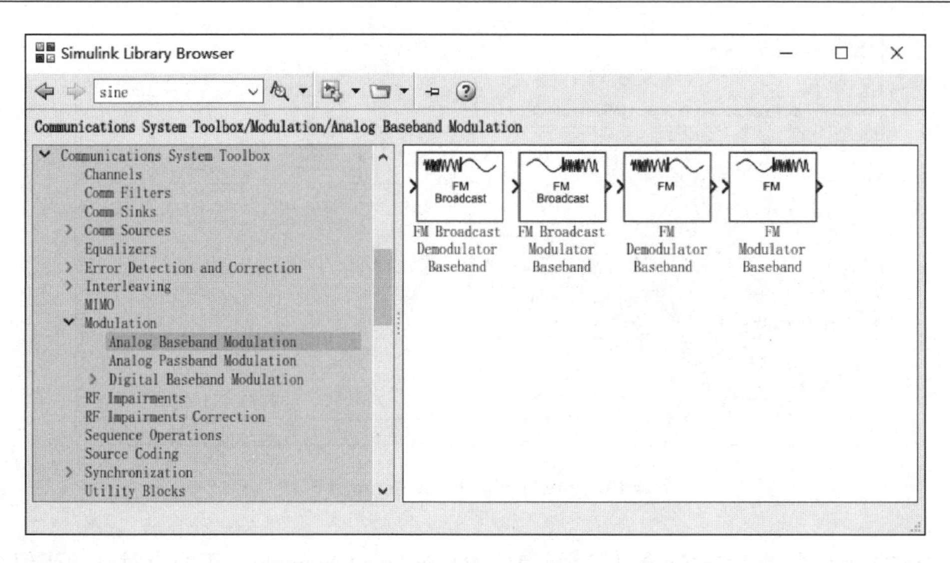


图 4.42　Analog Baseband Modulation 模块

Analog Passband Modulation 模块由通带双边带调幅调制器（DSB AM Modulator Passband）、通带双边带调幅解调器（DSB AM Demodulator Passband）、抑制载波的通带双边带调幅调制器（DSBSC AM Modulator Passband）、抑制载波的通带双边带调幅解调器（DSBSC AM Demodulator Passband）、通带调频调制器（FM Modulator Passband）、通带调频解调器（FM Demodulator Passband）、通带调相调制器（PM Modulator Passband）、通带调相解调器（PM Demodulator Passband）、通带单边带调幅调制器（SSB AM Modulator Passband）、通带单边带调幅解调器（SSB AM Demodulator Passband）10 个功能模块组成，如图 4.43 所示。

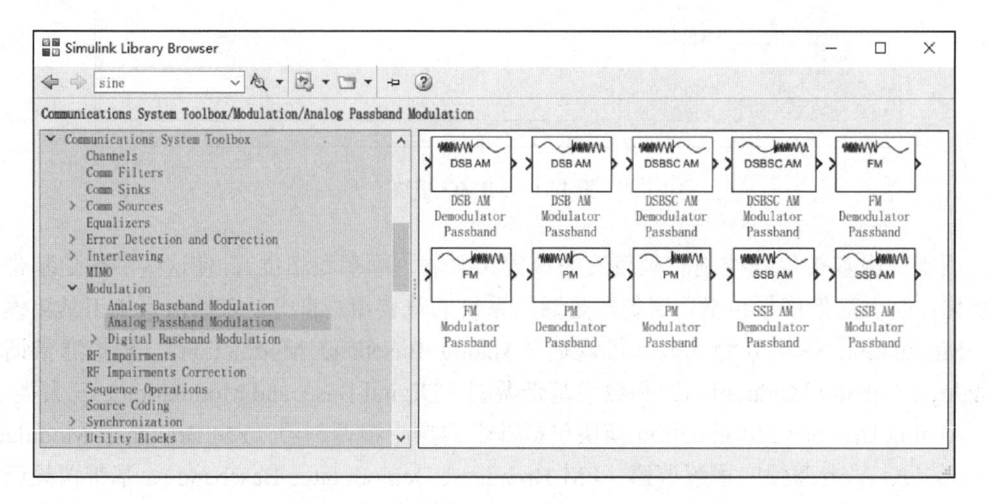


图 4.43　Analog Passband Modulation 模块

Digital Baseband Modulation 模块包括调幅（AM）、连续相位调制（CPM）、调频（FM）、正交频分复用（OFDM）、调相（PM）、格形编码调制（TCM）六类调制模块。

AM 模块包括通用基带正交调幅调制器（General QAM Modulator Baseband）、通用基带正交调幅解调器（General QAM Demodulator Baseband）、*M* 元基带脉冲幅度调制器（M-PAM Modulator Baseband）、*M* 元基带脉冲幅度调制解调器（M-PAM Demodulator Baseband）、矩形基带正交调幅调制器（Rectangular QAM Modulator Baseband）、矩形基带正交调幅解调器（Rectangular QAM Demodulator Baseband）6 个模块，如图 4.44 所示。

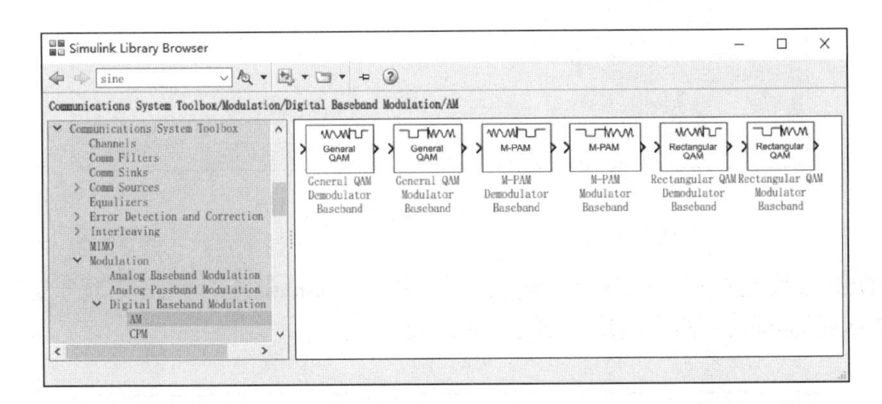


图 4.44　AM 模块

CPM 模块包括基带连续相位频移键控调制器（CPFSK Modulator Baseband）、基带连续相位频移键控解调器（CPFSK Demodulator Baseband）、基带连续相位调制器（CPM Modulator Baseband）、基带连续相位调制解调器（CPM Demodulator Baseband）、基带高斯最小频移键控调制器（GMSK Modulator Baseband）、基带高斯最小频移键控解调器（GMSK Demodulator Baseband）、基带最小频移键控调制器（MSK Modulator Baseband）、基带最小频移键控解调器（MSK Demodulator Baseband）8 个模块，如图 4.45 所示。

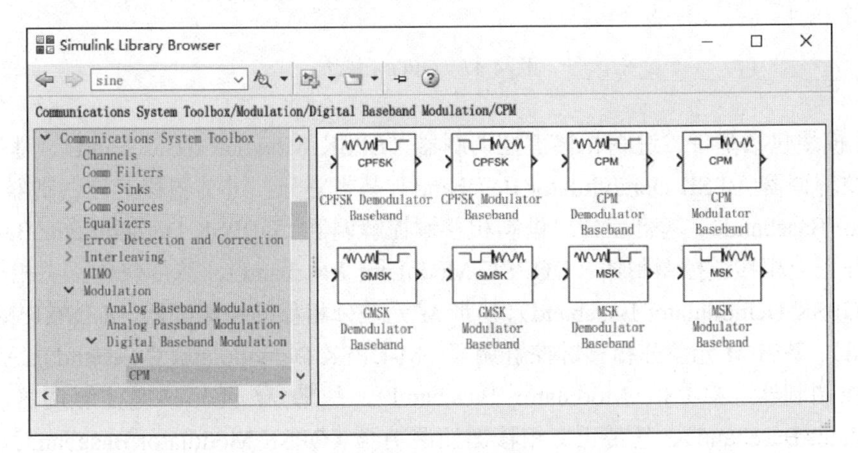


图 4.45　CPM 模块

FM 模块包括基带 *M* 元频移键控调制器（M-FSK Modulator Baseband）和基带 *M* 元频移键控解调器（M-FSK Demodulator Baseband）两个模块，如图 4.46 所示。

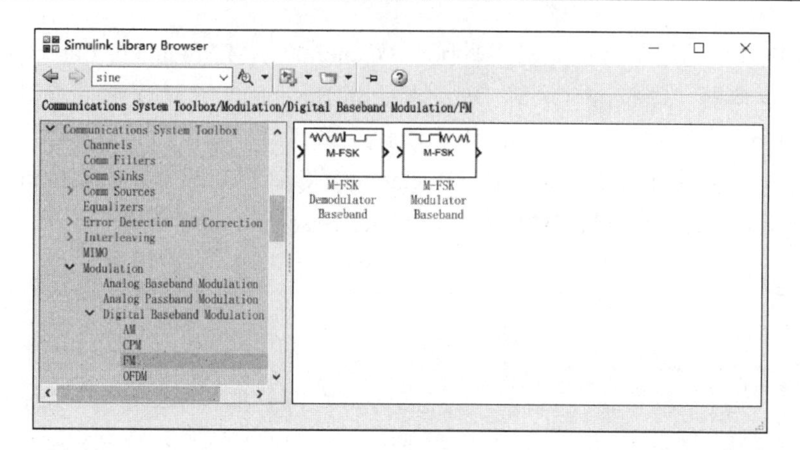


图 4.46　FM 模块

OFDM 模块包括正交频分复用调制器（OFDM Modulator）和正交频分复用解调器（OFDM Demodulator）两个模块，如图 4.47 所示。

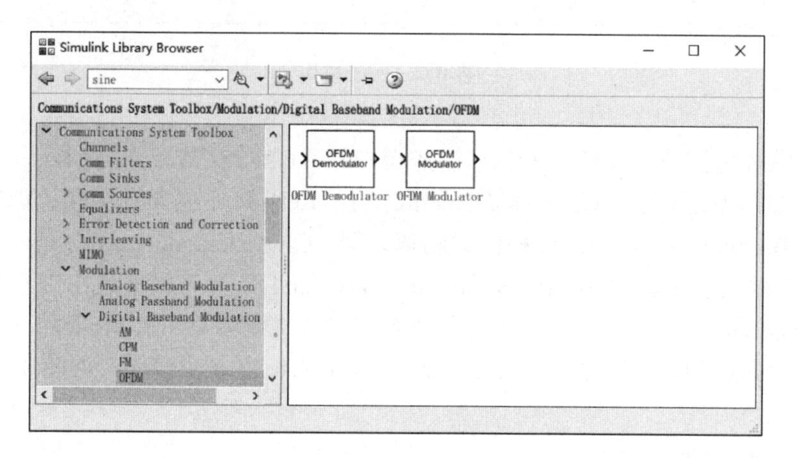


图 4.47　OFDM 模块

PM 模块包括基带二进制相移键控调制器（BPSK Modulator Baseband）、基带二进制相移键控解调器（BPSK Demodulator Baseband）、基带差分二进制相移键控调制器（DBPSK Modulator Baseband）、基带差分二进制相移键控解调器（DBPSK Demodulator Baseband）、基带差分正交相移键控调制器（DQPSK Modulator Baseband）、基带差分正交相移键控解调器（DQPSK Demodulator Baseband）、基带 *M* 元差分相移键控调制器（M-DPSK Modulator Baseband）、基带 *M* 元差分相移键控解调器（M-DPSK Demodulator Baseband）、基带 *M* 元相移键控调制器（M-PSK Modulator Baseband）、基带 *M* 元相移键控解调器（M-PSK Demodulator Baseband）、基带正交相移键控调制器（QPSK Modulator Baseband）、基带正交相移键控解调器（QPSK Demodulator Baseband）、基带偏移正交相移键控调制器（OQPSK Modulator Baseband）、基带偏移正交相移键控解调器（OQPSK Demodulator Baseband），共 14 个模块，如图 4.48 所示。

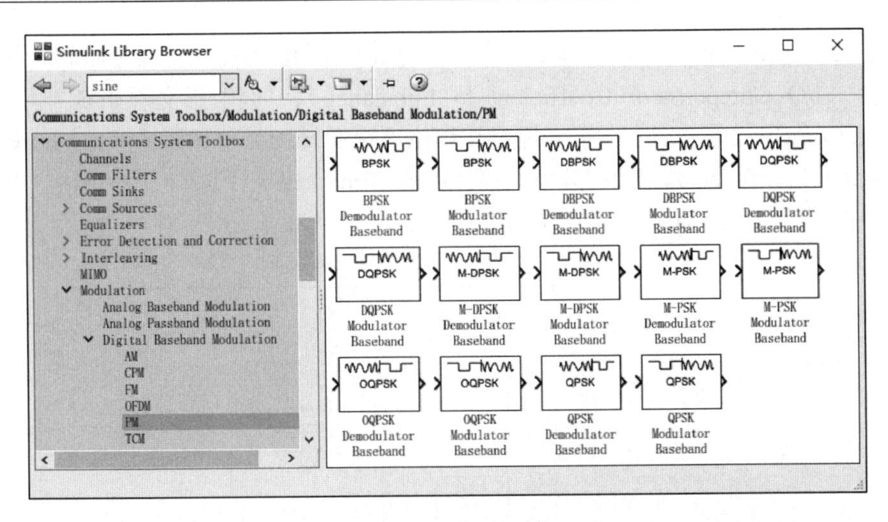


图 4.48 PM 模块

TCM 模块包括通用格形编码调制编码器（General TCM Encoder）、通用格形编码调制译码器（General TCM Decoder）、$M$ 元相移键控格形编码调制编码器（M-PSK TCM Encoder）、$M$ 元相移键控格形编码调制译码器（M-PSK TCM Decoder）、矩形正交调幅格形编码调制编码器（Rectangular QAM TCM Encoder）、矩形正交调幅格形编码调制译码器（Rectangular QAM TCM Decoder）6 个模块，如图 4.49 所示。

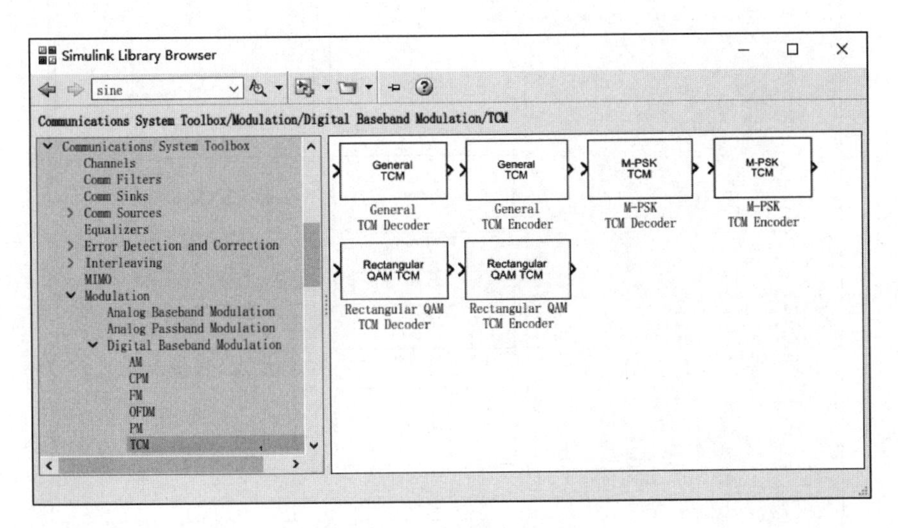


图 4.49 TCM 模块

RF Impairments 模块如图 4.50 所示，RF Impairments Correction 模块如图 4.51 所示。RF Impairments 模块包括自由空间路径损失（Free Space Path Loss）、同相/正交不平衡（I/Q Imbalance）、无记忆非线性（Memoryless Nonlinearity）、相位/频率偏移（Phase/Frequency Offset）、相位噪声（Phase Noise）、接收机热噪声（Receiver Thermal Noise）6 个模块。RF Impairments Correction 模块则包括自动增益控制（AGC）、频率粗补偿器（Coarse

Frequency Compensator）、直流阻断器（DC Blocker）、同相/正交补偿器系数转为幅度和相位不平衡（I/Q Compensator Coefficient to Imbalance）、同相/正交不平衡补偿器（I/Q Imbalance Compensator）、同相/正交幅度和相位不平衡转为补偿器系数（I/Q Imbalance to Compensator Coefficient）、相位/频率偏移（Phase/Frequency Offset）7 个模块，其中最后一个模块也属于 RF Impairments 模块中的模块。

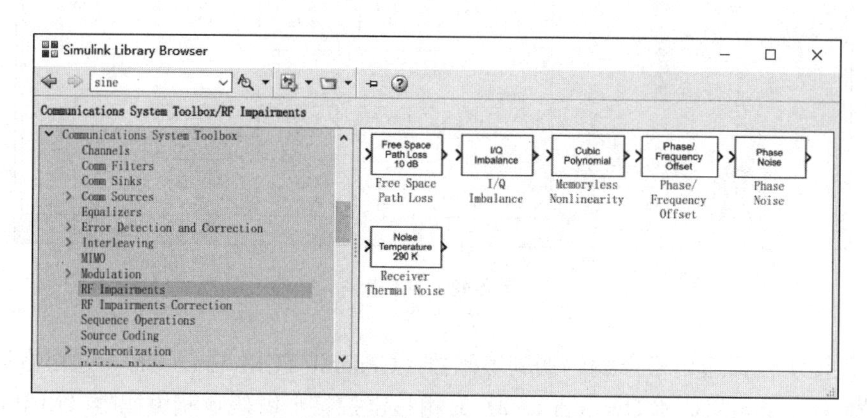


图 4.50　RF Impairments 模块

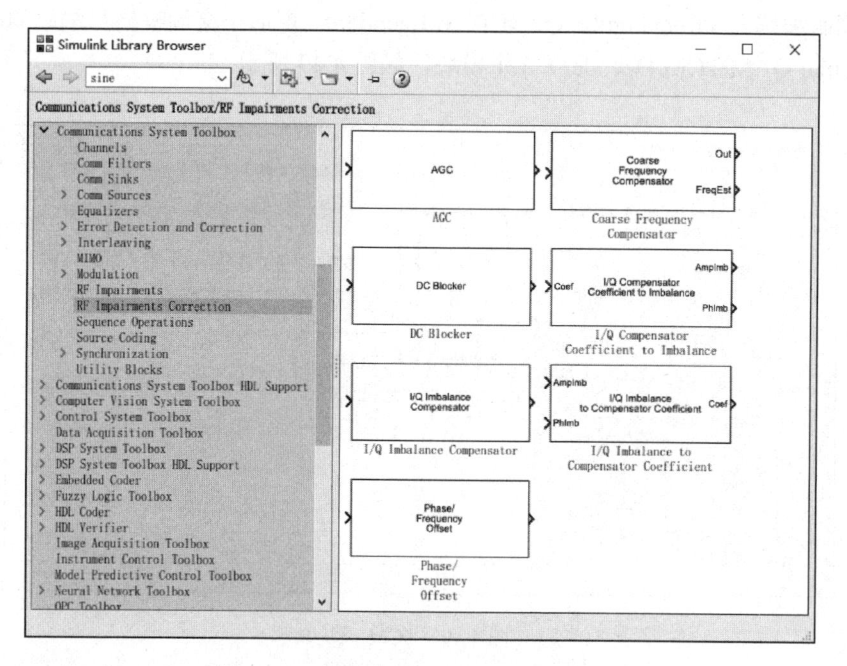


图 4.51　RF Impairments Correction 模块

通信系统中的 Sequence Operations 模块包括交织器（Interlacer）、去交织器（Deinterlacer）、样本重复/增采样（Repeat）、去重复/减采样（Derepeat）、扰频器（Scrambler）、解扰频器（Descrambler）、插入零（Insert Zero）、穿孔（Puncture），如图 4.52 所示。其中，Puncture 模块的功能是根据穿孔向量的元素为 1 还是 0，将输入样本保留或删除。

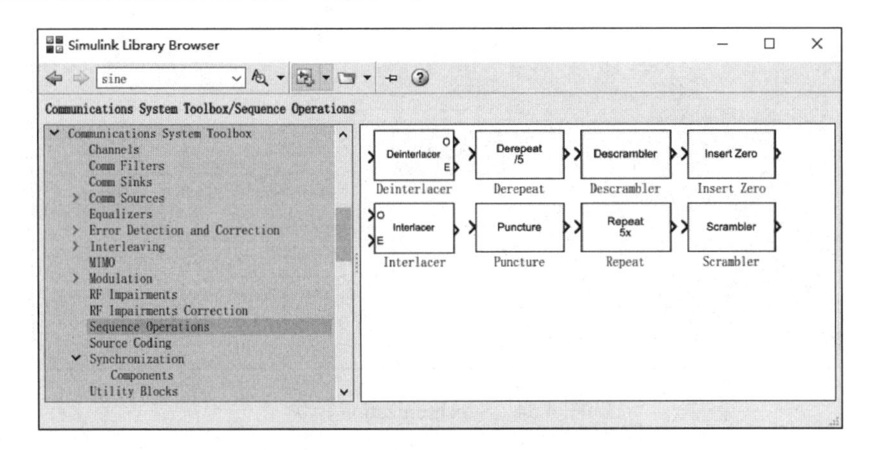


图 4.52　Sequence Operations 模块

通信系统中的 Source Coding 模块包括 A 律压缩器（A-Law Compressor）、A 律扩展器（A-Law Expander）、差分编码器（Differential Encoder）、差分译码器（Differential Decoder）、μ 律压缩器（Mu-Law Compressor）、μ 律扩展器（Mu-Law Expander）、量化编码器（Quantizing Encoder）、量化译码器（Quantizing Decoder），如图 4.53 所示。

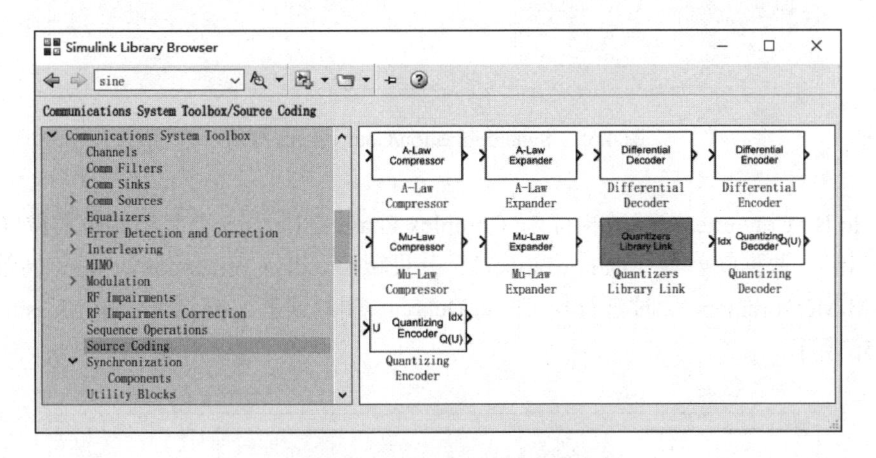


图 4.53　Source Coding 模块

同步在通信系统中起着重要的作用。通信系统中的 Synchronization 模块有载波同步器（Carrier Synchronizer）、频率粗补偿器（Coarse Frequency Compensator）、前导码检测器（Preamble Detector）、符号同步器（Symbol Synchronizer）、同步组件模块锁相环（Phase-Locked Loop）、基带锁相环（Baseband PLL）、电荷泵锁相环（Charge Pump PLL）、连续时间压控振荡器（Continuous-Time VCO）、离散时间压控振荡器（Discrete-Time VCO）、线性基带锁相环（Linearized Baseband PLL），如图 4.54 和图 4.55 所示。

通信系统工具箱中最后一类模块是 Utility Blocks，包括信号对齐（Align Signals）、双极性到单极性转换器（Bipolar to Unipolar Converter）、单极性到双极性转换器（Unipolar to Bipolar Converter）、比特到整数转换器（Bit to Integer Converter）、整数到比特转换器

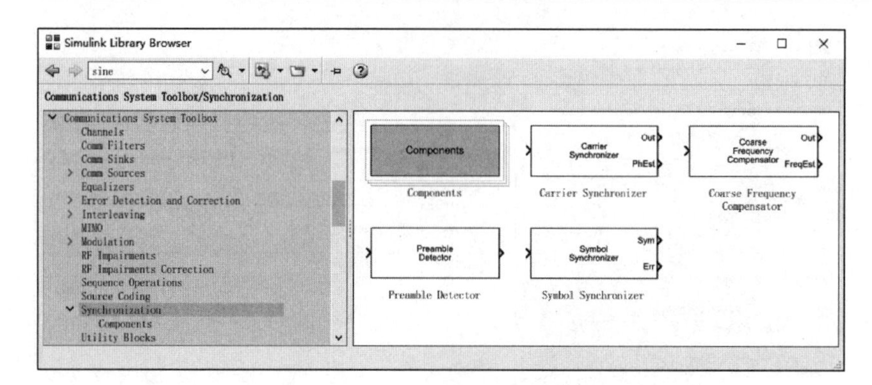


图 4.54　Synchronization 模块

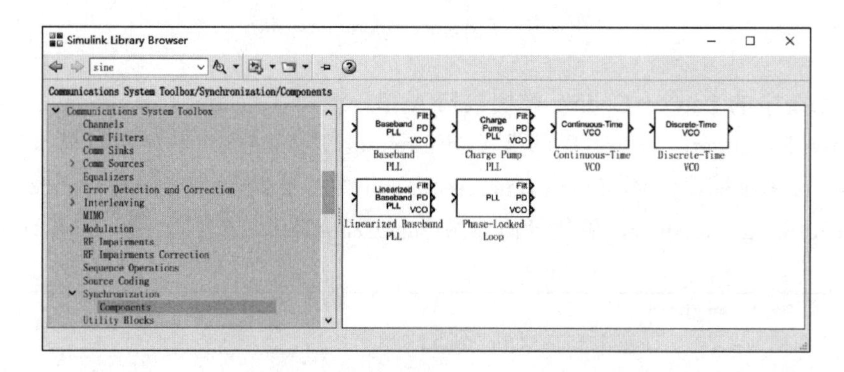


图 4.55　Synchronization/Components 模块

(Integer to Bit Converter)、复数相位差(Complex Phase Difference)、复数相位移位(Complex Phase Shift)、数据映射器（Data Mapper)、分贝转换（dB Conversion)、误差向量幅度测量（EVM Measurement)、时延查找（Find Delay)、调制误差比测量（MER Measurement)，如图 4.56 所示。

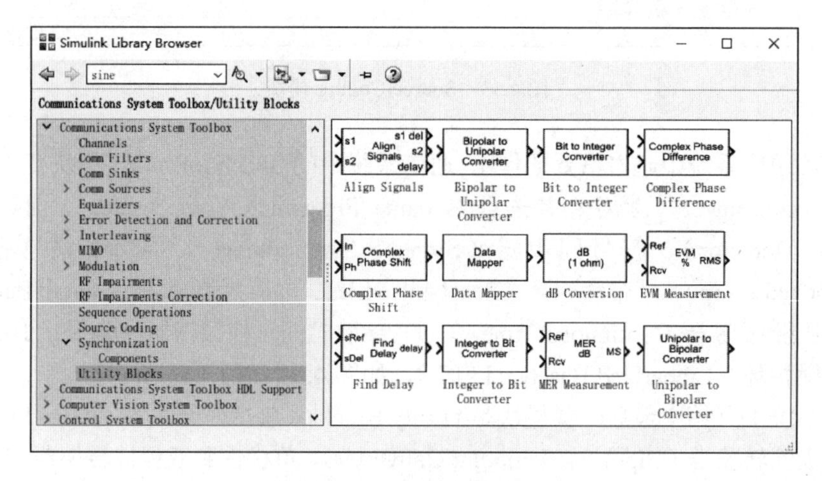


图 4.56　Utility Blocks

### 4.2.4　控制系统工具箱

控制系统中最常用的功能模块 PID 控制器放在 Simulink 通用类模块中。其中，比例-积分-微分控制器（PID Controller）和二自由度 PID 控制器（PID Controller 2DOF）放在 Continuous 模块组中，离散 PID 控制器（Discrete PID Controller）和离散二自由度 PID 控制器（Discrete PID Controller 2DOF）放在 Discrete 模块组中。控制系统工具箱由线性参数可调（Linear Parameter Varying）和状态估计（State Estimation）两类控制模块组成。Linear Parameter Varying 功能模块包括离散参数可调二自由度比例-积分-微分控制器（Discrete Varying 2DOF PID）、离散参数可调低通滤波器（Discrete Varying Lowpass）、离散参数可调陷波器（Discrete Varying Notch）、离散参数可调观测器（Discrete Varying Observer Form）、离散参数可调比例-积分-微分控制器（Discrete Varying PID）、离散参数可调状态空间（Discrete Varying State Space）、离散参数可调传递函数（Discrete Varying Transfer Function）、线性参数可调系统（LPV System）、参数可调二自由度比例-积分-微分控制器（Varying 2DOF PID）、参数可调低通滤波器（Varying Lowpass Filter）、参数可调陷波器（Varying Notch Filter）、参数可调观测器（Varying Observer Form）、参数可调比例积分微分控制器（Varying PID Controller）、参数可调状态空间（Varying State Space）、参数可调传递函数（Varying Transfer Function），共 15 个模块，如图 4.57 所示。State Estimation 功能模块包括卡尔曼滤波器（Kalman Filter）、扩展卡尔曼滤波器（Extended Kalman Filter）和无迹卡尔曼滤波器（Unscented Kalman Filter）3 个模块，如图 4.58 所示。

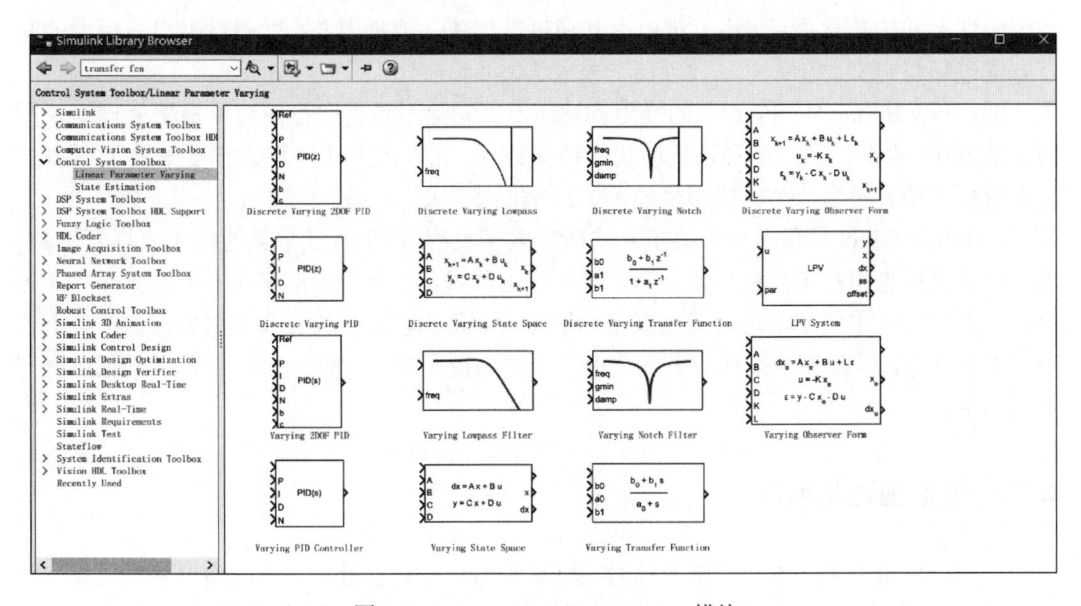


图 4.57　Linear Parameter Varying 模块

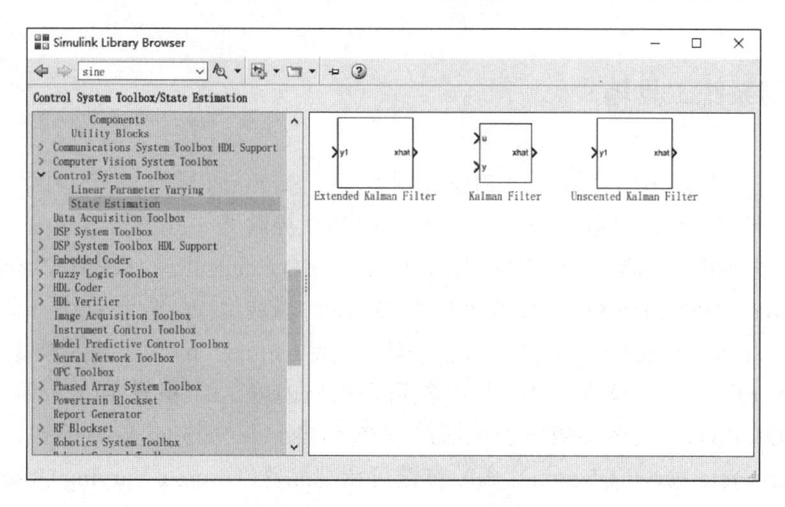


图 4.58　State Estimation 模块

# 4.3　Simulink 模型创建

## 4.3.1　Simulink 模型编辑环境

在 Simulink 模型编辑环境中，利用全面预定义的模块库可以方便、快速地构建模型。Simulink 模型编辑环境主要由模型编辑器（Simulink Editor）和模块库浏览器（Library Browser）两个工具组成。在 Library Browser 中可以方便地找到模型需要的模块，使用 Simulink Editor 可将需要的模块添加到模型中，并用信号线将各模块连接起来，以确立各系统组件之间的数学关系。还可对模型外观进行优化并添加封装，以便对用户与模型的交互方式进行自定义。

Simulink Editor 是一个直观的模型构建工具，它除了具有向量图形编辑器处理模块图的标准方法，也提供了添加和连接模块的快捷方式，允许用户访问和执行技术操作（例如，导入数据、仿真模型、分析模型性能等）所需的工具。

Simulink Editor 提供了命令菜单和快捷方式工具栏，用于执行常见的操作或打开工具。当用户将光标悬停在工具栏按钮上时，将显示工具提示。命令还出现在上下文菜单中。当用户右击编辑器中的某个模型元素或空白区域时，将出现上下文菜单。例如，右击某个模块，菜单中将显示与模块操作有关的命令，如剪贴板和对齐操作。有些命令只出现在上下文菜单中。

## 4.3.2　模型创建与编辑

一个模型至少要接收一个输入信号，然后对该信号进行处理，最后输出处理结果。从 4.2.1 节的介绍可知，在 Library Browser 中，Sources 库包含代表输入信号的模块，Sinks 库包含用于捕获和显示输出的模块。其他库包含可用于各种用途（如数学运算）的模块。每个模块都有一个名称，Simulink Editor 默认自动隐藏模块名称，当选中模块时则会显示模块名称。若需要始终显示模块名称，则在 Simulink Editor 的 Display 菜单下取消选中 Hide Automatic Names 复选框。如果一个模型中包含多个相同模块，如 Gain 模块，则首先添加的 Gain 模块名称为 Gain，后面添加的 Gain 模块依次命名为 Gain1、Gain2 等。

本节通过一个实例介绍创建模型、向模型中添加模块、连接模块以及仿真模型的基础知识。在该模型中，输入信号为正弦波，执行的操作为增益运算（通过乘法增加信号值），结果输出到一个 Scope 窗口。

（1）启动 Simulink Editor。在 MATLAB 主页选项卡中单击 Simulink，或在 MATLAB 命令窗口输入 Simulink，进入启动页 Simulink Start Page。在启动页单击 Blank Model 模板，进入 Simulink Editor，创建一个基于模板的新模型，默认名称为 untitled。单击 Save 按钮保存新模型，修改新模型名称为 New_Model，文件后缀名为.slx。在 Simulink Editor 中单击 Library Browser 按钮，打开 Simulink Library Browser，可访问或查找创建模型需要的模块。

（2）在新模型中添加模块。在 Simulink Library Browser 的树结构视图中，单击 Sources，打开信号源库，在右边的窗格中，找到正弦信号模块 Sine Wave。可以用两种方式将该模块添加到 New_Model 模型中：一是选中 Sine Wave 模块并将其拖拽到模型中然后释放鼠标左键；二是右击 Sine Wave 模块，在弹出的菜单中选择 Add block to model New_Model 选项。同样地，在 Math Operations 库中找到 Gain 模块，在 Sinks 库中找到 Scope 模块，用上述方法依次将这两个模块添加到 New_Model 模型中。

（3）对齐和连接模块。添加模块之后，需要用信号线将模块连接起来，在模型元素之间建立关系，这是模型正常工作所需要的。在连接之前，通常需要将模块对齐，这样模型看起来很清楚。我们可根据模块之间的交互方式，采用快捷方式对齐和连接模块。具体操作如下：拖动 Gain 模块，使其与 Sine Wave 模块对齐。当两个模块水平对齐时，将出现一条对齐参考线。释放模块，此时将出现一个蓝色箭头，作为建议连接线的预览。单击箭头的末端接受该连接线，此时参考线将变成一条黑色实线。采用同样的方法，将 Scope 模块与 Gain 模块对齐并连接起来。选择模块时将显示模块名称。对齐和连接结果如图 4.59 所示。

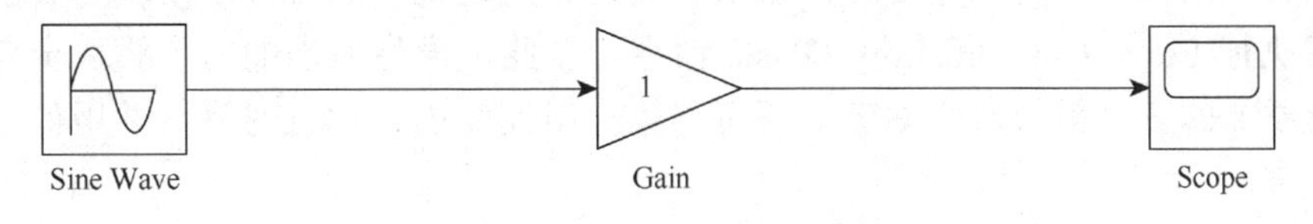


图 4.59　对齐和连接结果

（4）设置模型参数。每个模块都有默认的参数和属性，大多数模块上的参数都是可以修改的。我们可以使用默认值，也可以根据需要设置新的值。修改默认参数可以帮助我们指定模块如何在模型中工作。Simulink 有两种方式可以设置模块参数，最简单的方式是双击模块，弹出模块参数对话框，使用对话框来设置参数。另一种方式是使用 Property Inspector 设置参数，以设置正弦波的幅值和增益值为例，具体操作为：执行 View→Property Inspector 命令，在 Simulink Editor 右边显示 Property Inspector 对话框，单击 Parameters

选项卡，并在左边窗格中选择 Sine Wave 模块，在 Property Inspector 对话框中显示出该模块的参数。可以看到 Amplitude 参数默认值为 1，将其修改设置为 2。同样，在左边窗格中选择 Gain 模块，其 Gain 默认值也为 1，将 Gain 参数修改设置为 5，模块上将显示新设置的增益值，如图 4.60 所示。

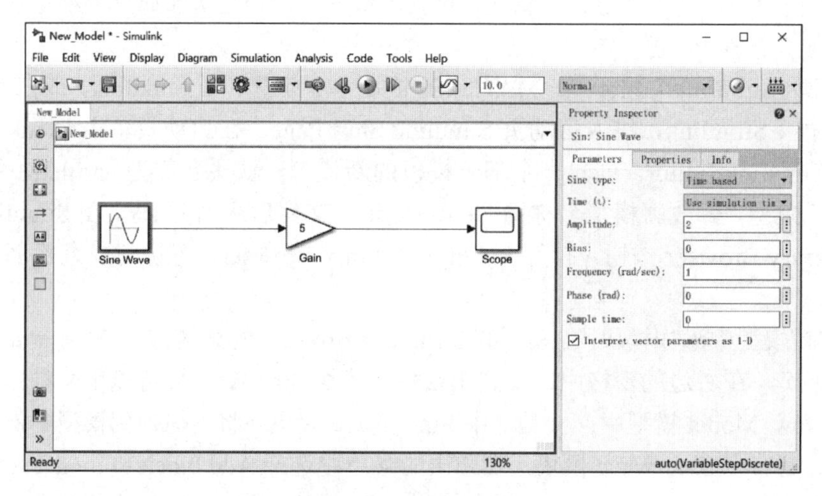


图 4.60　模块参数设置

（5）添加更多模块。根据模型功能需要，增加一个计算信号绝对值的模块，再增加一个增益模块和一个显示模块。在模型中增加新模块，除了前述方法外，这里再介绍一些其他方法。如果知道要添加模块的名称，可以使用快捷方式。双击欲添加模块的位置，在提示框中键入模块名称，如 Gain，此时将显示一个可能的模块列表。单击模块名称，或者在突出显示模块名称后按 Enter 键，添加 Gain 模块，同时激活 Property Inspector 对话框，提示输入 Gain 值，键入 5 并按 Enter 键。接着添加一个 Abs 模块。假如不知道模块在哪个库中，也不知道模块的完整名称，此时可以使用 Library Browser 中的搜索框进行搜索。在搜索框中输入 abs 并按 Enter 键。当找到 Abs 模块后，将其添加到新 Gain 模块的左侧。最后，添加另一个 Scope 模块。右击并拖动现有的 Scope 模块为其创建一个副本，或执行 Edit→Copy 和 Edit→Paste 命令。至此，模型所需的六个模块全部添加完毕。将新添加的三个模块水平对齐，还可与第一组模块进行垂直对齐，并用信号线将它们连接起来。

（6）建立信号分支线。第二个 Gain 模块的输入是 Sine Wave 模块输出的绝对值。要使用一个 Sine Wave 模块作为两个增益运算的输入，需要从 Sine Wave 模块的输出端口创建一条连接 Abs 模块的分支线。当光标悬停在 Sine Wave 模块的输出信号线上时，按住 Ctrl 键并向下拖动。拖动分支线，直到末端靠近 Abs 模块为止。向 Abs 模块拖动，直到分支线连接到该模块。建立分支线的另一种方式是，右击 Sine Wave 模块输出信号线的分支点位置，同时拖动分支线直到 Abs 模块输入端口。我们还可以对信号线进行命名，一种方法是双击要命名的信号线，然后在信号线下方的提示框内输入信号线名称。例如，将 Gain 模块与 Scope 模块之间的信号线命名为 Scope。如果要修改信号线名称，单击选中信号线下方的文本框，输入新的名称即可。至此，一个完整的新模型建立起来，如图 4.61 所示。

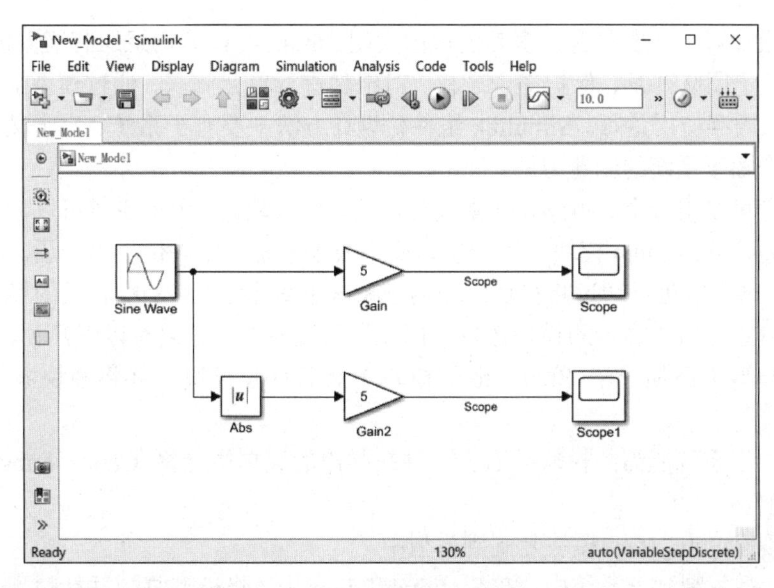


图 4.61　建立好的完整模型

（7）模型仿真。当新模型建立完成后，我们可以对模型进行仿真，查看输出结果，确定模型是否满足设计要求。单击 Simulink Editor 上方的 Run 按钮，或执行 Simulation→Run 命令（Ctrl+T），对模型 New_Model 进行仿真。通过双击两个 Scope 模块，可以查看仿真结果。修改图形显示属性后的结果如图 4.62 所示。正弦波幅值设置为 2，增益设置为 5，因此，输出信号幅值为 10。

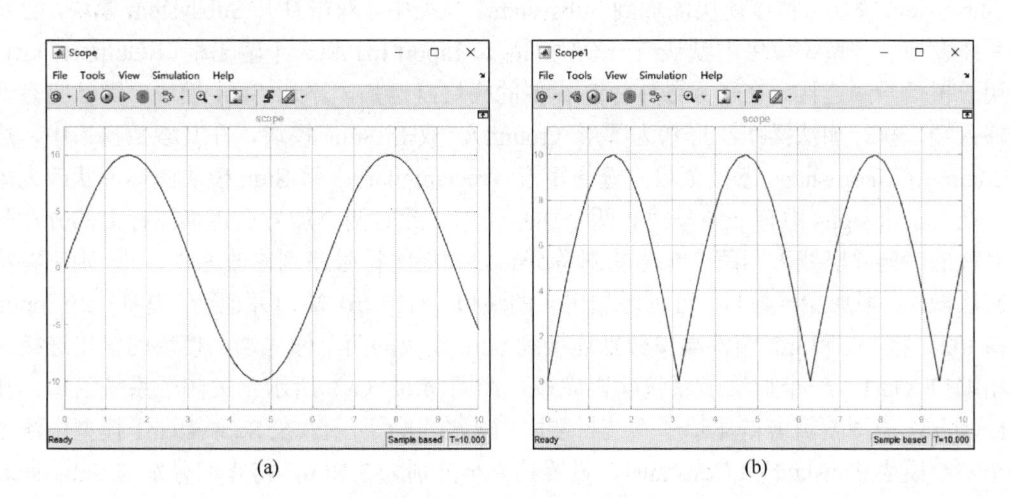


(a)　(b)

图 4.62　模型仿真结果

## 4.4　子系统创建

组件化设计对于开发包含许多功能块的大型 Simulink 模型的组织有诸多优势。例如，组件重用、便于团队开发、保护知识产权、对组件进行单元测试、通过模型加载、提高仿真速度、降低内存使用量等。Simulink 组件化设计方法主要有子系统、自定义库和模型引用。下面仅介绍子系统的创建方法。

子系统是可以用一个 Subsystem 模块替换的一组模块。利用子系统可以创建包含多个层的分层模型，Subsystem 模块位于一层，而构成子系统的模块位于另一层。随着模型大小和复杂度的增加，可以通过将模块组合为子系统来简化它，将功能相关的模块放在一起有助于减少模型窗口中显示的模块数目。创建子系统的方法主要有以下几种。

（1）向模型中添加一个 Subsystem 模块，然后打开模块，并将模块添加到子系统窗口中。

（2）选中子系统所需的模块并右击，并在弹出的菜单中选择 Create Subsystem from Selection 选项。

（3）将现有 Subsystem 模块复制到模型中。

（4）将模型复制到子系统中。在 Simulink Editor 中，将模型复制并粘贴到子系统窗口中，或使用 Simulink.BlockDiagram.copyContentsToSubsystem 函数将模块框图复制到子系统中。

（5）围绕欲添加到子系统的模块拖出一个框，然后从上下文选项中选择所需子系统的类型。

**例 4.1**　使用 Subsystem 模块创建子系统。首先创建一个名为 Subsystem1 的模型，然后从 Simulink Library Browser 中找到 Commonly Used Blocks 库，单击打开该模块库，找到 Subsystem 模块，将该模块添加到 Subsystem1 模型中。双击打开 Subsystem 模块，显示子系统窗口。子系统模块中默认有一个输入端口 Inport In1 和一个输出端口 Outport Out1，并用一根信号线连接。在子系统中添加需要的模块，例如，添加 Sum 模块，默认它有两个输入端，执行加法操作，形状为圆形（round）。双击 Sum 模块，在其参数窗口中，选择 Main，在 Icon shape 下拉菜单中选择矩形（rectangular），将 Sum 模块图标形状改为矩形。在 List of signs 中有一条竖线和两个加号（+），此时两个加号在矩形图标上的分布是不对称的，删除竖线，则两个加号将对称分布。如果将符号序列修改为“+–”，则它将执行减法操作。增加加号数目，可以增加更多的端口。右击 In1 端口并拖动，复制一个 Inport 端口 In2。将 In1 和 In2 输入端口分别连接到 Sum 模块的两个输入端，模块的输出连接到输出端口 Out1。一个加法子系统建立完成，如图 4.63（a）所示。关闭子系统窗口，在 Subsystem1 模型编辑窗口显示子系统封装如图 4.63（b）所示。在 Subsystem1 模型中添加两个常数模块 Constant 和 Constant1，设置其大小分别为 3 和 6，将它们分别与 Subsystem 模块的输入端口 In1 和 In2 连接。添加一个 Scope 显示模块，将 Subsystem 模块的输出 Out1 与 Scope 模块输入端连接。一个完整的 Subsystem1 模型如图 4.63（c）所示。运行该模型，Scope 显示一条幅度为 9 的水平线。

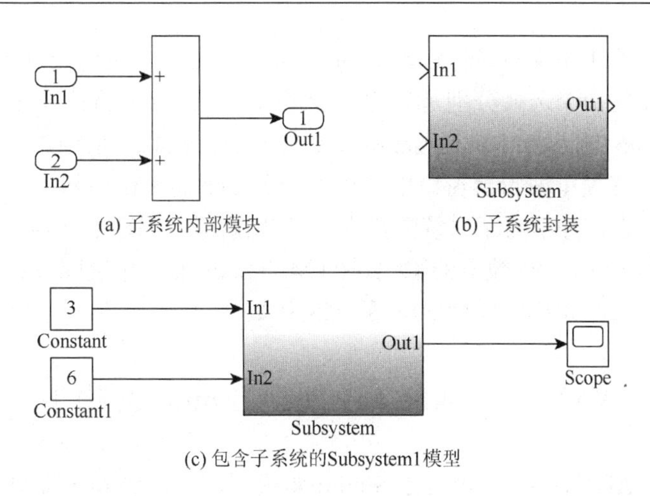

(a) 子系统内部模块　(b) 子系统封装

(c) 包含子系统的Subsystem1模型

图 4.63　加法子系统

**例 4.2**　基于选定模块创建子系统。先创建一个名为 CounterSubsystem 的计数器模型，如图 4.64（a）所示。用鼠标左键拖出一个边界框，将要纳入子系统的模块 Sum、Unit Delay 和连接线框起来，如图 4.64（b）所示。然后通过执行 Diagram→Subsystems & Model Reference→Create Subsystem from Selection 命令来创建子系统。另一种方法是，在拖出的边框右下角出现三个蓝色的点，将光标移到这三个点位置，将弹出上下文选项框，将光标

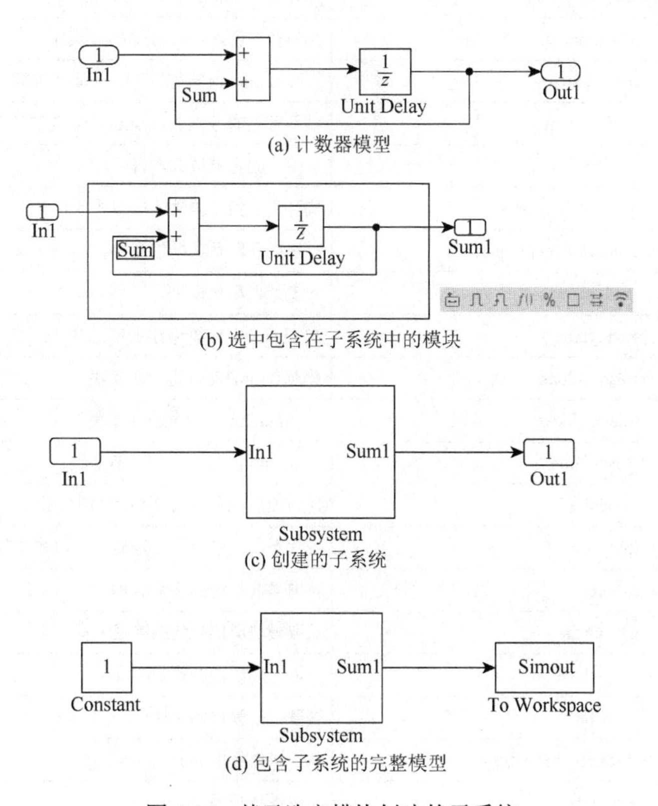

(a) 计数器模型

(b) 选中包含在子系统中的模块

(c) 创建的子系统

(d) 包含子系统的完整模型

图 4.64　基于选定模块创建的子系统

悬停在出现的第一个上下文选项（Create Subsystem）上，单击这个选项创建子系统。顺便说明一下，后面的两个选择分别是创建使能子系统（Create Enabled Subsystem）和创建触发子系统（Create Triggered Subsystem）。封装后的计数器子系统如图 4.64（c）所示。关闭子系统窗口，在模型编辑器窗口中，添加一个 Constant 模块和一个 To Workspace 模块，并用信号线将它们分别与子系统的输入端口和输出端口连接。Constant 模块默认值为 1，这是计数器的初始值。计数器的输出送到 MATLAB 的工作空间（Workspace）中。计数器工作 10s 后结束，计数结果为 50，每 0.2s 计数一次。

## 4.5　用 MATLAB 创建 Simulink 模型

可以用 MATLAB 命令创建和运行 Simulink 模型，当需要 MATLAB 程序和 Simulink 模型配合使用时比较方便。常用命令集如表 4.1 所示。

**表 4.1　常用命令集**

| 命令 | 功能 |
| --- | --- |
| Simulink | 打开 Simulink Start Page |
| start_simulink | 启动 Simulink 而不打开任何窗口 |
| slLibraryBrowser | 打开 Simulink Library Browser |
| new_system | 在内存中创建 Simulink 模型或库 |
| open_system | 打开 Simulink 模型、库、子系统或模块对话框 |
| load_system | 以不可见的方式加载 Simulink 模型 |
| de | 从模板创建模型或项目 |
| Simulink.findTemplates | 找到具有指定属性的模型或项目 |
| Simulink.defaultModelTemplate | 设置或获取默认模型模板 |
| add_block | 向模型中添加模块 |
| add_line | 在 Simulink 模型中添加信号线 |
| replace_block | 替换 Simulink 模型中的模块 |
| delete_block | 从 Simulink 系统中删除模块 |
| delete_line | 从 Simulink 模型中删除信号线 |
| bdroot | 返回顶层 Simulink 系统的名称 |
| find_system | 查找系统、模块、信号线、端口和注释 |
| gcs | 获取当前系统的路径名称 |
| getfullname | 获取模块或信号线的路径名称 |
| gcb | 获取当前模块的路径名称 |
| gcbh | 获取当前模块的句柄 |
| getSimulinkBlockHandle | 从模块路径中获取模块句柄 |
| set_param | 设置系统和模块参数值 |

续表

| 命令 | 功能 |
| --- | --- |
| get_param | 获取参数名称和值 |
| add_param | 为 Simulink 系统增加参数 |
| delete_param | 删除通过 add_param 命令增加的系统参数 |
| Simulink.BlockDiagram.createSubsystem | 创建包含一组指定模块的子系统 |
| Simulink.BlockDiagram.deleteContents | 删除模块框图的内容 |
| Simulink.BlockDiagram.expandSubsystem | 扩展子系统内容以包含模型等级 |
| Simulink.SubSystem.copyContentsToBlockDiagram | 复制子系统内容到空模块框图 |
| Simulink.SubSystem.deleteContents | 删除子系统内容 |
| save_system | 保存 Simulink 系统 |
| close_system | 关闭 Simulink 系统窗口或模块对话框 |
| Simulink.exportToTemplate | 从模型或项目创建模板 |
| Simulink.exportToVersion | 导出模型或库以便在以前的 Simulink 版本中使用 |
| bdclose | 无条件地关闭任一或所有 Simulink 系统窗口 |

# 第5章　信号处理系统仿真

## 5.1　信号产生、处理和分析

MATLAB 中的 DSP System Toolbox 提供了用于分析、测量和可视化时域以及频域信号的工具。使用 MATLAB 或 Simulink，可以生成和传输信号，并对这些信号执行操作和将其变化实时可视化。要动态地可视化信号，可以使用频谱分析器、示波器、阵列图和逻辑分析器的系统对象或模块来实现。

### 5.1.1　信号运算

DSP System Toolbox 中的信号运算包括延迟、插值、重排序和重采样等。下面介绍基于系统对象和 Simulink 模块的信号运算方法。

1. 基于系统对象的信号运算

表 5.1 列出了 DSP System Toolbox 中实现信号运算的系统对象，包括速率转换、信号操作、延迟等功能。

**表 5.1　信号运算系统对象**

| 系统对象类别 | 系统对象名称 | 功能说明 |
|---|---|---|
| 速率转换 | dsp.DigitalDownConverter | 将数字信号从中频频段转换为基带并对其进行采样 |
| | dsp.DigitalUpConverter | 内插数字信号并将其从基带转换为中频频段 |
| | dsp.FarrowRateConverter | 任意转换因子的多项式采样率变换器 |
| | dsp.Interpolator | 线性或多相位 FIR 插值 |
| | dsp.SampleRateConverter | 多级采样率转换器 |
| 信号操作 | dsp.Convolver | 两个信号的卷积 |
| | dsp.DCBlocker | 从输入信号阻断直流分量 |
| | dsp.Window | 窗口对象 |
| | dsp.PeakFinder | 识别输入信号中的峰值 |
| | dsp.PhaseExtractor | 提取复杂输入的展开相位 |
| | dsp.PhaseUnwrapper | 展开信号相位 |
| | dsp.ZeroCrossingDetector | 检测过零点 |
| 延迟 | dsp.Delay | 用固定样本延迟输入信号 |
| | dsp.VariableFractionalDelay | 通过采样周期的时变分数延迟输入 |
| | dsp.VariableIntegerDelay | 通过采样周期的时变整数延迟输入 |

下面以 dsp.Interpolator 系统对象为例来说明用法。

dsp.Interpolator 系统对象使用线性插值或多相的 FIR 插值的方法，在实值输入样本之间插值。通过提供插值点矢量来指定要插入的值，插值点 1 表示输入数据的第一个样本，若要在输入数据第二个和第三个样本之间进行插值，可将插值点指定为 2.5，不在有效范围内的插值点将替换为有效范围中的最接近值。

dsp.Interpolator 系统对象有两种使用方法。

（1）interp=dsp.Interpolator：创建插值系统对象 interp，使用线性插值在实值输入样本之间插值。

（2）interp=dsp.Interpolator(Name, Value)：创建插值系统对象 interp，将每个指定的属性设置为指定的值。每个属性名称用单引号括起来。例如，interp=dsp.Interpolator ('InterpolationPointsSource','Input port')

使用创建对象的语句创建对象后，需要使用以下语句来调用该对象。

（1）interpOut=interp(input)：根据 InterpolationPoints 属性中指定的点，输出输入向量或输入矩阵的插值序列 interpOut。

（2）interpOut=interp(input, ipts)：输出 ipts 指定的插值序列。要指定插值点，需要将 InterpolationPointsSource 属性设置为 Input port。

在创建该系统对象时，需要指定该系统对象中参数的值，下面介绍该系统对象中各个属性的具体含义。dsp.Interpolator 系统对象参数说明见表 5.2。

**表 5.2　dsp.Interpolator 系统对象参数说明**

| 参数名称 | 含义 | 可选参数 |
| --- | --- | --- |
| InterpolationPointsSource | 指定插值点的来源 | 'Property'（default）\| 'Input port' |
| InterpolationPoints | 插值点 | [1.1；4.8；2.67；1.6；3.2]（default）\| vector \| matrix \| N-D array |
| Method | 插值方法 | 'Linear'（default）\| 'FIR' |
| FilterHalfLength | 半长插值滤波器 | 3（default）\| integer scalar greater than 0 |
| InterpolationPointsPerSample | 上采样因子 | 3（default）\| integer scalar greater than 0 |
| Bandwidth | 归一化输入带宽 | 0.5（default）\| real scalar greater than 0 and less than or equal to 1 |

**例 5.1**　用线性插值法对正弦波插值。构造离散正弦序列，利用 dsp.Interpolator 系统对象对该序列进行线性插值。MATLAB 代码如下：

```
t=0:.0001:.0511;
x=sin(2*pi*20*t);    %构造正弦信号
x1=x(1:50:end);     %生成正弦信号序列
I=1:0.1:length(x1);
interp=dsp.Interpolator('InterpolationPointsSource',...
```

```
    'Input port'); %创建插值对象
y=interp(x1',I');
stem(I',y,'r');  %绘制插值序列图
title('Original and Interpolated Signal');
hold on;
stem(x1,'Linewidth',2);  %绘制原始信号序列
legend('Interpolated','Original');
```

运行上述代码，结果如图 5.1 所示。观察上述示例结果可以看到，通过创建 dsp.Interpolator 系统对象实现了线性插值。根据线性插值的原理，插值点构成的包络曲线近似等于正弦波曲线。

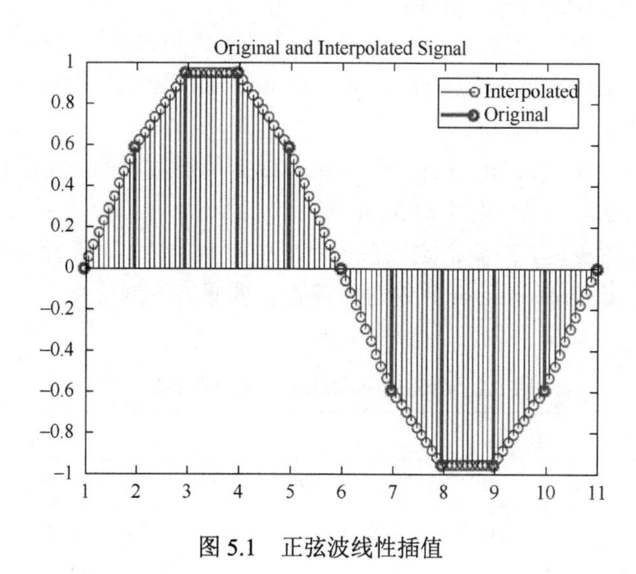


图 5.1　正弦波线性插值

2. 基于 Simulink 模块的信号运算

信号运算也可以利用 Simulink 模块来操作，表 5.3 表示了信号运算的 Simulink 模块，包括速率转换、信号操作、延迟的模块功能。

**表 5.3　信号运算的 Simulink 模块**

| 模块类别 | 模块名称 | 功能说明 |
| --- | --- | --- |
| 速率转换 | Downsample | 通过删除样本以较低的速率重新采样输入 |
|  | Digital Down-Converter | 将数字信号从中频频段转换为基带并对其进行采样 |
|  | Digital Up-Converter | 内插数字信号并将其从基带转换为中频频段 |
|  | Farrow Rate Converter | 任意转换因子的多项式采样率变换器 |
|  | Interpolation | 实输入样本的插值 |

续表

| 模块类别 | 模块名称 | 功能说明 |
| --- | --- | --- |
| 速率转换 | Repeat | 通过重复值以更高的速率重新采样输入 |
| | Sample and Hold | 采样并保持输入信号 |
| | Sample-Rate Converter | 多级采样率转换 |
| | Upsample | 通过插入零以更高的速率重新采样输入 |
| 信号操作 | Convolution | 两个输入的卷积 |
| | DC Blocker | 阻断直流分量 |
| | Detrend | 从向量移除线性趋势 |
| | Offset | 通过移除或保持起始值或结束值来截断向量 |
| | Pad | 填充或截断指定的维度 |
| | Peak Finder | 确定输入信号的每个值是否为局部最小或最大 |
| | Phase Extractor | 提取复杂输入的展开相位 |
| | Unwrap | 展开信号相位 |
| | Window Function | 计算并将窗口应用于输入信号 |
| | Zero Crossing | 统计在单个时间步中信号过零点的次数 |
| 延迟 | Variable Integer Delay | 通过采样周期的时变整数延迟输入 |
| | Variable Fractional Delay | 通过采样周期的时变分数延迟输入 |

为了说明模块的功能，用 Downsample 作为例子进行解释，Downsample 模块参数设置见图 5.2。Downsample 模块通过删除样本来降低输入的采样率。当模块执行基于帧的处理时，它独立地重新采样输入矩阵的每列中的数据。模块执行基于样本的处理时，它将输入的每个元素视为一个单独的通道，并对输入数组的每个通道进行重新采样。Downsample 模块通过在输出的每个样本之后丢弃 $K$–1 个连续样本来重新采样输入。

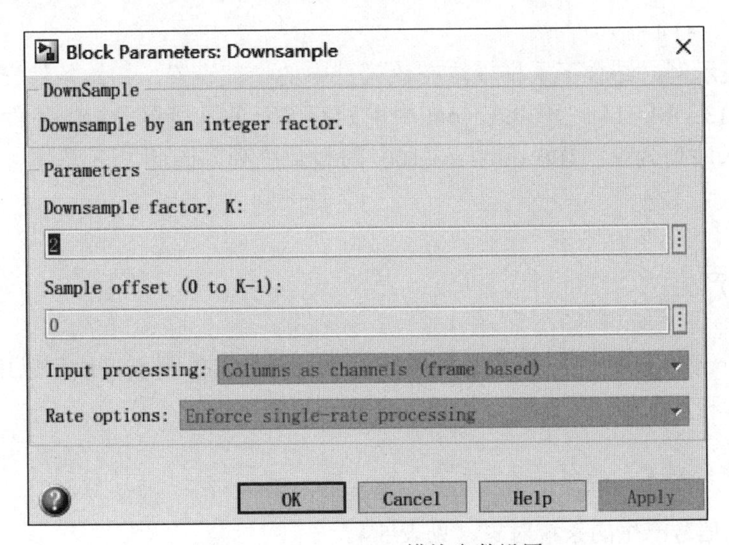


图 5.2　Downsample 模块参数设置

**例 5.2**　打开并运行 ex_downsample_ref3 模型，观察输出结果 yout，分析下采样的效果。在 MATLAB 命令窗口中直接输入 ex_downsample_ref3 并运行，即可打开 ex_downsample_ref3 模型，如图 5.3 所示。其中，Downsample 模块下采样因子设为 2，样本偏移量设为 1。

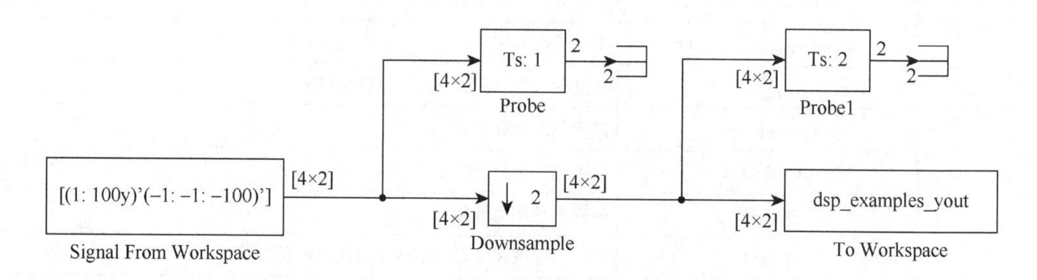


图 5.3　ex_downsample_ref3 模型

运行该模型，并查看输出 yout，可以得出每个频道的前几个样本：

```
yout=
    11   -11
    12   -12
    13   -13
    14   -14
    2    -2
    4    -4
    6    -6
    8    -8
    10   -10
    12   -12
    14   -14
```

通过上述示例，结合下采样模块在该模型中的参数设置，初始条件设置为[11 −11；12 −12；13 −13；14 −14]，所以在 yout 中前四行显示的是设置的初始条件。由于采样因子为 2，输入序列为 1：100 和−1：−100 的整数序列，因此，下采样后的结果是序列 2, 4, 6, 8, …。

### 5.1.2　信号产生

DSP System Toolbox 中提供的各种系统对象和 Simulink 仿真模块可以用于生成信号，包括基本信号和复杂的信号都可以按照一定的设置来生成。

1. 基于系统对象的信号产生

首先介绍信号产生的系统对象，见表 5.4。

表 5.4　信号产生的系统对象

| 信号产生的系统对象 | 功能说明 |
|---|---|
| dsp.ColoredNoise | 生成有色噪声信号 |
| dsp.Chirp | 生成扫频余弦（chirp）信号 |
| dsp.HDLNCO | 生成实数或复数正弦信号，针对 HDL 代码生成进行了优化 |
| dsp.NCO | 生成实数或复数正弦信号 |
| dsp.SignalSource | 从工作区导入变量 |
| dsp.SineWave | 生成离散正弦波 |

下面以 dsp.SineWave 系统对象为例，介绍使用系统对象来产生信号的方法。dsp.SineWave 系统对象用于生成实数或复数的多通道正弦信号，每个输出通道具有独立的幅度、频率和相位。dsp.SineWave 系统对象有以下三种创建方法。

（1）sine=dsp.SineWave：创建一个正弦波对象，生成一个幅值为 1、频率为 100Hz、相位偏移为 0 的实值正弦波。默认情况下，dsp.SineWave 对象只生成一个样本。

（2）sine=dsp.SineWave(Name, Value)：创建一个正弦波对象，并将每个指定的属性设置为指定的值。

（3）sine=dsp.SineWave(amp, freq, phase, Name, Value)：创建一个正弦波对象，其中 Amplitude 属性设置为 amp，Frequency 属性设置为 freq，PhaseOffset 属性设置为 phase，其他指定属性设置为指定值。

使用创建对象的语句创建对象后，需要使用以下语句来调用该对象。

sineOut=sine()：创建正弦波输出 sineOut。

dsp.SineWave 系统对象参数属性说明见表 5.5。

表 5.5　dsp.SineWave 系统对象参数属性说明

| 参数名称 | 含义 | 可选参数 |
|---|---|---|
| Amplitude | 正弦波的幅度 | 1（default）\| scalar \| vector |
| Frequency | 正弦波的频率 | 100（default）\| scalar \| vector |
| PhaseOffset | 正弦波的相位偏移 | 0（default）\| scalar \| vector |
| ComplexOutput | 指示波形是实数还是复数 | false（default）\| true |
| Method | 用于生成正弦曲线的方法 | 'Trigonometric function'（default）\| 'Table lookup' \| 'Differential' |
| TableOptimization | 优化速度或内存的正弦值表 | 'Speed'（default）\| 'Memory' |
| SampleRate | 输出信号的采样率 | 1000（default）\| positive scalar |
| SamplesPerFrame | 每帧的样本数 | 1（default）\| positive integer |
| OutputDataType | 正弦波输出的数据类型 | 'double'（default）\| 'single' \| 'Custom' |

在表 5.5 中，对于实数和复数正弦波，Amplitude、Frequency 和 PhaseOffset 属性可以是标量或长度为 $N$ 的向量，其中 $N$ 是输出中的通道数。如果将这些属性中的至少

一个指定为长度为 $N$ 的向量，则为其他属性指定的标量值将应用于 $N$ 个通道中的每个通道。

**例 5.3** 生成正弦波信号。生成幅度为 2、频率为 10Hz、初始相位为 0 的正弦波 sine1。再生成两个正弦波，偏移相位为 pi/2 弧度。MATLAB 代码如下：

```
sine1=dsp.SineWave(2,10);  %创建 sine1 系统对象
sine1.SamplesPerFrame=1000;  %设置每帧的样本数为 1000
y=sine1();   %调用系统对象
plot(y)
sine2=dsp.SineWave;  %创建 sine2 系统对象
sine2.Frequency=10;
sine2.PhaseOffset=[0 pi/2]; %设置偏移相位为 pi/2
sine2.SamplesPerFrame=1000;
y=sine2();
plot(y)
```

运行上述代码，结果如图 5.4 和图 5.5 所示。

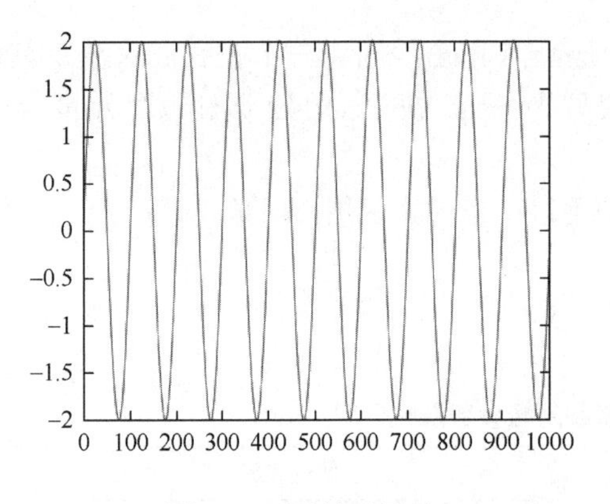


图 5.4　正弦波形显示

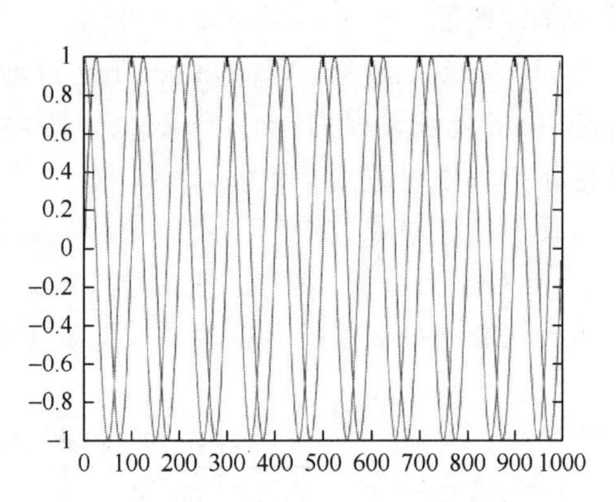


图 5.5　偏移相位为 pi/2 的正弦波形显示

通过上述示例，我们学习了使用 dsp.SineWave 系统对象生成带有不同属性的正弦波形的方法。

### 2. 基于 Simulink 模块的信号产生

信号产生也可以通过 Simulink 仿真模块来进行，表 5.6 给出了信号产生模块。

**表 5.6　信号产生模块**

| 信号产生模块 | 功能说明 |
| --- | --- |
| Chirp | 生成扫频余弦信号 |
| Colored Noise | 生成有色噪声信号 |
| Constant | 生成常量值 |

续表

| 信号产生模块 | 功能说明 |
| --- | --- |
| Constant Ramp | 基于输入维度长度产生的斜坡信号 |
| Discrete Impulse | 产生离散脉冲 |
| Identity Matrix | 生成主对角线为 1，其他为 0 的矩阵 |
| Multiphase Clock | 生成多个二进制时钟信号 |
| N-Sample Enable | 输出 1 或 0 表示指定的采样次数 |
| NCO | 生成实数或复数正弦信号 |
| NCO HDL Optimized | 生成实数或复数的正弦信号，针对 HDL 代码生成进行优化 |
| Random Source | 生成随机分布的值 |
| Signal From Workspace | 从 MATLAB 工作区导入信号 |
| Sine Wave | 生成连续或离散正弦波 |
| Triggered Signal From Workspace | 触发时从 MATLAB 工作区导入信号样本 |

**例 5.4**　打开 ex_multiphaseclock_ref 模型，配置 Multiphase Clock 模块产生 100Hz 五相输出，其中第三个信号首先变为活跃状态，模块活跃级别设置为高，持续时间为一个间隔。在 MATLAB 中输入命令 ex_multiphaseclock_ref 并打开模型，模型如图 5.6 所示。Multiphase Clock 模块参数设置如图 5.7 所示。

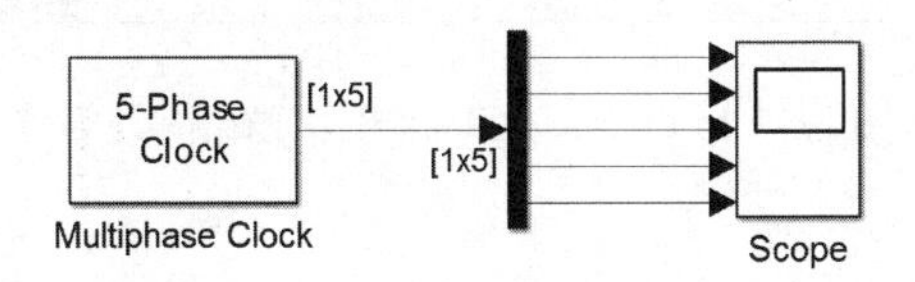


图 5.6　ex_multiphaseclock_ref 模型

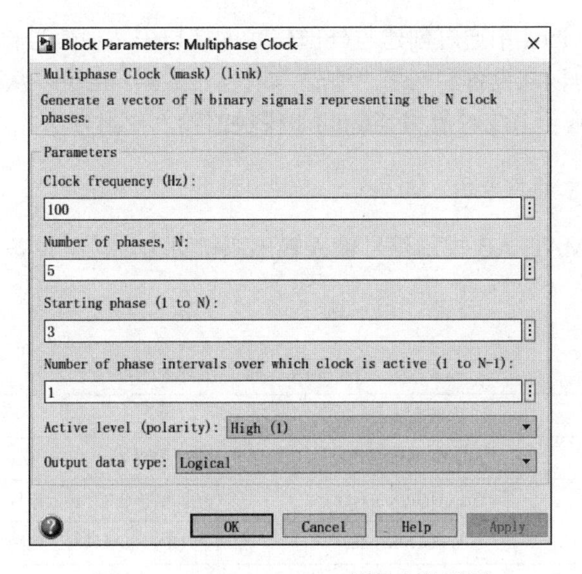


图 5.7　Multiphase Clock 模块参数设置

如图 5.8 所示，示波器窗口显示了 Multiphase Clock 模块输出的时钟信号，从上到下依次为 $y(1)$、$y(2)$、$y(3)$、$y(4)$、$y(5)$。观察结果可知，第一个有效电平出现在 $y(3)$的 $t = 0$ 时，第二个有效电平出现在 $y(4)$的 $t = 0.002$s 时，第三个有效电平出现在 $y(5)$的 $t = 0.004$s 时，第四个有效电平出现在 $y(1)$的 $t = 0.006$s 时，第五个有效电平出现在 $y(2)$的 $t = 0.008$s 时。总之，每个信号在之前的信号出现的 1/(5×100)s 后变为活跃状态。

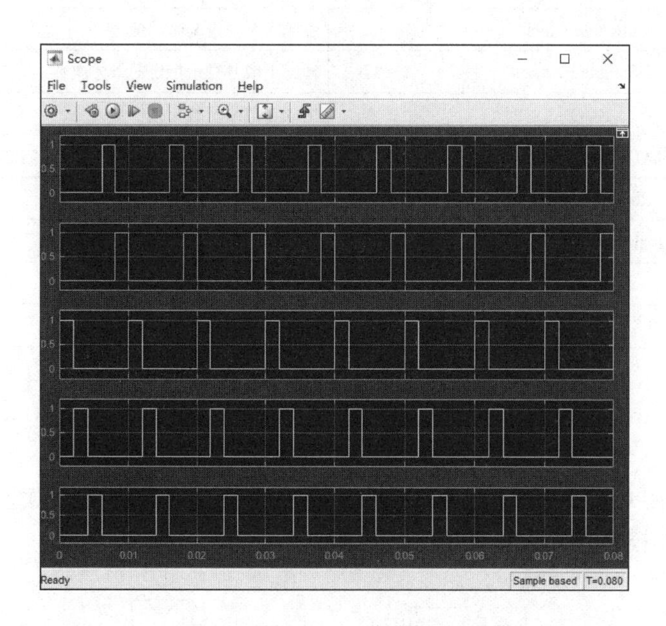


图 5.8　Multiphase Clock 模块输出时钟信号

### 5.1.3　信号输入与输出

DSP System Toolbox 中通过创建与外部信号的接口来实现信号输入和输出的功能。在该工具包中，不仅可以从设备和网络当中输入或发送数据，也可以从文件中直接读取或写入信号。下面介绍基于系统对象和 Simulink 模块的输入输出方法。

1. 基于系统对象的信号输入与输出

表 5.7 展示了 MATLAB 中的信号输入输出系统对象，包括设备及网络、文件系统两个部分。

**表 5.7　信号输入输出系统对象**

| 信号输入输出系统对象 | 系统对象名称 | 功能说明 |
|---|---|---|
| 设备及网络 | audioDeviceWriter | 播放到声卡 |
| | dsp.UDPReceiver | 从网络接收 UDP 数据包 |
| | dsp.UDPSender | 将 UDP 数据包发送到网络 |

续表

| 信号输入输出系统对象 | 系统对象名称 | 功能说明 |
|---|---|---|
| 文件系统 | dsp.AudioFileReader | 从音频文件读取 |
| | dsp.AudioFileWriter | 写入音频文件 |
| | dsp.BinaryFileReader | 从二进制文件读取数据 |
| | dsp.BinaryFileWriter | 将数据写入二进制文件 |
| | dsp.MatFileReader | 读取 MAT 文件 |
| | dsp.MatFileWriter | 写入 MAT 文件 |

以 dsp.UDPReceiver 系统对象为例，说明信号输入与输出系统对象的使用方法。dsp.UDPReceiver 系统对象从 RemoteIPAddress 属性中指定的远程 IP 地址接收用户数据报协议（user datagram protocol，UDP）网络上的 UDP 数据包，然后将数据保存到其内部缓冲区。每个 UDP 数据包中接收的数据量（元素数）可能会有所不同，在不丢失数据的前提下，对象可以接收的最大字节数由 ReceiveBufferSize 属性设置。

dsp.UDPReceiver 系统对象有两种创建方法。

（1）udpr=dsp.UDPReceiver：返回从指定端口接收 UDP 数据包的 UDPReceiver 对象。

（2）udpr=dsp.UDPReceiver(Name, Value)：返回一个 UDPReceiver 对象，并将每个指定的属性设置为指定的值。

使用创建对象的语句创建对象后，需要使用以下语句来调用该对象。

dataR=udpr()：从网络接收一个 UDP 数据包。

在创建 dsp.UDPReceiver 系统对象的过程中需要使用到的参数属性见表 5.8。

**表 5.8　dsp.UDPReceiver 系统对象参数属性**

| 参数名称 | 含义 | 可选参数 |
|---|---|---|
| LocalIPPort | 用于接收数据的本地端口 | 25000（default）\| [1 65535] |
| RemoteIPAddress | 接收数据的地址 | '0.0.0.0'（default）\| character vector containing a valid IP address |
| ReceiveBufferSize | 内部缓冲区的大小 | 8192 bytes（default）\| [1 67108864] |
| MaximumMessageLength | 输出消息的最大大小 | 255（default）\| [1 65507] |
| MessageDataType | 消息的数据类型 | 'uint8'（default）\| 'double' \| 'single' \| 'int8' \| 'int16' \| 'uint16' \| 'int32' \| 'uint32' \| 'logical' |

**例 5.5**　通过系统对象 dsp.UDPReceiver 中各参数的设置，来实现 UDP 的字节传输。

```
%将 UDP 发件人的 RemoteIPPort 和 UDP 接收器的 LocalIPPort 设置为 31000
udpr=dsp.UDPReceiver('LocalIPPort',31000);
udps=dsp.UDPSender('RemoteIPPort',31000);
%第一次调用对象算法前,要调用接收者对象上的 setup 方法,防止数据包丢失
setup(udpr);
```

```
bytesSent=0;
bytesReceived=0;
%将数据向量的长度设置为 128 个样本(小于接收器的 MaximumMessageLength
%属性设定的值)
dataLength=128;
for k=1:20    %在每个迭代循环中,发送和接收数据包
    dataSent=uint8(255*rand(1,dataLength));
    bytesSent=bytesSent+dataLength;
    udps(dataSent);
    dataReceived=udpr();
    bytesReceived=bytesReceived+length(dataReceived);
end
%释放对象
release(udps);
release(udpr);
%循环结束后,使 fprintf 函数显示发件人发送的字节数和接收方接收的字节数
fprintf('Bytes sent:%d\n',bytesSent);
fprintf('Bytes received:%d\n',bytesReceived);
```

运行结果如下：

```
Bytes sent:    2560
Bytes received:   2560
```

通过上述示例，可以了解系统对象 dsp.UDPReceiver 的用法，并运用该系统对象进行实际操作，实现 UDP 数据的传输。

2. 基于 Simulink 模块的信号输入与输出

上述设备与网络、文件两种输入输出数据的方法也可以使用 Simulink 模块来完成。表 5.9 表示设备与网络、文件模块的输入与输出。

**表 5.9　输入与输出模块**

| 模块类别 | 模块名称 | 功能说明 |
|---|---|---|
| 设备与网络 | Audio Device Writer | 播放到声卡 |
| | UDP Receive | 接收 uint8 向量作为 UDP 消息 |
| | UDP Send | 发送 UDP 消息 |
| 文件模块 | Binary File Reader | 从二进制文件读取数据 |
| | Binary File Writer | 将数据写入二进制文件 |
| | From Multimedia File | 读取多媒体文件 |
| | To Multimedia File | 将视频帧和音频样本写入多媒体文件中 |

### 5.1.4　信号显示与保存

DSP System Toolbox 中提供进行信号显示与保存的系统对象、Simulink 模块以及函数，帮助使用者在实验和仿真过程中更好地观察与分析数据。下面分别对不同的实现方法进行介绍。

1. 基于系统对象的信号显示与保存

显示和记录数据系统对象见表 5.10。

**表 5.10　显示和记录数据系统对象**

| 显示和记录数据系统对象 | 功能说明 |
| --- | --- |
| dsp.TimeScope | 时域信号显示与测量 |
| dsp.SpectrumAnalyzer | 显示时域信号的频谱 |
| dsp.ArrayPlot | 显示向量或数组 |
| dsp.LogicAnalyzer | 可视化、测量和分析随时间变化的转换和状态 |
| dsp.SignalSink | 使用对数刻度表示缓冲区的仿真数据 |

以 dsp.TimeScope 系统对象为例，介绍信号显示与保存系统对象的使用方法。dsp.TimeScope 系统对象用于构建示波器并显示时域信号。可以使用示波器测量信号值、查找峰值、显示统计数据等。dsp.TimeScope 系统对象有三种创建方法。

（1）scope=dsp.TimeScope：返回 dsp.TimeScope 系统对象 scope。此对象显示时域中的实值和复值浮点与定点信号。

（2）scope=dsp.TimeScope(numInputs, sampleRate)：创建示波器，并将 NumInputPorts 属性设置为 numInputs，将 SampleRate 属性设置为 sampleRate。

（3）scope=dsp.TimeScope(___, Name, Value)：设置 Name，Value 这一对属性。

使用创建对象的语句创建对象后，需要使用以下语句来调用该对象。

（1）scope(signal)：在示波器中显示信号 signal。

（2）scope(signal1, signal2, ⋯, signal*N*)：将 NumInputPorts 属性设置为 *N* 时，在示波器中显示信号 signal1, signal2, ⋯, signal*N*。在这种情况下，signal1, signal2, ⋯, signal*N* 可以具有不同的数据类型和尺寸。

在创建 dsp.TimeScope 系统对象的过程中需要使用到的参数属性可以分为常用参数、高级参数，此处只将常用的参数列出来进行详细介绍，各个参数的功能如表 5.11 所示。

**表 5.11　dsp.TimeScope 系统对象常用参数说明**

| 系统对象名称 | 含义 | 可选参数 |
|---|---|---|
| NumInputPorts | 输入端口数 | 1（default）\| integer between [1, 96] |
| SampleRate | 输入采样率 | 1（default）\| scalar \| vector |
| TimeSpan | 时间跨度 | 10（default）\| positive scalar |
| TimeSpanOverrunAction | TimeSpan 溢出时换行或滚动 | 'Wrap'（default）\| 'Scroll' |
| TimeSpanSource | 时间跨度的来源 | 'Property'（default）\| 'Auto' |
| AxesScaling | 轴缩放模式 | 'OnceAtStop'(default)\| 'Auto' \| 'Manual' \| 'Updates' |

**例 5.6**　显示简单正弦波输入信号。创建 dsp.SineWave 和 dsp.TimeScope 对象，运行示波器以显示正弦信号。

```
sine=dsp.SineWave('Frequency',100,'SampleRate',1000); %创建 sin 信号
sine.SamplesPerFrame=10;
%创建 dsp.TimeScope 对象,设置采样率为正弦信号的采样率,时间跨度为 0.1
scope=dsp.TimeScope('SampleRate',sine.SampleRate,'TimeSpan',0.1);
for ii=1:10
    x=sine();  %调用 dsp.SineWave,生成正弦波
    scope(x);  %调用 dsp.TimeScope 对象,显示正弦信号
end
%用 release 允许对属性值和输入特性进行更改,示波器会自动缩放坐标轴
release(scope);
```

显示结果如图 5.9 和图 5.10 所示。上述示例结合 dsp.TimeScope 和 dsp.SineWave 系统对象来进行正弦波的显示，使我们对 dsp.TimeScope 系统对象的使用方法有了进一步的了解。

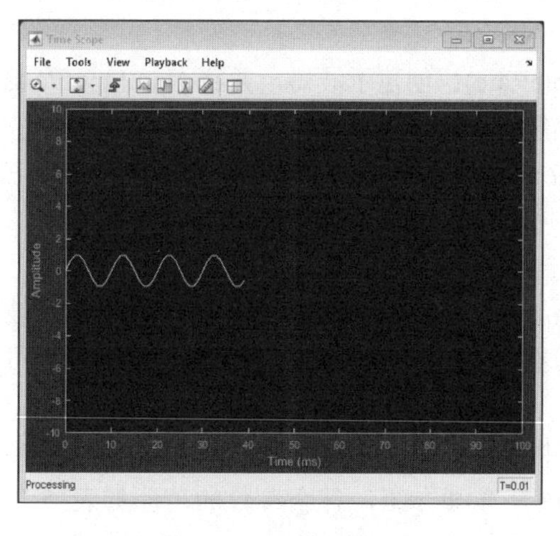


图 5.9　正弦信号显示

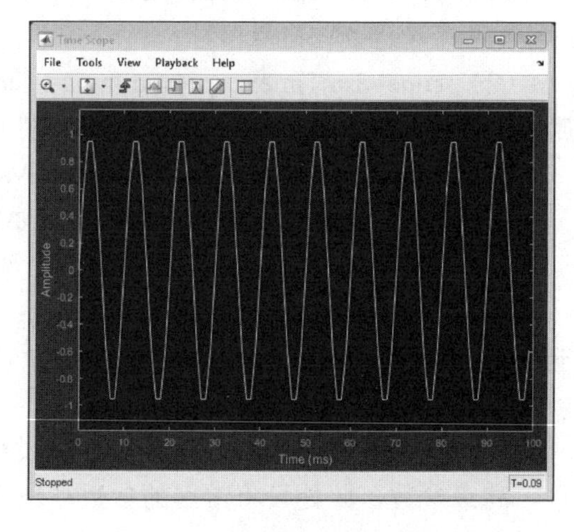


图 5.10　自动缩放坐标轴

### 2. 基于 Simulink 模块的信号显示与保存

Simulink 中有可以用于信号显示和保存的模块，见表 5.12。

**表 5.12　信号显示与保存模块**

| 模块类别 | 模块名称 | 功能说明 |
| --- | --- | --- |
| 显示 | Array Plot | 显示向量或数组 |
| | Display | 显示输入值 |
| | Spectrum Analyzer | 显示频谱 |
| | Time Scope | 显示在仿真过程中产生的信号 |
| | Matrix Viewer | 将矩阵显示为彩色图像 |
| | Waterfall | 查看随时间变化的数据向量 |
| 数据记录 | To Workspace | 将数据写入 MATLAB 工作区 |
| | Triggered To Workspace | 触发时将输入样本写入 MATLAB 工作区 |

下面以 Spectrum Analyzer 模块为例，介绍在 Simulink 中通过模块来实现信号显示及保存的方法。Spectrum Analyzer 模块（又称为示波器）用于显示频谱。

要对 Spectrum Analyzer 的各项参数进行修改，可以单击对话框菜单栏中各工具图标来进行，主要图标的功能将展示在表 5.13 中。

**表 5.13　Spectrum Analyzer 模块频谱显示对话框主要工具图标说明**

| 图标 | 名称 | 选项名称 | 主要功能 |
| --- | --- | --- | --- |
| | 频谱设置 | Main options | 设置输入信号域、类型等 |
| | | Spectrogram Settings | 设置信道、旁瓣衰减等 |
| | | Trace Options | 设置频谱单元、频谱平均数等 |
| | 配置属性 | | 设置标题、显示信号图例、显示网格等 |
| | 样式 | | 设置窗口背景、画图类型、坐标轴背景颜色等 |

**例 5.7**　利用频谱分析器测量谐波失真。构建如图 5.11 所示的模型，通过使用正弦输入激励放大器（Amplifier1）并在频谱分析器中查看谐波来测量谐波失真。打开频谱分析器，单击失真测量按钮，打开失真测量窗口，如图 5.12 和图 5.13 所示。

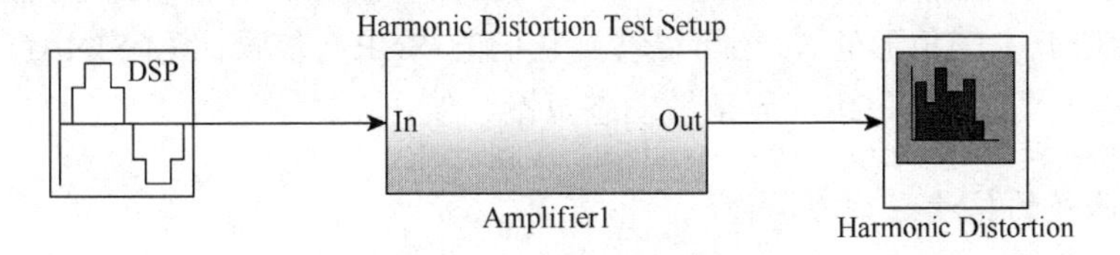


图 5.11　频谱分析器测量谐波失真

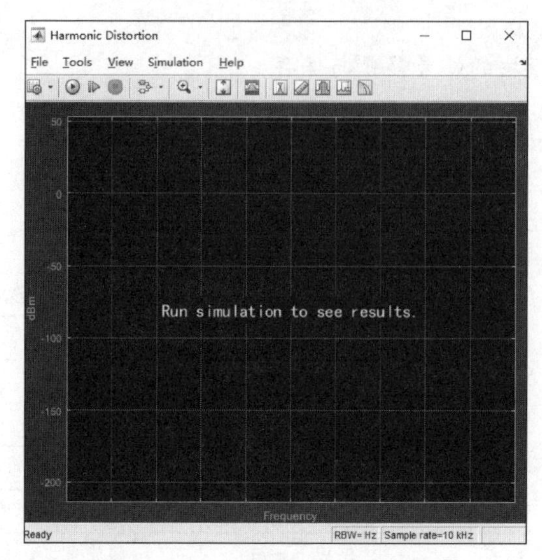


图 5.12　频谱分析器原始窗口

在图 5.12 中，单击图标来打开频谱分析器的 Distortion Measurements 对话框，如图 5.13 所示，测量结果如图 5.14 所示。

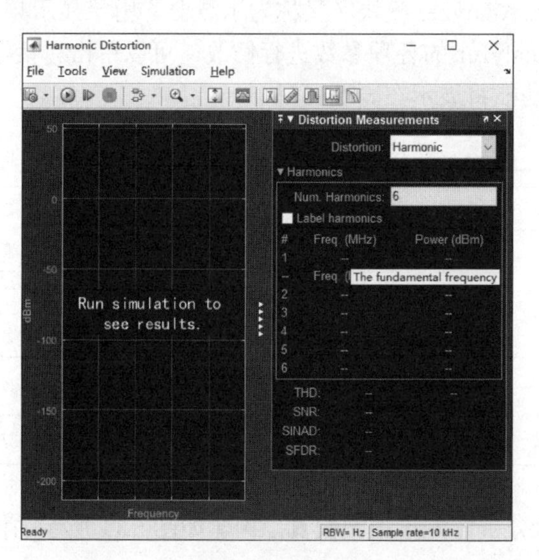


图 5.13　Distortion Measurements 对话框

通过上述示例，在 Distortion Measurements 面板中查看结果，不仅可以看出谐波失真的位置（图 5.14 中三角形处），还可以看到它们的 SNR（信噪比）、SINAD（信纳比）、THD（总谐波失真）和 SFDR（无杂散动态范围）值。

3. 基于函数的信号显示与保存

用于操作示波器的基本函数主要有 hide、show、isVisible，另外，MATLAB 还提供了专门用于频谱分析器和逻辑分析器的函数，它们的功能说明见表 5.14。

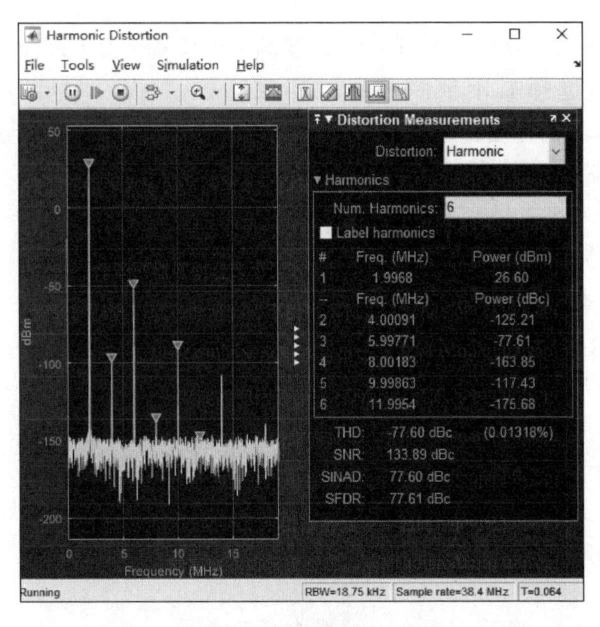


图 5.14　测量谐波失真

**表 5.14　信号显示与保存函数功能说明**

| 函数类别 | 函数名称 | 功能说明 |
|---|---|---|
| 基本函数 | hide | 隐藏示波器窗口 |
| | show | 显示示波器窗口 |
| | isVisible | 确定示波器的可见性 |
| 频谱分析器 | isNewDataReady | 检查频谱分析器的新数据 |
| | getSpectrumData | 保存频谱分析器中显示的频谱数据 |
| | getSpectralMaskStatus | 获取当前频谱模板的测试结果 |
| 逻辑分析器 | addCursor | 将游标添加到逻辑分析器 |
| | addDivider | 将分隔线添加到逻辑分析器 |
| | addWave | 向逻辑分析器添加波形 |
| | deleteCursor | 删除逻辑分析器游标 |
| | deleteDisplayChannel | 删除逻辑分析器通道 |
| | getCursorInfo | 返回逻辑分析器游标的设置 |
| | getCursorTags | 返回所有逻辑分析器游标标记 |
| | getDisplayChannelInfo | 逻辑分析器显示通道的返回设置 |
| | getDisplayChannelTags | 返回所有逻辑分析器显示通道标签 |
| | modifyCursor | 修改逻辑分析器游标的属性 |
| | modifyDisplayChannel | 修改逻辑分析器显示通道的属性 |
| | moveDisplayChannel | 移动逻辑分析器显示通道的位置 |

以函数 isVisible 为例介绍信号显示及保存函数的使用方法。isVisible 函数用于确定示波器的可见性，即选择显示或隐藏示波器对话框。isVisible 函数的使用语法为：visibility=isVisible(scope)。它返回系统对象 scope 的可见性。其中，输入参数 scope 应是已经创建好的示波器系统对象。

**例 5.8**　隐藏和显示时域示波器。创建示波器系统对象 scope，通过调用函数 isVisible 来隐藏和显示示波器。MATLAB 代码如下：

```
Fs=1000;  %采样率
flag=0;  %用来表示示波器的显示状态,1 为显示,0 为不显示
%创建正弦波信号并在示波器内显示
signal=dsp.SineWave('Frequency',50,'SampleRate',Fs,...
'SamplesPerFrame',200);
scope=dsp.TimeScope(1,Fs,'TimeSpan',0.25,'YLimits',[-1 1]);
xsine=signal();
scope(xsine)
flag=1    %flag 等于 1 表示示波器为显示状态
if(isVisible(scope))
    hide(scope)    %隐藏示波器窗口
flag=0     %flag 等于 0 表示示波器为不显示状态
end
if(~isVisible(scope))
    show(scope)    %显示示波器窗口
flag=1     %flag 等于 1 表示示波器为显示状态
end
clear scope Fs sine ii xsine     %清理工作区变量
```

示波器显示标志位结果如下：

```
flag=
    1
flag=
    0
flag=
    1
```

示波器窗口如图 5.15 所示。观察标记为 flag 的值可知，运行代码后首先打开示波器窗口，显示正弦波形，使用 hide 函数隐藏后，窗口被隐藏，flag 位为 0；再使用 show 函数显示示波器，窗口重新显示，flag 位为 1。

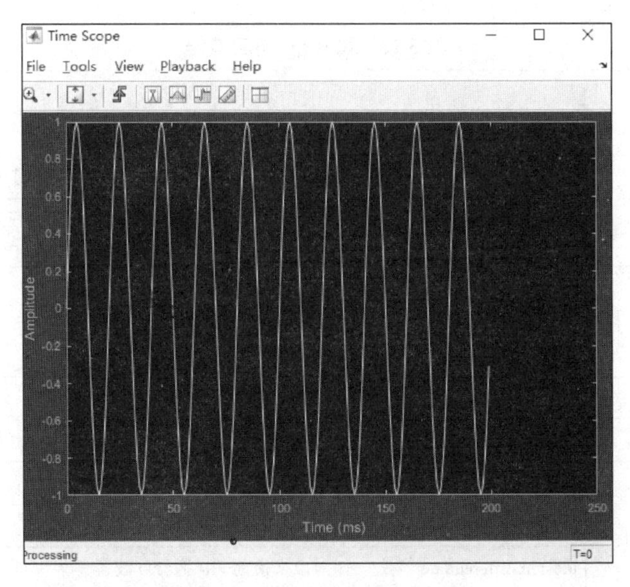


图 5.15　正弦信号显示

# 5.2　滤波器设计、分析和实现

使用 DSP System Toolbox 函数和 App 可以设计与分析各种数字 FIR 和 IIR 滤波器。其中一些滤波器包括高级滤波器，如 Nyquist 滤波器、半带滤波器、高级等波纹滤波器和拟线性相位 IIR 滤波器。

设计技术用于根据滤波器参数计算滤波器系数。分析技术验证设计的滤波器是否达到参数要求。分析技术包括绘制滤波器的频率响应，找出滤波器的群时延或判断滤波器是否稳定。DSP System Toolbox 提供了滤波器设计和分析 App，如 filterBuilder 和 fvtool。

## 5.2.1　滤波器设计

1. 使用 fdesign 设计滤波器

fdesign 为滤波器设计参数对象，有以下四种使用方法。

（1）filtSpecs=fdesign.response：返回一个滤波器设计参数对象 filtSpecs，该对象滤波响应为 response。

（2）filtSpecs=fdesign.response(spec)：在 spec 中，指定用来定义滤波器设计的变量，如通带频率或阻带衰减。

（3）filtSpecs=fdesign.response(…, Fs)：指定采样率的单位。

（4）filtSpecs=fdesign.response(…, magunits)：指定输入参数中任何幅频设计参数的单位。

response 可以是表 5.15 中所列响应之一。

**表 5.15　fdesign 响应方法**

| fdesign 响应方法 | 描述 |
| --- | --- |
| arbgrpdelay | fdesign.arbgrpdelay 创建一个对象来指定全通任意群时延滤波器 |
| arbmag | fdesign.arbmag 创建一个对象以指定具有由输入参数定义的任意幅频响应的 IIR 滤波器 |
| arbmagnphase | fdesign.arbmagnphase 创建一个对象来指定具有由输入参数定义的任意幅频和相位响应的 IIR 滤波器 |
| audioweighting | fdesign.audioweighting 为音频加权滤波器创建滤波器设计参数对象。支持的音频加权类型有 A、C、C-message、ITU-T 0.41 和 ITU-R 468-4 加权 |
| bandpass | fdesign.bandpass 创建一个对象来指定带通滤波器 |
| bandstop | fdesign.bandstop 创建一个对象来指定带阻滤波器 |
| ciccomp | fdesign.ciccomp 创建一个对象来指定用于补偿 CIC 抽取器或插值器响应曲线的滤波器 |
| comb | fdesign.comb 创建一个对象来指定一个陷波或峰值梳状滤波器 |
| decimator | fdesign.decimator 创建一个对象来指定抽取器 |
| differentiator | fdesign.differentiator 创建一个对象来指定 FIR 微分滤波器 |
| fracdelay | fdesign.fracdelay 创建一个对象来指定分数延时滤波器 |
| halfband | fdesign.halfband 创建一个对象来指定半带滤波器 |
| highpass | fdesign.highpass 创建一个对象来指定高通滤波器 |
| hilbert | fdesign.hilbert 创建一个对象来指定 FIR 希尔伯特变换器 |
| interpolator | fdesign.interpolator 创建一个对象来指定插值器 |
| isinchp | fdesign.isinchp 创建一个对象来指定逆 sinc 高通滤波器 |
| isinclp | fdesign.isinclp 创建一个对象来指定逆 sinc 低通滤波器 |
| lowpass | fdesign.lowpass 创建一个对象来指定低通滤波器 |
| notch | fdesign.notch 创建一个对象来指定陷波滤波器 |
| nyquist | fdesign.nyquist 创建一个对象来指定 Nyquist 滤波器 |
| octave | fdesign.octave 创建一个对象来指定倍频程和分数倍频程滤波器 |
| parameq | fdesign.parameq 创建一个对象来指定参数均衡器滤波器 |
| peak | fdesign.peak 创建一个对象来指定峰值滤波器 |
| polysrc | fdesign.polysrc 创建一个对象来指定多项式采样率转换器滤波器 |
| rsrc | fdesign.rsrc 创建一个对象来指定有理因子采样率转换器 |

可以使用 doc fdesign.response 语法获取有关特定结构的帮助，如下。

（1）doc fdesign.lowpass：获取有关低通结构对象的详细信息。

（2）doc fdesign.bandstop：获取有关带阻结构对象的详细信息。

每个 response 都有一个属性 Specification，它定义滤波器的设计参数。在构造设计参数对象时，可以使用默认值或指定 Specification 属性。

fdesign 返回一个滤波器设计参数对象。每个滤波器设计参数对象都具有表 5.16 所列属性。

表 5.16　设计参数对象的属性

| 属性名称 | 默认值 | 描述 |
| --- | --- | --- |
| Response | 取决于所选类型 | 定义要设计的滤波器类型，如插值器或带通滤波器。为只读值 |
| Specification | 取决于所选类型 | 定义用于指定所需滤波器性能的滤波器特性，如截止频率 Fc 或滤波器阶数 *N* |
| Description | 取决于选择的滤波器类型 | 包含用于定义对象的滤波器设计参数的说明，以及从对象创建滤波器时使用的滤波器设计参数。为只读值 |
| NormalizedFrequency | 逻辑 true | 确定滤波器计算是否使用从 0 到 1 的归一化频率，或从 0 到 Fs/2 的频带。如果没有单引号，则接受 true 或 false。音频加权滤波器不支持归一化频率 |

下面介绍 fdesign.lowpass 的用法。fdesign.lowpass 创建一个对象来指定低通滤波器。fdesign.lowpass 有六种使用方法。

（1）D=fdesign.lowpass：构造一个低通滤波器设计参数对象 D，对默认设计参数选项'Fp，Fst，Ap，Ast'应用默认值。

（2）D=fdesign.lowpass(SPEC)：构造对象 D，并将 Specification 属性设置为 SPEC 中的条目。SPEC 中的条目表示各种滤波器响应特性，如控制滤波器设计的滤波器阶数。下面显示了 SPEC 中的有效条目，其中的选项不区分大小写（带有*标志的设计参数选项需要 DSP System Toolbox 软件）：'Fp，Fst，Ap，Ast'（默认选项）；'*N*，F3db'；'*N*，F3db，Ap' *；'*N*，F3db，Ap，Ast' *；'*N*，F3db，Ast' *；'*N*，F3db，Fst' *；'*N*，Fc'；'*N*，Fc，Ap，Ast'；'*N*，Fp，Ap'；'*N*，Fp，Ap，Ast'；'*N*，Fp，Fst，Ap' *；'*N*，Fp，F3db' *；'*N*，Fp，Fst'；'*N*，Fp，Fst，Ast' *；'*N*，Fst，Ap，Ast' *；'*N*，Fst，Ast'；'Nb，Na，Fp，Fst' *。

滤波器设计参数定义如下。

Ap：允许在通带中的波纹量（默认单位为 dB），也称 Apass。

Ast：在阻带的衰减量（默认单位为 dB），也称 Astop。

F3db：低于通带值的 3dB 点处的截止频率，在归一化频率单元中指定。

Fc：低于通带值的 6dB 点处的截止频率，在归一化频率单元中指定。

Fp：通带开始时的频率，在归一化频率单元中指定，也称 Fpass。

Fst：阻带末端的频率，在归一化频率单元中指定，也称 Fstop。

*N*：滤波器阶数。

Na 和 Nb：分母和分子的阶数。

（3）D = fdesign.lowpass(SPEC, specvalue1, specvalue2, …)：构造对象 D，并在构造时使用 specvalue1、specvalue2 等参数为 SPEC 中的所有设计参数变量设置参数值。

（4）D = fdesign.lowpass(specvalue1, specvalue2, specvalue3, specvalue4)：使用提供的输入参数 specvalue1、specvalue2、specvalue3、specvalue4 的设计参数，构造一个具有默认 Specification 属性'Fp、Fst、Ap、Ast'值的对象 D。

（5）D = fdesign.lowpass(…, Fs)：添加参数 Fs，定义使用的采样频率单位为 Hz。

（6）D = fdesign.lowpass(…, MAGUNITS)：指定输入参数中提供的任何幅频设计参数的单位，MAGUNITS 可以是下面中的一个：'linear'——指定为线性单位；'dB'——指定单位为 dB（分贝）；'squared'——指定为功率单位。

当省略 MAGNUNITS 参数时，fdesign 假定所有幅频设计参数的单位为 dB。

fdesign.highpass 的用法与 fdesign.lowpass 类似。

下面介绍 fdesign.bandpass 的用法。fdesign.bandpass 创建一个对象来指定带通滤波器，fdesign.bandpass 有六种使用方法。

（1）D = fdesign.bandpass：构造一个带通滤波器设计参数对象 D，应用属性 Fstop1、Fpass1、Fpass2、Fstop2、Astop1、Apass 和 Astop2 的默认值。

（2）D = fdesign.bandpass(SPEC)：构造对象 D，并将 Specification 属性设置为 SPEC 中的条目。下面显示了 SPEC 中的有效条目，其中的选项不区分大小写（带有*标志的设计参数选项需要 DSP System Toolbox 软件）：'Fst1，Fp1，Fp2，Fst2，Ast1，Ap，Ast2'（默认 spec）；'*N*，F3dB1，F3dB2'；"*N*，F3dB1，F3dB2，Ap' *；'*N*，F3dB1，F3dB2，Ast' *；'*N*，F3dB1，F3dB2，Ast1，Ap，Ast2' *；'*N*，F3dB1，F3dB2，BWp'*；'*N*，F3dB1，F3dB2，BWst' *；'*N*，Fc1，Fc2'；'*N*，Fc1，Fc2，Ast1，Ap，Ast2'；'*N*，Fp1，Fp2，Ap'；'*N*，Fp1，Fp2，Ast1，Ap，Ast2'；'*N*，Fst1，Fp1，Fp2，Fst2'；'*N*，Fst1，Fp1，Fp2，Fst2，C' *；'*N*，Fst1，Fp1，Fp2，Fst2，Ap' *；'*N*，Fst1，Fst2，Ast'；'Nb，Na，Fst1，Fp1，Fp2，Fst2' *。

滤波器设计参数定义如下。

Ast1：在第一个阻带的衰减，也称 Astop1。

Ast2：在第二个阻带的衰减，也称 Astop2。

BWp：滤波器通带的带宽。

BWst：滤波器阻带的带宽。

C：约束带标志。

F3dB1：低于通带值的 3dB 点处的第一个截止频率（IIR 滤波器）。

F3dB2：低于通带值的 3dB 点处的第二个截止频率（IIR 滤波器）。

Fc1：低于通带值的 6dB 点处的第一个截止频率（FIR 滤波器）。

Fc2：低于通带值的 6dB 点处的第二个截止频率（FIR 滤波器）。

Fp1：在通带起始边缘的频率，也称 Fpass1。

Fp2：在通带结束边缘的频率，也称 Fpass2。

Fst1：在第一个阻带开始边缘的频率，也称 Fstop1。

Fst2：在第二个阻带开始边缘的频率，也称 Fstop2。

*N*：FIR 滤波器的阶数。

Na：IIR 滤波器分母的阶数。

Nb：IIR 滤波器分子的阶数。

（3）D = fdesign.bandpass(spec, specvalue1, specvalue2, …)：构造对象 D 并在构造时设置参数。

（4）D = fdesign.bandpass(specvalue1, specvalue2, specvalue3, specvalue4, specvalue5, specvalue6)：使用默认的 Specification 属性构造 D，将 specvalue1、specvalue2、specvalue3、specvalue4、specvalue5 和 specvalue6 的值作为输入参数。

（5）D = fdesign.bandpass(…, Fs)：添加参数 Fs，并指定采样率的单位为 Hz。

（6）D = fdesign.bandpass(…, MAGUNITS)：指定输入参数中提供的任何幅频设计参数的单位。

fdesign.bandstop 的用法与 fdesign.bandpass 类似。

下面介绍 designmethods 的用法。designmethods 函数返回可用于从参数对象设计滤波器的方法，它有四种使用方法。

（1）M = designmethods(D, 'SystemObject', true)：返回可用于设计滤波器对象 D 的设计方法。

（2）M = designmethods(D, 'default')：返回滤波器设计参数对象 D 的默认设计方法。

（3）M = designmethods(D, TYPE, 'SystemObject', true)：返回滤波器设计参数对象 D 的 TYPE 设计方法。TYPE 可以是 FIR 或 IIR。

（4）M = designmethods(D, 'full', 'SystemObject', true)：返回每个可用设计方法的全名。

下面介绍 design 的用法。design 将设计方法应用于滤波器设计参数对象，它有四种使用方法。

（1）filt = design(D, 'Systemobject', true)：使用滤波器设计参数对象 D 生成滤波器系统对象 filt。当不提供设计方法作为输入参数时，design 将使用默认的设计方法。

（2）filt = design(D, METHOD, 'Systemobject', true)：使用 METHOD 指定的设计方法。METHOD 必须是 designmethods 返回的选项之一。输入参数 METHOD 接受各种特殊的关键字，强制 design 以不同的方式运行。表 5.17 列出了可用于 METHOD 的关键字以及 design 如何响应该关键字（关键字不区分大小写）。

**表 5.17 METHOD 关键字和 design 响应**

| 关键字 | 响应的说明 |
| --- | --- |
| 'FIR' | 强制 design 产生一个 FIR 滤波器。当对象 D 不存在 FIR 设计方法时，design 将返回一个错误 |
| 'IIR' | 强制 design 产生一个 IIR 滤波器。当对象 D 不存在 IIR 设计方法时，design 将返回一个错误 |
| 'ALLFIR' | 对 D 中的设计参数，从每个适用的 FIR 设计方法中生成滤波器，每个设计方法生成一个滤波器。因此，design 将在输出对象中返回多个过滤器 |
| 'ALLIIR' | 对 D 中的设计参数，从每个适用的 IIR 设计方法中生成滤波器，每个设计方法生成一个滤波器。因此，design 将在输出对象中返回多个过滤器 |
| 'ALL' | 对 D 中的设计参数，从每个适用的设计方法中生成滤波器，每个设计方法生成一个滤波器。因此，design 将在输出对象中返回多个过滤器 |

（3）filt = design(D, METHOD, PARAM1, VALUE1, PARAM2, VALUE2,…, 'Systemobject', true)：指定设计方法选项。可以使用 help(D, METHOD)获取指定设计方法选项的完整信息。

（4）filt = design(D, METHOD, OPTS, 'Systemobject', true)：使用 OPTS 结构指定设计方法选项。可以使用 help(D, METHOD)查看相关信息。

下面介绍 fvtool 的用法。fvtool 是滤波器的频率响应可视化工具，它有三种使用方法。

（1）fvtool(sysobj)：显示滤波器系统对象的幅频响应。

（2）fvtool(sysobj, options)：显示由 options 指定的响应。

（3）fvtool(____, 'Arithmetic', arith)：根据 arith 中指定的算法，分析滤波系统对象。arith 设置为'double'、'single'或'fixed'，例如，要分析带有定点算法的 FIR 滤波器，则将 arith 设置为'fixed'。如未指定，默认值为'double'。'Arithmetic'属性仅适用于滤波系统对象。

使用 fdesign 设计滤波器的方法为：①使用 fdesign.response 构造滤波器设计参数对象；②使用 designmethods 确定哪些滤波器设计方法适用于新的滤波器设计参数对象；③使用 design 将从步骤②选择的滤波器设计方法应用到滤波器设计参数对象以构造滤波器对象；④使用 fvtool 观察和分析滤波器对象。

**例 5.9**　设计低通滤波器实现对正弦信号的低通滤波。创建低通滤波器设计参数对象，指定通带频率为 0.15π rad/sample，阻带频率为 0.25π rad/sample。指定 1dB 允许通带波纹和 60dB 阻带衰减。

```
%创建低通滤波器设计参数对象 d
d=fdesign.lowpass('Fp,Fst,Ap,Ast',0.15,0.25,1,60);
%查看可用的设计方法
M=designmethods(d,'SystemObject',true)
Hd=design(d,'equiripple');%生成滤波器系统对象 Hd
%创建一个 FIR 等波纹滤波器,并用 fvtool 观察滤波器的幅频响应
fvtool(Hd)
```

运行输出如下：

```
M=8x1 cell array
    {'butter'    }
    {'cheby1'    }
    {'cheby2'    }
    {'ellip'     }
    {'equiripple'}
    {'ifir'      }
    {'kaiserwin' }
    {'multistage'}
```

图 5.16 显示了滤波器的幅度响应运行结果。由以上运行结果可得，一共有 8 种可用设计方法，程序最终选择了 equiripple。从图 5.16 中的虚线也可以看出，通带频率为 0.15π rad/sample，阻带频率为 0.25π rad/sample，通带波纹为 1dB 和 60dB 的阻带衰减，幅频响应与参数设置完全一致。

2. 使用 filterBuilder App 设计滤波器

filterBuilder 为面向对象的滤波器设计方式 fdesign 对象提供了图形界面，可以减少滤

波器设计的开发时间。filterBuilder 使用以滤波器设计参数为导向的方法来设计所需响应的最佳算法，它有三种使用方法。

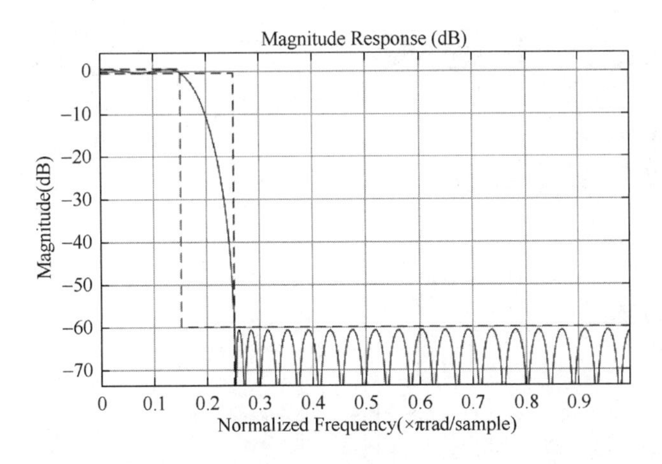


图 5.16　fvtool 显示滤波器的幅频响应

（1）filterBuilder：MATLAB 打开一个对话框，用于选择滤波器响应类型。选择滤波器响应类型后，filterBuilder 将启动相应的滤波器设计对话框。

（2）filterBuilder(h)：打开已存在的滤波器对象 h 的设计对话框。

（3）filterBuilder('response')：MATLAB 打开一个对应于指定 response 的滤波器设计对话框。

使用 filterBuilder 的基本工作流程是先确定滤波器的约束和设计参数，并将其作为设计的出发点。下面是使用 filterBuilder 设计滤波器的步骤。

1）选择响应

通过在命令行窗口输入以下内容打开 filterBuilder 工具：

```
filterBuilder
```

随后将出现 Response Selection 窗口，如图 5.17 所示，列出了 DSP System Toolbox 中可用的所有滤波器响应。选择一个响应后，如 Bandpass，进入 Bandpass Design 对话框，如图 5.18 所示，对话框包含 Main 选项卡、Data Types 选项卡和 Code Generation 选项卡。滤波器的性能参数通常在对话框的 Main 选项卡中设置。此外，也可以直接输入以下语句打开 Bandpass Design 对话框：

```
filterBuilder('Bandpass pass')
```

Data Types 选项卡提供精度和数据类型的设置，Code Generation 选项卡包含已完成的滤波器设计的各种实现选项。

Bandpass Design 对话框包含确定带通滤波器的性能指标所需的所有参数。Main 选项卡中列出的参数设置选项取决于所选择的滤波器响应类型。

2）设置滤波器性能指标参数

要选择 Bandpass 的性能指标参数，可以从 Main 选项卡的 Filter specifications 框架中设置 Impulse response、Order mode 和 Filter type。通过在 Main 选项卡的对应框架中设置频带性能参数和幅度性能参数，可以进一步指定滤波器的响应。

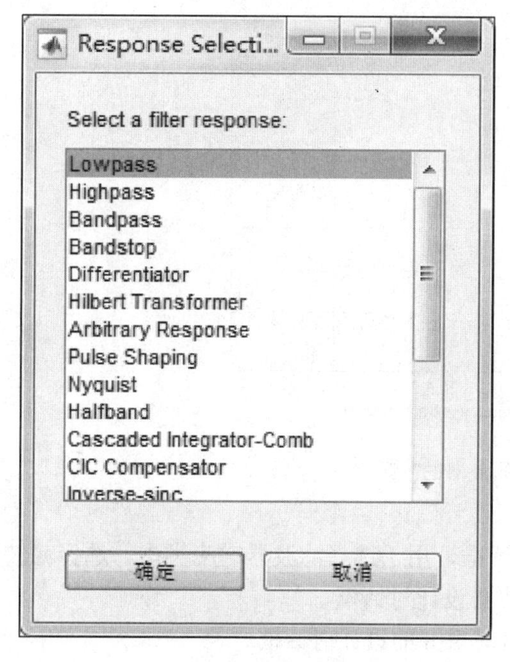


图 5.17　Response Selection 窗口

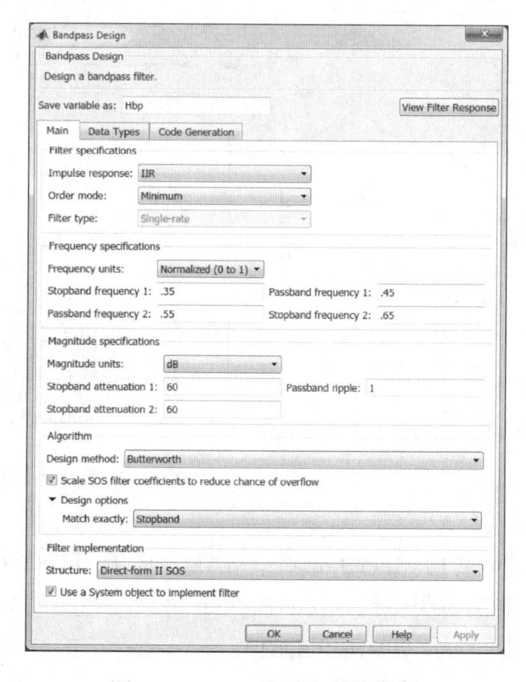


图 5.18　Main 选项卡参数设置

3）选择算法

滤波器设计算法取决于前面步骤中选择的滤波器响应和设计参数。例如，在 Bandpass 的情况下，如果选择的 Impulse response 为 IIR，Order mode 设置为 Minimum，如图 5.18 所示，则可用的 Design method 为 Butterworth、Chebyshev type Ⅰ、Chebyshev type Ⅱ或 Elliptic。如果 Order mode 设置为 Specify，则可用的 Design method 为 IIR least p-norm。

4）自定义算法

通过展开 Algorithm 框架的 Design options 部分，可以进一步自定义指定算法。可用的选项将取决于在对话框中已选择的算法和设置。例如，使用 Butterworth 方法的带通 IIR 滤波器，设计选项中的 Match exactly 完全可用。选中 Use a System object to implement filter 复选框可为设计的滤波器生成系统对象。使用以上这些设置，filterBuilder 将生成一个 dsp.BiquadFilter 系统对象。

5）分析设计

要分析滤波器响应，可以单击 Bandpass Design 对话框右上方的 View Filter Response 按钮，打开滤波器响应图。

6）应用滤波器处理输入数据

通过使用滤波器可视化工具（Filter Visualization Tool）设计和分析实现所需的滤波

器响应时，将滤波器应用于输入数据，在 Bandpass Design 对话框中，单击 OK 按钮，DSP System Toolbox 将创建滤波器系统对象并将其导出到 MATLAB 工作区。然后滤波器即可用于处理实际输入数据。要对输入数据 *x* 进行滤波，在 MATLAB 命令提示符下输入命令：

```
>> y=Hbp(x)
```

**例 5.10**　使用 filterBuilder 设计低通滤波器。

首先输入语句 filterBuilder('lowpass')，打开低通滤波器设计对话框。低通滤波器的所有参数均选择默认设置。单击 View Filter Response 按钮，运行结果如图 5.19 所示。

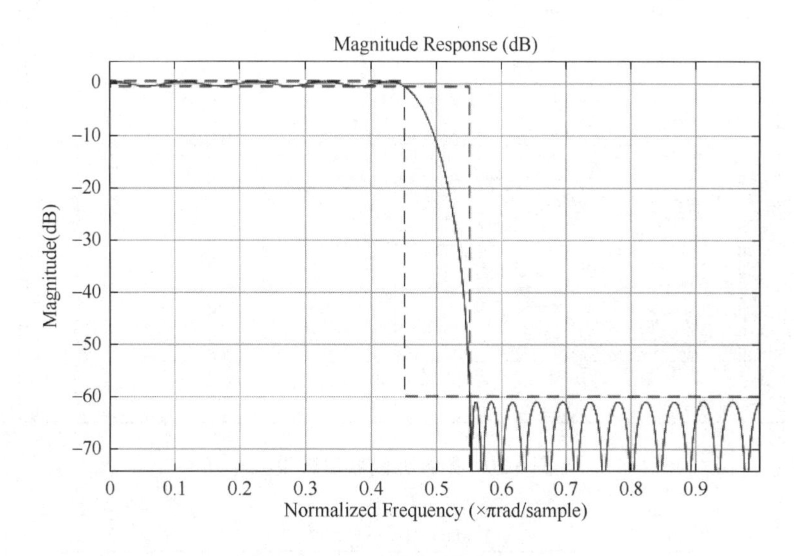


图 5.19　低通滤波器的幅频响应

### 3. 使用 Filter Designer App 设计滤波器

Filter Designer 可用于设计和分析数字滤波器，也可以导入和修改现有的滤波器设计。

**例 5.11**　设计一个从输入音乐信号频谱中删除音乐会国际标准音（440Hz）的陷波滤波器。陷波滤波器的目的是从更广的频谱中移除一个或几个频率。必须通过适当地在滤波器设计器中设置滤波器设计选项来指定要移除的频率。下面是具体的设计步骤。

（1）从 Response Type 的 Differentiator 列表中选择 Notching。

（2）在 Design Method 区域中选择 IIR 单选按钮，并从下拉列表框中选择 Single Notch。

（3）对于 Frequency Specifications，设置 Units 为 Hz，Fs 为 1000。

（4）设置 Fnotch 为 440Hz。

（5）Bandwidth 设置为 40。

（6）将 Magnitude Specifications 的 Units 设置为 dB（默认值），并将 Apass 保留为 1。以上设置如图 5.20 所示。

（7）单击 Design Filter 按钮。

（8）滤波器设计器计算滤波系数，并在分析区域中绘制滤波器响应，如图 5.21 所示。从图中可以看出，陷波的中心位置在 440Hz，与参数设置相符。

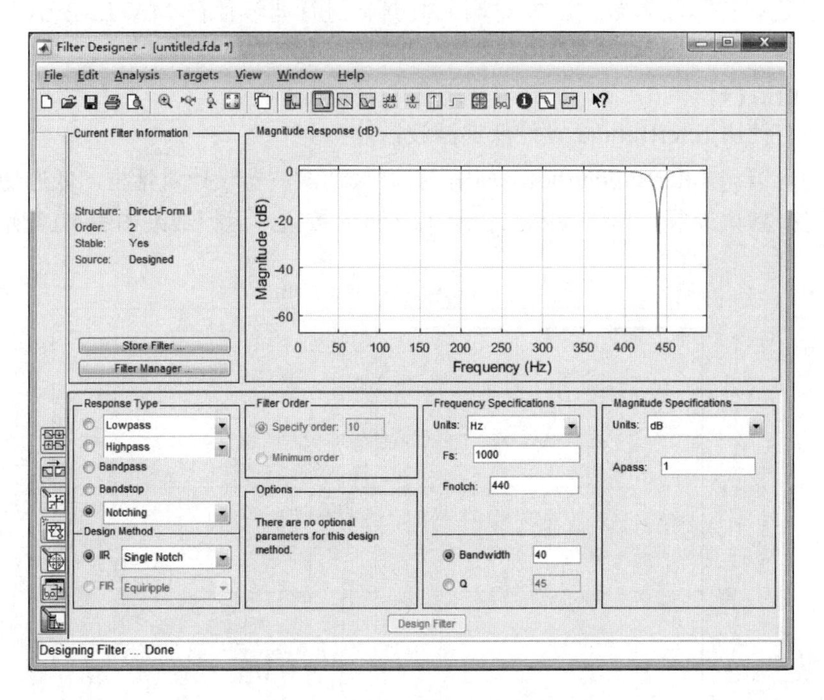


图 5.20　陷波滤波器参数设置

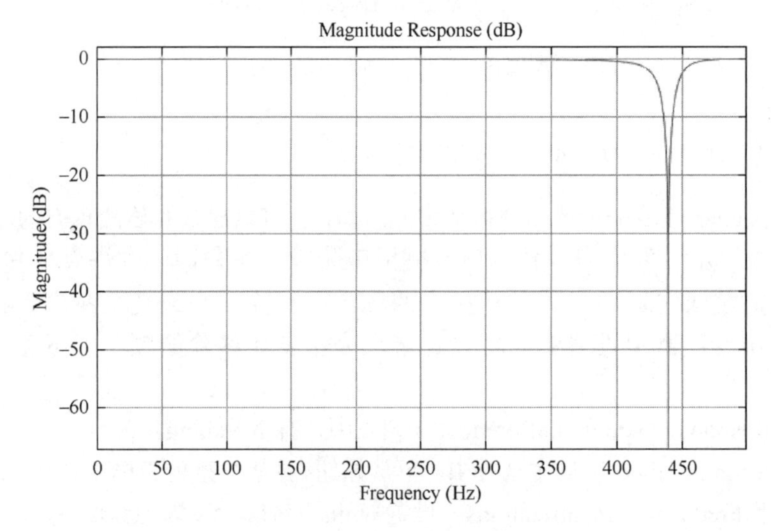


图 5.21　陷波滤波器响应

## 5.2.2　滤波器分析

分析滤波器和滤波对象的相关函数见表 5.18。

**表 5.18　分析滤波器和滤波对象的相关函数**

| 函数类别 | 函数名称 | 功能说明 |
|---|---|---|
| 滤波器设计和可视化工具 | filterDesigner | 打开滤波器设计器 App |
| | fvtool | 可视化 DSP 滤波器的频率响应 |
| 滤波器响应特性 | freqrespest | 估计滤波器的频率响应 |
| | freqrespopts | 滤波器频率响应分析选项 |
| | freqz | 滤波器的频率响应 |
| | grpdelay | 离散时间滤波器系统对象的群时延响应 |
| | impz | 离散时间滤波器系统对象的冲激响应 |
| | impzlength | 冲激响应长度 |
| | measure | 测量滤波器系统对象的频率响应特性 |
| | noisepsd | 舍入噪声下滤波器输出功率谱密度 |
| | noisepsdopts | 用于运行滤波器输出噪声 PSD 的选项 |
| | phasedelay | 离散时间滤波系统对象的相位延迟响应 |
| | phasez | 滤波器的展开相位响应 |
| | stepz | 离散时间滤波系统对象的阶跃响应 |
| | zerophase | 离散时间滤波系统对象的零相位响应 |
| | zplane | 离散时间滤波系统对象的 $Z$ 平面零极图 |
| 滤波器属性 | coeffs | 滤波系数 |
| | cost | 评估实现滤波器系统对象的成本 |
| | disp | 滤波器属性和值 |
| | double | 采用双精度算法转换定点滤波器 |
| | fftcoeffs | 频域系数 |
| | filtstates.cic | 存储 CIC 滤波器状态 |
| | info | 有关滤波器的信息 |
| | norm | 滤波器的 P 范数 |
| | nstates | 滤波器状态数 |
| | order | 离散时间滤波系统对象的阶数 |
| | reset | 重置系统对象的内部状态 |
| 检查滤波器特性 | firtype | 线性相位 FIR 滤波器的类型 |
| | isallpass | 确定滤波器是否是全通滤波器 |
| | isfir | 确定滤波器系统对象是否为 FIR |
| | islinphase | 确定滤波器是否具有线性相位 |
| | ismaxphase | 确定滤波器是否为最大相位 |

续表

| 函数类别 | 函数名称 | 功能说明 |
| --- | --- | --- |
| 检查滤波器特性 | isminphase | 确定滤波器是否为最小相位 |
| | isreal | 确定滤波器是否使用实系数 |
| | issos | 确定滤波器是否为二阶节形式 |
| | isstable | 确定滤波器是否稳定 |
| | scalecheck | 检查二阶节滤波器的缩放比例 |
| 滤波器实现 | block | 从数字滤波器生成模块 |
| | realizemdl | 滤波器的 Simulink 子系统模块 |
| 滤波器系数转换 | allpass2wdf | 全通滤波到波数字滤波的系数变换 |
| | normalizefreq | 在归一化频率与绝对频率之间转换滤波器设计指标 |
| | wdf2allpass | 波数字滤波到全通滤波的系数变换 |

**例 5.12**　设计 FIR 和 IIR 低通滤波器并进行分析。创建最小阶 FIR 低通滤波器，其数据采样率为 44.1kHz。指定 8kHz 的通带频率，12kHz 的阻带频率，通带波纹为 0.1dB，阻带衰减为 80dB。MATLAB 代码如下：

```
%创建最小阶 FIR 低通滤波器
Fs=44.1e3;
filtertype='FIR';
Fpass=8e3;
Fstop=12e3;
Rp=0.1;
Astop=80;
FIRLPF=dsp.LowpassFilter('SampleRate',Fs,...
                        'FilterType',filtertype,...
                        'PassbandFrequency',Fpass,...
                        'StopbandFrequency',Fstop,...
                        'PassbandRipple',Rp,...
                        'StopbandAttenuation',Astop);
%设计一个与 FIR 低通滤波器具有相同性质的最小阶 IIR 低通滤波器。将克
%隆滤波器的 FilterType 属性更改为 IIR
IIRLPF=clone(FIRLPF);
IIRLPF.FilterType='IIR';
%绘制 FIR 低通滤波器的冲激响应
fvtool(FIRLPF,'Analysis','impulse')
```

```
%绘制 IIR 低通滤波器的冲激响应
fvtool(IIRLPF,'Analysis','impulse')
%绘制 FIR 低通滤波器的幅频响应和相位响应
fvtool(FIRLPF,'Analysis','freq')
%绘制 IIR 低通滤波器的幅频响应和相位响应
fvtool(IIRLPF,'Analysis','freq')
%计算实现 FIR 低通滤波器的成本
cost(FIRLPF)
%计算实现 IIR 低通滤波器的成本
cost(IIRLPF)
%计算 FIR 低通滤波器的群时延
grpdelay(FIRLPF)
%计算 IIR 低通滤波器的群时延
grpdelay(IIRLPF)
```

FIR 低通滤波器成本函数运行输出如下：

```
ans=struct with fields:
              NumCoefficients:39
                  NumStates:38
     MultiplicationsPerInputSample:39
        AdditionsPerInputSample:38
```

IIR 低通滤波器成本函数运行输出如下：

```
ans=struct with fields:
             NumCoefficients:18
                NumStates:14
      MultiplicationsPerInputSample:18
         AdditionsPerInputSample:14
```

从以上运行结果可以看出，实现 IIR 低通滤波器比实现 FIR 低通滤波器的成本更低。

通过图 5.22 和图 5.23 的对比可以发现，对于 FIR 低通滤波器，冲激响应在有限时间内衰减为零，其输出仅取决于当前和过去的输入信号值。对于 IIR 低通滤波器，冲激响应理论上会无限持续，其输出不仅取决于当前和过去的输入信号值，也取决于过去的信号输出值。从图 5.24 可知，FIR 低通滤波器在低频段，随频率增加，相位线性减小，而幅值开始保持稳定，到达一定频率会快速减小。从图 5.25 可知，IIR 低通滤波器在低频段，随频率增加，相位减小，而幅值开始时保持稳定，达到一定频率也快速减小。通过观察 FIR 低通滤波器和 IIR 低通滤波器的群时延，即图 5.26 和图 5.27，可以看出 FIR 低通滤波器在线性阶段有一个恒定的群时延，而对应的 IIR 低通滤波器却没有。

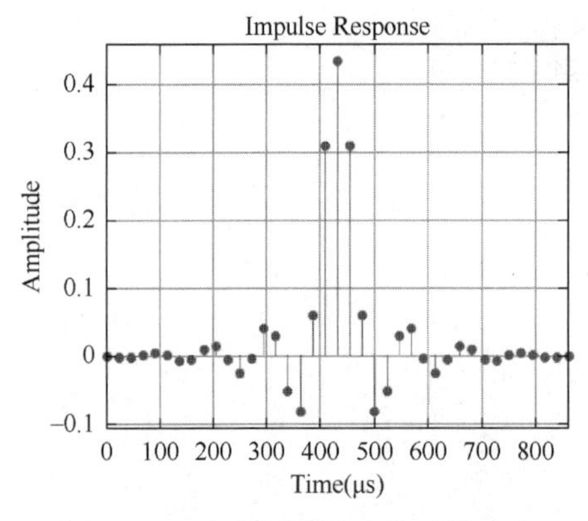


图 5.22　FIR 低通滤波器的冲激响应

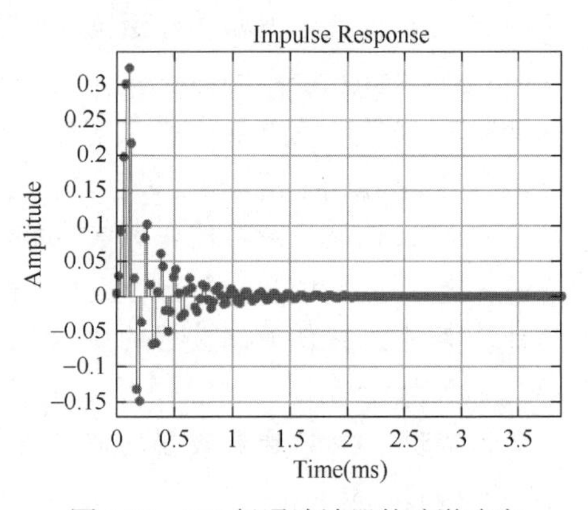


图 5.23　IIR 低通滤波器的冲激响应

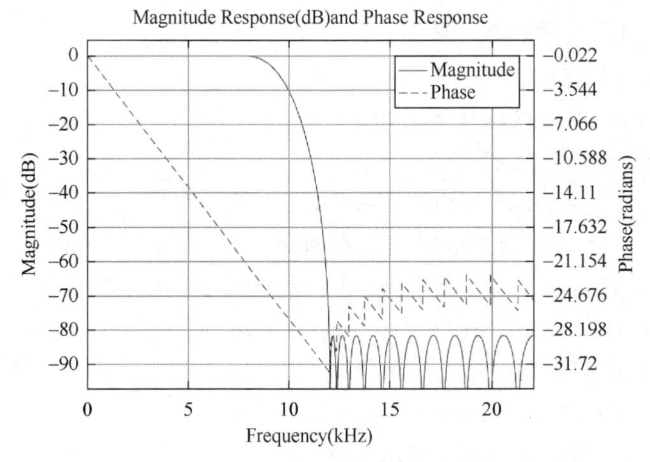


图 5.24　FIR 低通滤波器的幅频响应和相位响应

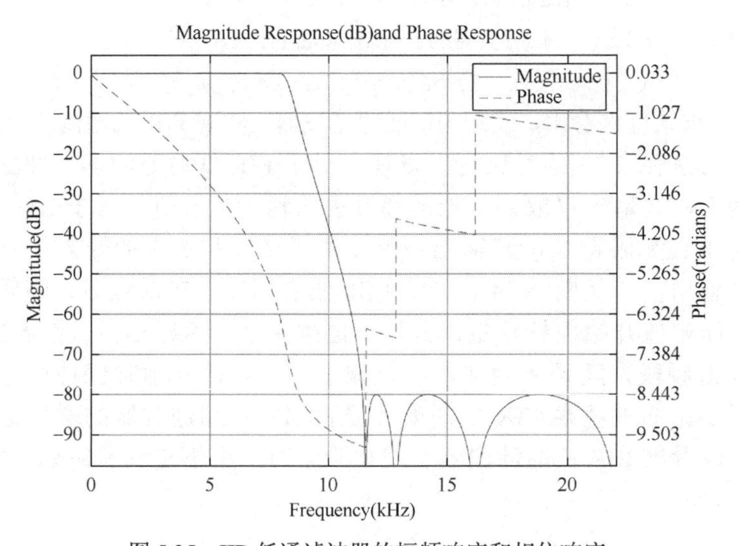


图 5.25　IIR 低通滤波器的幅频响应和相位响应

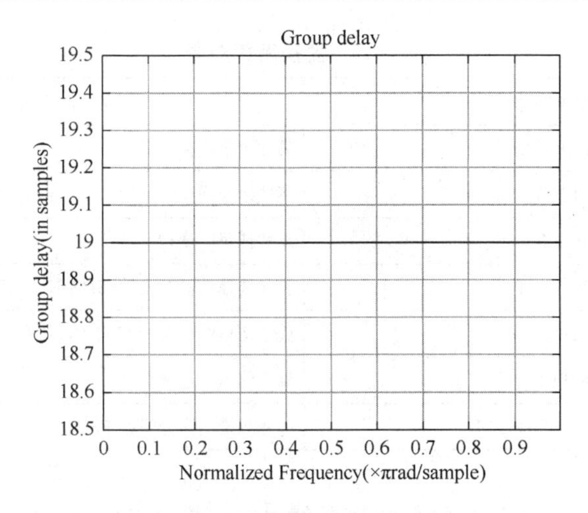


图 5.26　FIR 低通滤波器的群时延

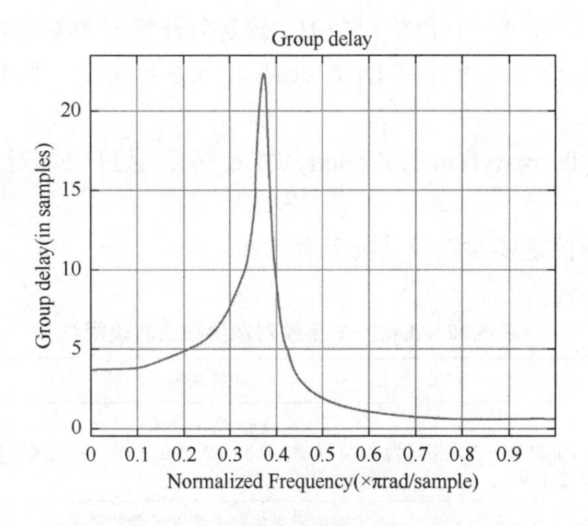


图 5.27　IIR 低通滤波器的群时延

# 5.3　信号变换与频谱分析

## 5.3.1　DCT、FFT、HDL FFT 及其逆变换

DSP System Toolbox 提供工具来实现离散余弦变换（discrete cosine transformation，DCT）、快速傅里叶变换（fast Fourier transformation，FFT）、HDL FFT、HDL IFFT 等变换。下面分别对实现各信号变换的系统对象及 Simulink 模块进行介绍。

1. 基于系统对象的 DCT、FFT、HDL FFT 及其逆变换

MATLAB 中用于 DCT、FFT、HDL FFT 及其逆变换的系统对象见表 5.19。

**表 5.19　变换系统对象**

| 系统对象名称 | 功能说明 |
|---|---|
| dsp.DCT | 离散余弦变换 |
| dsp.IDCT | 离散余弦逆变换 |
| dsp.FFT | 离散傅里叶变换 |
| dsp.HDLIFFT | 反向快速傅里叶变换-针对 HDL 代码生成进行了优化 |
| dsp.HDLFFT | 快速傅里叶变换-针对 HDL 代码生成进行了优化 |
| dsp.IFFT | 离散傅里叶逆变换 |
| dsp.ZoomFFT | 部分频谱的高分辨率 FFT |

下面以 dsp.FFT 系统对象为例介绍离散傅里叶变换（discrete Fourier transformation，DFT）系统对象的使用方法。dsp.FFT DFT，它有两种使用方法。

（1）fft = dsp.FFT：返回一个 FFT 对象 H，该对象计算 *N* 维数组的 DFT。对于列向量或多维数组，FFT 对象沿第一维计算 DFT。如果输入是行向量，则 FFT 对象计算一行单样本 DFT 并发出警告。

（2）H = dsp.FFT('PropertyName', PropertyValue, …)：返回 FFT 对象 H，每个属性设置为指定值。

dsp.FFT 系统对象的主要参数及功能见表 5.20。

**表 5.20　dsp.FFT 系统对象参数功能说明**

| 参数名称 | 功能说明 |
|---|---|
| FFTImplementation | FFT 实现方式<br>将用于 FFT 的实现方式指定为 Auto \| Radix-2 \|FFTW 中的一个。将此属性设置为 Radix-2 时，FFT 长度必须为 2 的幂 |
| BitReversedOutput | 输出元素相对于输入元素的顺序<br>根据输入元素的顺序指定相关输出通道元素的顺序。将此属性设置为 true 可以按位反转顺序输出频率索引。默认值为 false，对应于频率索引的线性排序 |
| Normalize | 将蝶形输出除以 2<br>如果 FFT 的输出应除以 FFT 长度，则将此属性设为 true。当期望将 FFT 的输出保持在与其输入相同的振幅范围内时，此选项很有用。在使用定点数据类型时，这非常有用。此属性的默认值为 false，且无缩放 |
| FFTLengthSource | FFT 长度的来源<br>如何指定 FFT 长度，可选择 Auto 或 Property。将此属性设置为 Auto 时，FFT 长度等于输入信号的行数。默认值为 Auto |
| FFTLength | FFT 长度<br>指定 FFT 长度。将 FFTLengthSource 属性设置为 Property 时，此属性适用。默认值为 64<br>当输入是定点数据类型时，或将 BitReversedOutput 属性设置为 true 时，或将 FFTImplementation 属性设置为 Radix-2 时，此属性必须是 2 的幂 |
| WrapInput | 包裹或截断输入的布尔值<br>当 FFT 长度小于输入长度时包裹输入数据。如果此属性设置为 true，假设 FFT 长度短于输入长度，则在 FFT 操作之前进行模数长度数据包裹。如果此属性设置为 false，则在 FFT 操作之前将输入数据截断为 FFT 长度。默认值为 true |

**例 5.13**　找出加性噪声中信号的频率分量，绘制信号的单边幅度谱。MATLAB 代码如下：

```
Fs=800;L=1000;
t=(0:L-1)'/Fs;
x=sin(2*pi*250*t)+0.75*cos(2*pi*340*t);  %构造函数
y=x+0.5*randn(size(x));  %噪声信号
ft=dsp.FFT('FFTLengthSource','Property',...   %创建 FFT 系统对象
    'FFTLength',1024);   %设置 FFT 系统对象 FFTLength 参数的值为 1024
Y=ft(y);
plot(Fs/2*linspace(0,1,512),2*abs(Y(1:512)/1024)); %绘制单边振幅谱
title('Single-sided amplitude spectrum of noisy signal y(t)');
xlabel('Frequency(Hz)');ylabel('|Y(f)|');
```

运行结果如图 5.28 所示。在上述示例中，加入的噪声信号是用 randn()函数产生的正态分布噪声，根据原理并观察结果，可看出噪声信号的单边幅度谱是正确的。

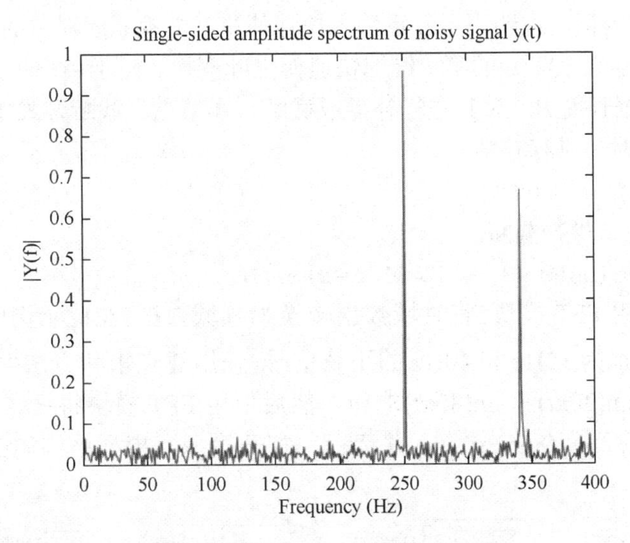


图 5.28　噪声信号 $y(t)$的单边幅度谱

2. 基于 Simulink 模块的 DCT、FFT、HDL FFT 及其逆变换

Simulink 中提供的信号变换模块包含的功能很全面，部分信号变换模块的功能说明见表 5.21。

**表 5.21　信号变换模块**

| 模块类别 | 模块名称 | 功能说明 |
|---|---|---|
| 傅里叶变换 | Complex Cepstrum | 计算输入的复杂倒频谱 |
| | FFT | 输入的快速傅里叶变换 |
| | IFFT | 输入的快速傅里叶逆变换 |

续表

| 模块类别 | 模块名称 | 功能说明 |
|---|---|---|
| 傅里叶变换 | Inverse Short-Time FFT | 通过执行反向短时、快速傅里叶变换恢复时域信号 |
| | Magnitude FFT | 用周期图法计算频谱的非参数估计 |
| | Real Cepstrum | 计算输入的实倒频谱 |
| | Short-Time FFT | 用短时快速傅里叶变换方法测量频谱的非参数估计 |
| | Zoom FFT | 频谱部分的高分辨率 FFT |
| 余弦和小波变换 | DCT | 输入的离散余弦变换 |
| | DWT | 子带输入或分解信号的离散小波变换，带宽较小，采样速率较慢 |
| | IDCT | 输入的离散余弦逆变换 |
| | IDWT | 来自带宽较小，采样率较慢的子带的输入或重构信号的逆离散小波变换 |

以 FFT 模块为例，说明用于计算输入快速傅里叶变换系统对象的使用方法。FFT 模块用于计算 $N$ 维输入矩阵 $u$ 的第一维的快速傅里叶变换。对于用户指定的 FFT 长度 $M$，若不等于输入数据长度 $P$，对其进行补零或截断。零填充、截断方式如下。

（1）$P \leqslant M$ 时，进行补零。

```
y=fft(u,M)      %P≤M
```

（2）$P>M$ 时，进行截断。

```
y(:,l)=fft(u,M)     % P>M;l=1,…,N
```

**例 5.14**　使用 FFT 模块，将时域数据转换为频域数据。在此示例中，使用 Sine Wave 模块生成两个分别为 15Hz 和 40Hz 的正弦信号，使用逐点求和方法生成复合正弦曲线，即使用公式 $u = \sin(30\pi t) + \sin(80\pi t)$求和，然后使用 FFT 模块将正弦波 $u$ 转换到频域。在 MATLAB 中输入命令 ex_fft_tut 并运行，打开模型，模型结构如图 5.29 所示。

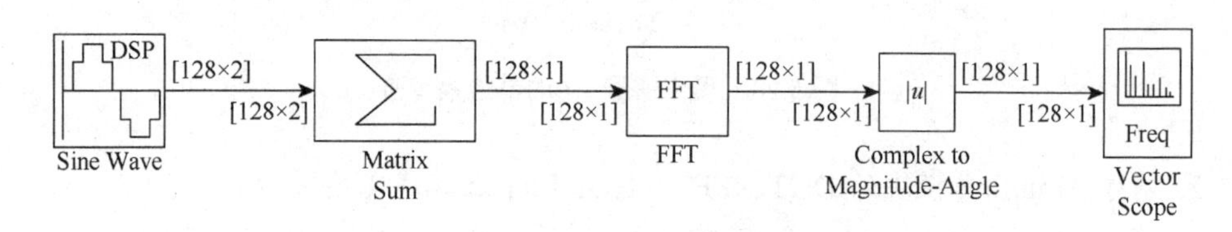


图 5.29　ex_fft_tut 模型

Sine Wave 模块的参数设置如下：Amplitude = 1；Frequency = [15 40]；Phase offset = 0；Sample time = 0.001；Samples per frame = 128，运行该模型，输出结果如图 5.30 所示。

### 5.3.2　频谱分析

信号的频域表示揭示了在时域中难以分析的重要信号特征。通过频谱分析，可以表征信号的频率成分。DSP System Toolbox 中提供了频谱分析工具，包括参数和非参数方法。

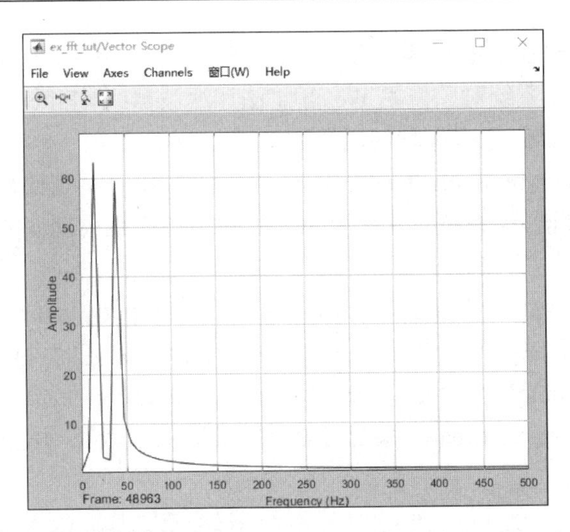


图 5.30　ex_fft_tut 模型输出频谱

使用 MATLAB 中的 dsp.SpectrumAnalyzer 系统对象和 Simulink 中的频谱分析器模块都可以对动态信号进行实时频谱分析。频谱分析器使用 Welch 的平均修正周期图或滤波器组方法来计算频谱数据，这两种方法都是基于 FFT 的频谱估计方法，它们不对输入数据做出任何假设，并且可以与任何类型的信号一起使用。除了查看频谱外，还可以在频谱分析器中查看信号的频谱图。

如果要在 MATLAB 中获取当前数据以便进行后期处理，可以在频谱分析器对象上调用 isNewDataReady 和 getSpectrumData 对象函数。在 Simulink 中，要获取频谱数据，可以通过创建 Spectrum Analyzer Configuration 对象并在此对象上运行 getSpectrumData 函数来实现，但只能获取频谱分析器上显示的频谱数据的最后一帧。还可以使用 dsp.SpectrumEstimator System 对象和 Spectrum Estimator 模块来计算功率谱并获取频谱数据以供进一步的处理。

### 1. 基于系统对象的频谱分析

频谱估计的系统对象可以分为参数估计系统对象和非参数估计系统对象，各系统对象及功能描述见表 5.22。

**表 5.22　频谱估计系统对象**

| 系统对象类别 | 系统对象名称 | 功能说明 |
|---|---|---|
| 非参数估计 | dsp.SpectrumAnalyzer | 显示时域信号的频谱 |
| | dsp.SpectrumEstimator | 估计功率谱或功率密度谱 |
| | dsp.CrossSpectrumEstimator | 估计交叉谱密度 |
| | dsp.TransferFunctionEstimator | 估计传递函数 |
| 参数估计 | dsp.BurgAREstimator | 基于 Burg 方法估计自回归模型参数 |
| | dsp.BurgSpectrumEstimator | 基于 Burg 方法的参数谱估计 |

以 dsp.SpectrumEstimator 系统对象为例介绍功率谱非参数估计的方法。dsp.SpectrumEstimator 系统对象使用 Welch 算法和滤波器组（Filter bank）的方法计算信号的功率谱或功率密度谱，它有两种使用方法。

（1）SE = dsp.SpectrumEstimator：返回一个系统对象 SE，它计算实值或复值信号的频率功率谱或功率密度谱。该系统对象使用 Welch 的平均修正周期图方法和基于滤波器组的谱估计方法。

（2）SE = dsp.SpectrumEstimator('PropertyName', PropertyValue, …)：返回 Spectrum Estimator System 对象 SE，每个指定的属性名称设置为指定值。可以按任何顺序指定其他 Name-Value 参数（Name1，Value1，…，Name*N*，Value*N*）。

在使用 dsp.SpectrumEstimator 系统对象时可设置的参数及功能见表 5.23。

**表 5.23　dsp.SpectrumEstimator 系统对象参数功能说明**

| 参数名称 | 功能说明 |
| --- | --- |
| SampleRate | 输入采样率<br>将输入的采样率（赫兹）指定为有限数字标量。默认值为 1Hz。采样率是信号在时域采样的速率 |
| SpectrumType | 频谱类型<br>将频谱类型指定为 'Power' \| 'Power density'之一。当频谱类型为 Power 时，功率密度频谱通过窗口的等效噪声带宽（以 Hz 为单位）进行缩放。默认值为 Power |
| SpectralAverages | 频谱平均数<br>将频谱平均数指定为正整数标量。频谱估计器通过平均最后 *N* 个估计来计算当前功率谱或功率密度谱估计。*N* 是 SpectralAverages 属性中定义的频谱平均数。默认值为 8 |
| FFTLengthSource | 设定 FFT 长度值的方法<br>将 FFT 长度值的来源指定为'Auto'\| 'Property'之一。默认值为 Auto。如果将此属性设置为 Auto，则 Spectrum Estimator 会将 FFT 长度设置为输入帧大小。如果将此属性设置为 Property，则使用 FFTLength 属性指定 FFT 点的数量 |
| FFTLength | FFT 长度<br>指定 Spectrum Estimator 用于将频谱估计值计算为正整数标量的 FFT 的长度。将 FFTLengthSource 属性设置为 Property 时，此属性适用。默认值为 128 |
| Method | Welch 或 filter bank<br>将谱估计方法指定为'Welch'\|'Filter bank'之一。指定为 Welch，该对象使用 Welch 的平均修正周期图方法；指定为 Filter bank，分析滤波器组将宽带输入信号分成多个窄子带，对象计算每个窄频带中的功率，计算的值是相应频带上的频谱估计。默认为 Welch |
| NumTapsPerBand | 每个频段的滤波器抽头数<br>指定每个频段的滤波器系数或抽头数。该值对应于每个多相分支的滤波器系数的数量。滤波器系数的总数由 NumTapsPerBand×FFTLength 给出。将 Method 设置为 Filter bank 时，此属性适用。默认值为 12 |
| Window | 窗口功能<br>将谱估计器的窗口函数指定为'Rectangular' \| 'Chebyshev' \| 'Flat Top' \| 'Hamming' \| 'Hann' \| 'Kaiser' 中的一个。默认值为 Hann |
| SidelobeAttenuation | 窗口的旁瓣衰减<br>将窗口的旁瓣衰减指定为实数，正标量，单位 dB。将 Window 属性设置为 Chebyshev 或 Kaiser 时，此属性适用。默认值为 60dB |

续表

| 参数名称 | 功能说明 |
| --- | --- |
| FrequencyRange | 频谱估计的频率范围<br>将频谱估计器的频率范围指定为'twosided' \| 'onesided' \| 'centered'之一。<br>如果将 FrequencyRange 设置为 onesided，则 Spectrum Estimator 会计算实际输入信号的单侧频谱。当 FFT 长度 NFFT 为偶数时，频谱估计具有长度（NFFT/2）+1 并且在频率范围[0, SampleRate/2]计算谱估计，其中 SampleRate 是输入信号的采样率。当 NFFT 为奇数时，频谱估计具有长度（NFFT+1）/2 并且在频率范围[0, SampleRate/2]上计算。<br>如果将 FrequencyRange 设置为 twosided，则 Spectrum Estimator 会计算复数或实数输入信号的双边频谱。频谱估计的长度等于 FFT 长度。在频率范围[0, SampleRate]上计算频谱估计，其中 SampleRate 是输入信号的采样率。<br>如果将 FrequencyRange 设置为 centered，则 Spectrum Estimator 会计算复数或实数输入信号的中心双边频谱。频谱估计的长度等于 FFT 长度。当 FFT 长度为偶数时，在频率范围（−SampleRate/2，SampleRate/2）上计算频谱估计，当 FFT 长度为奇数时，计算频谱估计（−SampleRate/2，SampleRate/2）。<br>默认值为 twosided |
| PowerUnits | 功率单位<br>将用于测量功率的单位指定为'Watts' \| 'dBW' \| 'dBm'中的一个。默认值为 Watts |
| ReferenceLoad | 参考负载<br>指定频谱估算器用作计算功率值的参考负载，指定以欧姆为单位的实数正标量。默认值为 1Ω |
| OutputMaxHoldSpectrum | 输出最大保持频谱<br>将此属性设置为 true，以便 Spectrum Estimator 计算并输出每个输入通道的最大保持频谱。默认值为 false |
| OutputMinHoldSpectrum | 输出最小保持频谱<br>将此属性设置为 true，以便 Spectrum Estimator 计算并输出每个输入通道的最小保持频谱。默认值为 false |

**例 5.15**　使用基于 Hanning 窗的 Welch 方法和 Filter bank 方法比较嵌入在高斯白噪声中的正弦曲线的频谱估计。初始化两个 dsp.SpectrumEstimator 对象，指定一个估计器以将基于 Welch 的谱估计技术与 Hanning 窗口一起使用；指定另一个估计器使用 Filter bank 来执行谱估计。在 0.16、0.2、0.205 和 0.25 个周期或样本中指定具有 4 个正弦波的加噪的正弦波输入信号。使用数组绘制查看谱估计值。

```
FrameSize=420;
Fs=1;
sinegen=dsp.SineWave('SampleRate',Fs,...    %创建正弦波信号
    'SamplesPerFrame',FrameSize,...
    'Frequency',[0.16 0.2 0.205 0.25],...
    'Amplitude',[2e-5 1  0.05  0.5]);
NoiseVar=1e-10;
numAvgs=8;
%指定基于 Welch 和 Hanning 窗口谱估计系统对象
hannEstimator=dsp.SpectrumEstimator('PowerUnits','dBm',...
    'Window','Hann','FrequencyRange','onesided',...
```

```
    'SpectralAverages',numAvgs,'SampleRate',Fs);
%指定基于 Filter bank 和 Hanning 窗口谱估计系统对象
filterBankEstimator=dsp.SpectrumEstimator('PowerUnits','dBm',...
    'Method','Filter bank','FrequencyRange','onesided',...
    'SpectralAverages',numAvgs,'SampleRate',Fs);
spectrumPlotter=dsp.ArrayPlot(...   %使用 dsp.ArrayPlot 系统对象
                                    %绘制谱估计值
    'PlotType','Line','SampleIncrement',Fs/FrameSize,...
    'YLimits',[-250,50],'YLabel','dBm',...
'ShowLegend',true,'ChannelNames',{'Hann window','Filter bank'});
for i=1:1000    %比较使用 Hanning 窗口和 Filter bank 计算的频谱估计值
    x=sum(sinegen(),2)+sqrt(NoiseVar)*randn(FrameSize,1);
    Pse_hann=hannEstimator(x);
    Pfb=filterBankEstimator(x);
    spectrumPlotter([Pse_hann,Pfb]);
end
```

运行结果如图 5.31 所示。

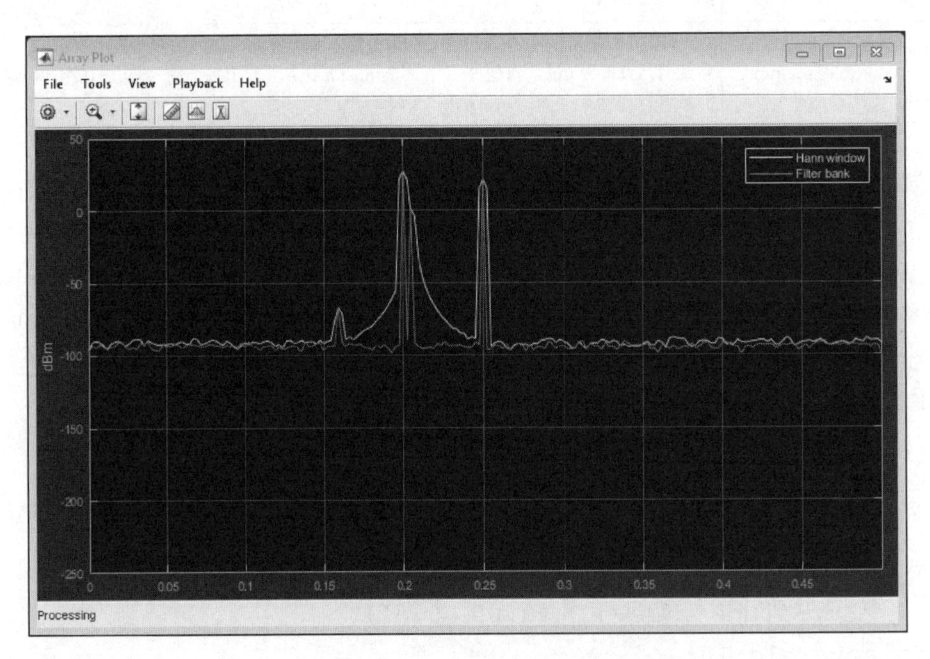


图 5.31　比较使用 Hanning 窗和 Filter bank 的谱估计

观察实验结果并分析，Hanning 窗方法遗漏了 0.205 周期的峰值。此外，还具有显著的频谱泄漏，使得在 0.16 个周期/样本处的峰值难以区分，且噪声基底不正确。对比发现，Filter bank 估计具有非常好的分辨率，且没有频谱泄漏。

### 2. 基于 Simulink 模块的频谱分析

基于 Simulink 模块的频谱分析包括非参数估计模块和参数估计模块，各模块及功能如表 5.24 所示。

**表 5.24　频谱分析模块功能说明**

| 模块类别 | 模块名称 | 功能说明 |
|---|---|---|
| 非参数估计 | Burg Method | 基于 Burg 方法的功率谱密度估计 |
| | Covariance Method | 用协方差法估计功率谱密度 |
| | Cross-Spectrum Estimator | 估计交叉功率频谱密度 |
| | Discrete Transfer Function Estimator | 系统频域传递函数的计算估计 |
| | Magnitude FFT | 用周期图法计算频谱的非参数估计 |
| | Modified Covariance Method | 用改进协方差法估计功率谱密度 |
| | Periodogram | 用周期图法估计功率谱密度或均方根谱 |
| | Short-Time FFT | 用短时快速傅里叶变换方法测量频谱的非参数估计 |
| | Spectrum Analyzer | 显示频谱 |
| | Spectrum Estimator | 估计功率谱或功率密度谱 |
| | Yule-Walker Method | 用 Yule-Walker 法估计功率谱密度 |
| 参数估计 | Burg AR Estimator | 用 Burg 法计算自回归模型参数的估计 |
| | Covariance AR Estimator | 用协方差法计算自回归模型参数的估计 |
| | Modified Covariance AR Estimator | 用改进协方差法计算自回归模型参数的估计 |
| | Yule-Walker AR Estimator | 用 Yule-Walker 法计算自回归模型参数的估计 |

以模块 Discrete Transfer Function Estimator 为例介绍频谱分析非参数估计 Simulink 模块的使用方法。

Discrete Transfer Function Estimator 模块使用 Welch 的平均修正周期图方法估计系统的频域传递函数。该模块有两个输入 $x$ 和 $y$，$x$ 是系统输入信号，$y$ 是系统输出信号，$x$ 和 $y$ 必须具有相同的尺寸。对于 2 维输入，模块将每列视为独立通道。模块的采样率等于 $1/T$，其中，$T$ 是模块输入的采样时间。该模块首先将窗口函数应用于两个输入 $x$ 和 $y$，然后通过窗口功率对它们进行缩放。取每个信号的 FFT，分别记为 $X$ 和 $Y$。模块先计算 $P_{xx}$，$P_{xx}$ 是 $X$ 幅度的平方；然后计算 $P_{yx}$，$P_{yx}$ 是 $X$ 乘以 $Y$ 的共轭。通过将 $P_{yx}$ 除以 $P_{xx}$ 来计算输出传递函数估计值 $H$。Discrete Transfer Function Estimator 模块的主要参数及功能见表 5.25。

**表 5.25　Discrete Transfer Function Estimator 模块参数功能说明**

| 参数名称 | 功能说明 |
|---|---|
| Window length source | 窗口长度值的来源。可以将此参数设置为 Same as input frame length（default），表示窗口长度设置为输入的帧大小；或设置为 Specify on dialog，窗口长度是在 Window length 中指定的值 |
| Window length | 窗口长度（以样本为单位），用于计算频谱估计值，指定为大于 2 的正整数标量。将 Window length source 设置为 Specify on dialog 时，此参数适用；默认值为 1024 |
| Window Overlap/% | 连续数据窗口之间重叠的百分比，指定为[0, 100]范围内的标量，默认值为 0 |
| Number of spectral averages | 指定谱平均值的数量。Discrete Transfer Function Estimator 模块通过对最后 $N$ 个估计求平均来计算当前估计。$N$ 是谱平均数，它可以是任何正整数标量，默认值为 1 |
| FFT length source | 指定 FFT 长度值的来源。它可以是 Auto（默认）或 Property。当 FFT 长度的源设置为 Auto 时，Discrete Transfer Function Estimator 模块将 FFT 长度设置为输入帧大小。当 FFT length source 设置为 Property 时，可以在 FFT length 参数中指定 FFT 长度 |
| FFT length | 指定 Discrete Transfer Function Estimator 模块用于计算频谱估计的 FFT 的长度，可以是任何正整数标量，默认值为 128 |
| Window function | 为传递函数估计器模块指定窗口函数。可能的值为：Hann（default），Rectangular，Chebyshev，Flat Top，Hamming，Kaiser |
| Frequency range | 指定传递函数估计的频率范围。可以将其指定为 centered（default），onesided，twosided。将频率范围设置为 centered（default）时，Discrete Transfer Function Estimator 模块会计算实数或复数输入信号 $x$ 和 $y$ 的居中双边传递函数；将频率范围设置为 onesided 时，Discrete Transfer Function Estimator 模块计算实际输入信号 $x$ 和 $y$ 的单边传递函数。将频率范围设置为 twosided 时，Discrete Transfer Function Estimator 模块计算实数或复数输入信号 $x$ 和 $y$ 的双边传递函数 |
| Simulate using | 仿真运行的类型。可以将其选择为 Code generation（default）或 Interpreted execution |

**例 5.16**　使用 Discrete Transfer Function Estimator 模块来估计系统的频域传递函数。在 MATLAB 中的命令行输入 ex_discrete_transfer_function_estimator 并运行，打开 ex_discrete_transfer_function_estimator 模型，该模型结构如图 5.32 所示。

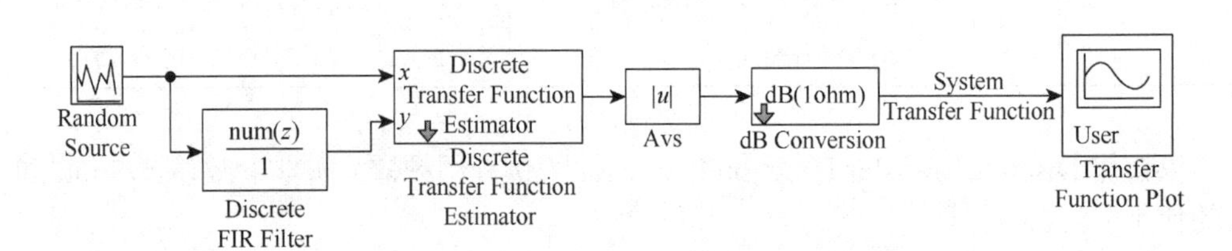


图 5.32　ex_discrete_transfer_function_estimator 模型结构

在该模型中，Discrete Transfer Function Estimator 模块的参数设置如图 5.33 所示。Random Source 模块用于表示系统输入信号，系统输入的采样率为 44.1kHz。Random Source 模块输入通过一个 Discrete FIR Filter，即一个归一化截止频率为 0.3 的低通滤波器，滤波后的信号代表系统的输出信号。由于 Discrete Transfer Function Estimator 模块输出复数值，所以取输出值的幅度来查看传递函数估计值。

观察结果，图 5.34 显示的系统传递函数是一个低通滤波器，与离散 FIR 滤波器模块的频率响应相匹配。

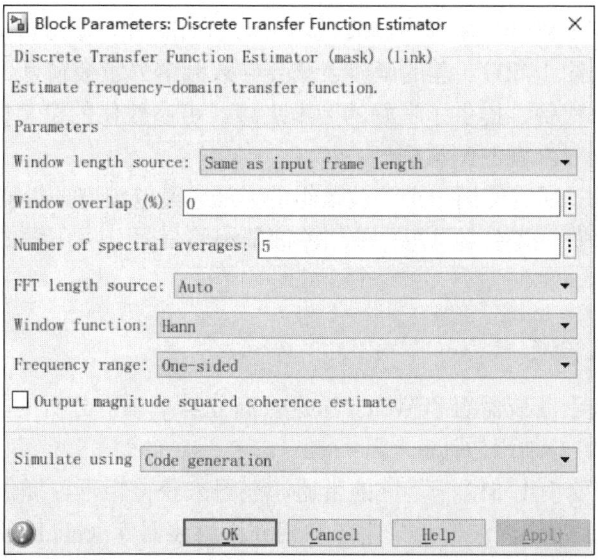

Block Parameters: Discrete Transfer Function Estimator
Discrete Transfer Function Estimator (mask) (link)
Estimate frequency-domain transfer function.
Parameters
Window length source: Same as input frame length
Window overlap (%): 0
Number of spectral averages: 5
FFT length source: Auto
Window function: Hann
Frequency range: One-sided
Output magnitude squared coherence estimate
Simulate using Code generation
OK
Cancel
Help
Apply

图 5.33　Discrete Transfer Function Estimator 模块参数设置

System Transfer Function
Amplitude(dB)
0
−10
−20
−30
−40
−50
−60
−70
−80
0
0.5
1
1.5
2
Frequency(Hz)
×10⁴

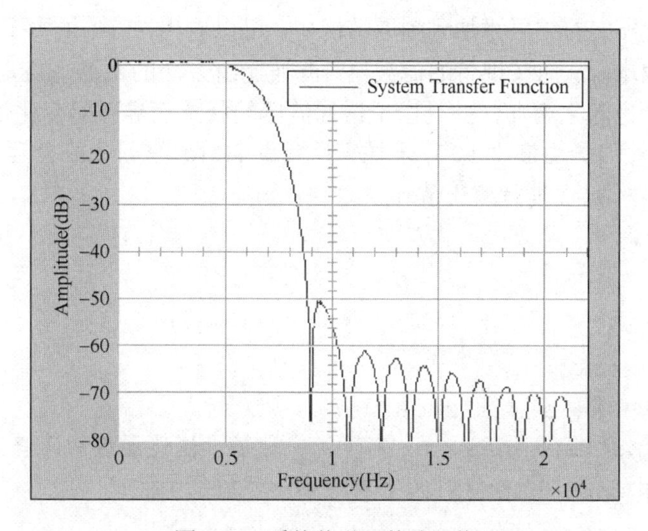

图 5.34　系统传递函数估计值

# 5.4　信号处理系统仿真实例

本节介绍高分辨率频谱分析仿真实例，说明如何使用高效的滤波器组进行高分辨率频谱分析，同时与传统的 Welch 法进行比较。

## 1. 频谱分析中的分辨率

本实例中的分辨率是指区分相邻两个频谱分量的能力。分辨率取决于计算频谱的时域部分长度。当在时域部分使用窗时，所使用的窗类型也会影响分辨率。

不同窗的差别在于对分辨率和旁瓣衰减两个指标的取舍。矩形窗提供了最高分辨率，但旁瓣衰减非常差（约 14dB）。差的旁瓣衰减会导致频谱分量被窗操作掩盖。Hanning 窗以降低频率分辨率为代价，提供了良好的旁瓣衰减。可参数化的窗，如 Kaiser 窗允许通过更改窗参数来控制对二者的侧重程度。

与 Welch 法相比，通过使用一个滤波器组的方法，模拟频谱分析器的工作原理，可以获得更高的分辨率估计。其主要思想是使用滤波器组将信号分成不同的子带，并计算每个子带信号的平均功率。

2. 高分辨率频谱分析

下面详细介绍基于滤波器组和 Welch 法进行高分辨率频谱分析的具体步骤及代码。

1）基于滤波器组的频谱估计

在本实例中，需要使用 512 个不同的带通滤波器来获得矩形窗提供的相同分辨率。为了有效地实现 512 个带通滤波器，采用了多相分析滤波器库（channelizer）。这种方法的工作原理是采用具有 Fs/$N$ 带宽的原型低通滤波器，其中 $N$ 为所需的频率分辨率（本例中为 512），并实现了与 FIR 抽取类似的多相形式的滤波器。每个分支都用作 $N$ 点 FFT 的输入，而不是将所有分支的结果添加到抽取情况中。可以看出，FFT 的每个输出对应一个低通滤波器的调制版本，从而实现带通滤波器。滤波器组方法的主要缺点是，随着多相滤波器的增加，计算量也随之增加，并且由于该滤波器的状态而导致对变化信号的适应较慢。

```
%使用频谱估计的平均值为100,采样率设置为1MHz,假设正在处理64个样本的帧,
%需要进行缓冲,以便进行频谱估计
NAvg=100;
Fs=1e6;
FrameSize=64;
NumFreqBins=512;
filterBankRBW=Fs/NumFreqBins;
%使用 dsp.SpectrumAnalyzer 实现了一种基于滤波器组的频谱估计方法。在
%内部,它使用 dsp.Channelizer 实现多相滤波加 FFT
filterBankSA=dsp.SpectrumAnalyzer(...
    'Method','Filter bank',...
    'NumTapsPerBand',24,...
    'SampleRate',Fs,...
    'RBWSource','Property',...
    'RBW',filterBankRBW,...
    'SpectralAverages',NAvg,...
    'PlotAsTwoSidedSpectrum',false,...
    'YLimits',[-150 50],...
    'YLabel','Power',...
    'Title','Filter bank Power Spectrum Estimate',...
```

```
    'Position',[50 375 800 450]);
```

2）测试信号

在本例中，测试信号是包含64个样本的帧。对于频谱分析，帧越长，分辨率越好。测试信号由两个正弦波加上高斯白噪声组成。改变子带的数量、振幅、频率和噪声功率值将获得更好的结果。

```
sinegen=dsp.SineWave('SampleRate',Fs,'SamplesPerFrame',...
FrameSize);
```

3）初始测试用例

开始时，分别计算振幅1和2、频率为200kHz和250kHz的正弦波的滤波器组频谱估计。高斯白噪声的平均功率（方差）为$1\times10^{-12}$。

```
release(sinegen)
sinegen.Amplitude=[1 2];
sinegen.Frequency=[200000 250000];
noiseVar=1e-12;
noiseFloor=10*log10((noiseVar/(NumFreqBins/2))/1e-3);
%-114 dBm onesided
fprintf('Noise Floor\n');
fprintf('Filter bank noise floor=%.2f dBm\n\n',noiseFloor);
timesteps=10 * ceil(NumFreqBins/FrameSize);
for t=1:timesteps
    x=sum(sinegen(),2)+sqrt(noiseVar)*randn(FrameSize,1);
    filterBankSA(x);
end
release(filterBankSA)
```

该部分代码运行输出如下：

```
Noise Floor
Filter bank noise floor=-114.08 dBm
```

频谱估计的结果如图5.35所示。从运行结果可以看出，在频谱估计中准确地显示了−114dBm的单侧噪声基底。

4）用频谱估计器进行数值计算

dsp.Spectrum Estimator可用于计算滤波器组频谱估计。为了给频谱估计器提供更长的帧，在计算频谱估计之前，缓冲器要收集512个样本。

```
filterBankEstimator=dsp.SpectrumEstimator(...
    'Method','Filter bank',...
    'NumTapsPerBand',24,...
    'SampleRate',Fs,...
    'SpectralAverages',NAvg,...
    'FrequencyRange','onesided',...
```

```
    'PowerUnits','dBm');
buff=dsp.AsyncBuffer;
release(sinegen)
timesteps=10 * ceil(NumFreqBins/FrameSize);
for t=1:timesteps
    x=sum(sinegen(),2)+sqrt(noiseVar)*randn(FrameSize,1);
    write(buff,x);    %缓冲数据
    if buff.NumUnreadSamples >=NumFreqBins
        xbuff=read(buff,NumFreqBins);
        Pfbse=filterBankEstimator(xbuff);
    end
end
```

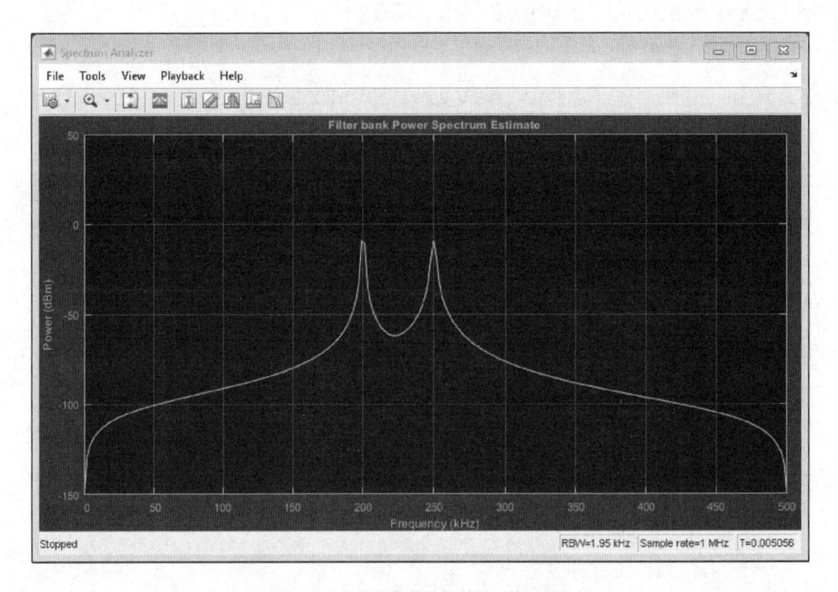


图 5.35　滤波器组功率谱估计

5）使用不同方法比较频谱估计

分别计算振幅为 1 和 2、频率为 200kHz 和 250kHz 的正弦波的 Welch 频谱估计和滤波器组的频谱估计。高斯白噪声的平均功率（方差）为 $1\times10^{-12}$。

```
release(sinegen)
sinegen.Amplitude=[1 2];
sinegen.Frequency=[200000 250000];
filterBankSA.RBWSource='Auto';
filterBankSA.Position=[50 375 400 450];
welchSA=dsp.SpectrumAnalyzer(...
    'Method','Welch',...
```

```
    'SampleRate',Fs,...
    'SpectralAverages',NAvg,...
    'PlotAsTwoSidedSpectrum',false,...
    'YLimits',[-150 50],...
    'YLabel','Power',...
    'Title','Welch Power Spectrum Estimate',...
    'Position',[450 375 400 450]);
noiseVar=1e-12;
timesteps=500 * ceil(NumFreqBins/FrameSize);
for t=1:timesteps
    x=sum(sinegen(),2)+sqrt(noiseVar)*randn(FrameSize,1);
    filterBankSA(x);
    welchSA(x);
end
release(filterBankSA)
RBW=488.28;
hannNENBW=1.5;
welchNSamplesPerUpdate=Fs*hannNENBW/RBW;
filterBankNSamplesPerUpdate=Fs/RBW;
fprintf('Samples/Update\n');
fprintf('Welch Samples/Update=%.3f Samples\n',...
welchNSamplesPer Update);
fprintf('Filter bank Samples/Update=%.3f Samples\n\n',...
filter BankNSamplesPerUpdate);
welchNoiseFloor=10*log10((noiseVar/...
(welchNSamplesPerUpdate/2))/1e-3);
filterBankNoiseFloor=10*log10((noiseVar/...
(filterBankNSamplesPerUpdate/2))/1e-3);
fprintf('Noise Floor\n');
fprintf('Welch noise floor=%.2f dBm\n',welchNoiseFloor);
fprintf('Filter bank noise floor=%.2f dBm\n\n',...
filterBankNoise Floor);
```

该部分代码运行输出如下：

```
Samples/Update
Welch Samples/Update=3072.008 Samples
Filter bank Samples/Update=2048.005 Samples
Noise Floor
Welch noise floor=-121.86 dBm
```

```
Filter bank noise floor=-120.10 dBm
```

Welch 和基于滤波器组的频谱估计都检测到在 200kHz 和 250kHz 处各有一个峰值，基于滤波器组的频谱估计有更好的峰值隔离。对于相同的分辨率带宽（resolution bandwidth，RBW），Welch 法需要 3073 个样本来计算频谱，而基于滤波器组的估计只需 2048 个样本。此外，在滤波器组的频谱估计中准确地显示了−120dBm 的单侧噪声基底，如图 5.36 和图 5.37 所示。

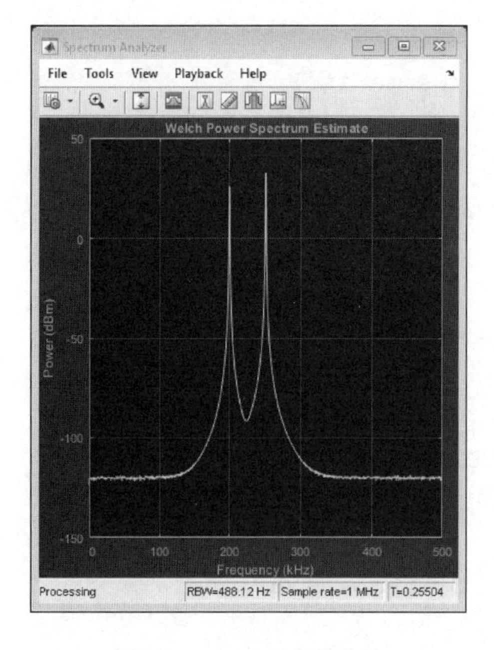


图 5.36 Welch 功率谱估计

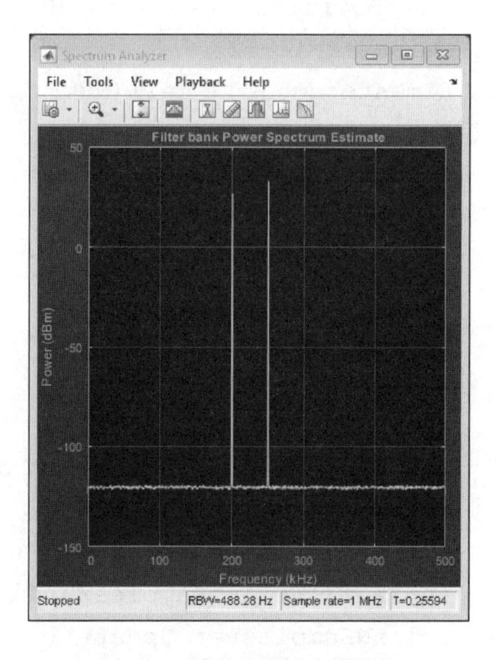


图 5.37 滤波器组功率谱估计

6）使用不同的窗比较 Welch 法

使用两个频谱分析器进行 Welch 功率谱估计,其中唯一的区别是使用的窗不同，分别是矩形窗和 Hanning 窗。

```
rectRBW=Fs/NumFreqBins;
hannNENBW=1.5;
hannRBW=Fs*hannNENBW/NumFreqBins;

rectangularSA=dsp.SpectrumAnalyzer(...
    'SampleRate',Fs,...
    'Window','Rectangular',...
    'RBWSource','Property',...
    'RBW',rectRBW,...
    'SpectralAverages',NAvg,...
    'PlotAsTwoSidedSpectrum',false,...
```

```
    'YLimits',[-50 50],...
    'YLabel','Power',...
    'Title','Welch Power Spectrum Estimate using Rectangular
    window',...
    'Position',[50 375 400 450]);
hannSA=dsp.SpectrumAnalyzer(...
    'SampleRate',Fs,...
    'Window','Hann',...
    'RBWSource','Property',...
    'RBW',hannRBW,...
    'SpectralAverages',NAvg,...
    'PlotAsTwoSidedSpectrum',false,...
    'YLimits',[-150 50],...
    'YLabel','Power',...
    'Title','Welch Power Spectrum Estimate using Hann window',...
    'Position',[450 375 400 450]);
release(sinegen)
sinegen.Amplitude=[1 2];%换成[0 2]效果一样
sinegen.Frequency=[200000 250000];
noiseVar=1e-12;
timesteps=10 * ceil(NumFreqBins/FrameSize);
for t=1:timesteps
    x=sum(sinegen(),2)+sqrt(noiseVar)*randn(FrameSize,1);
    rectangularSA(x);
    hannSA(x);
end
release(rectangularSA)
release(hannSA)
```

该部分代码运行结果如图5.38和图5.39所示。

矩形窗以牺牲低旁瓣衰减提供一个狭窄的主瓣。相比之下，Hanning窗提供了更宽广的主瓣，以换取更大的旁瓣衰减。更宽广的主瓣在250kHz尤其显著。两个窗在正弦波两端频率附近显示较大波动。这可以在噪声基底上掩盖感兴趣的低功率信号。在滤波器组的情况下，这个问题实际上是不存在的。

将振幅更改为[0 2]而不是[1 2]，有效地显示出除了噪声外，还有一个250kHz的正弦波。当200kHz正弦波不受干扰时，矩形窗的效果特别好，原因是250kHz是平均分割1MHz后的512个频率之一。在这种情况下，FFT中固有的频率采样引入的时域副本，使得用于功率谱计算的有限时间数据段有了完美的周期性延伸。一般而言，对于任意频率的正弦波，情况并非如此。这种对正弦波频率的依赖性以及对信号干扰的敏感性是Welch法的另一个缺点。

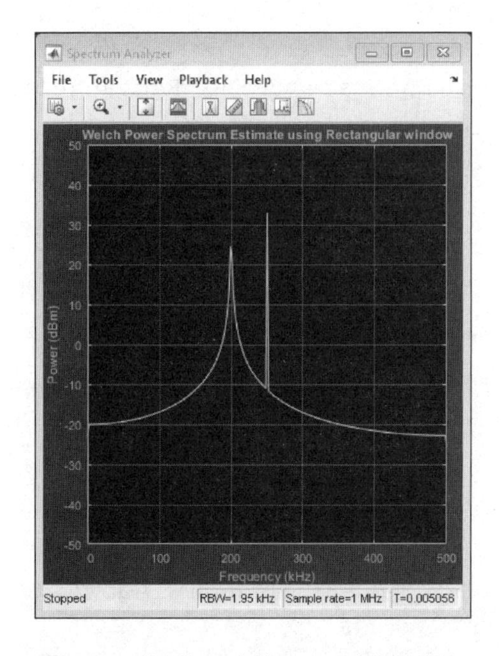


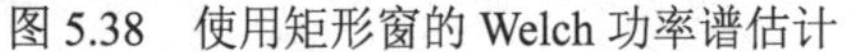
图 5.38　使用矩形窗的 Welch 功率谱估计

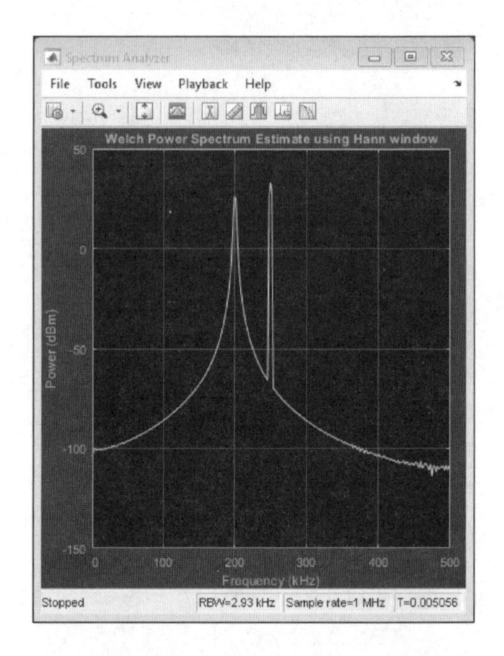


图 5.39　使用 Hanning 窗的 Welch 功率谱估计

7）RBW

一旦已知输入长度，就可以计算每个分析器的分辨率带宽。RBW 表示被计算功率分量的带宽。在功率谱估计中每个元素的功率值都是通过将功率密度与 RBW 值所跨越的频带相集成来找到的。较低的 RBW 表示较高的分辨率。矩形窗具有所有窗的最高分辨率。在 Kaiser 窗的情况下，RBW 取决于所使用的旁瓣衰减。

```
fprintf('RBW\n')
fprintf('Welch-Rectangular  RBW=%.3f Hz\n',rectRBW);
fprintf('Welch-Hann       RBW=%.3f Hz\n',hannRBW);
fprintf('Filter bank       RBW=%.3f Hz\n\n',filterBankRBW);
```

该部分代码运行输出如下：

```
RBW
Welch-Rectangular  RBW=1953.125 Hz
Welch-Hann       RBW=2929.688 Hz
Filter bank       RBW=1953.125 Hz
```

预期的噪声基底为 10*log10((noiseVar/(NumFreqBins/2))/1 e–3)或约–114dBm。与矩形窗相对应的频谱估计有预期的噪声基底，但使用 Hanning 窗的频谱估计具有比预期高约 2dBm 的噪声基底。其原因是频谱估计是在 512 个频率点上计算的，但功率谱是集成在特定窗的 RBW 上的。对于矩形窗，RBW 恰好是 1MHz/512，因此频谱估计包含对每个频率子带功率的独立估计。对于 Hanning 窗，RBW 较大，因此频谱估计包含从一个频率子带到下一个的重叠功率。这种重叠的功率提高了噪声基底。这个数值可以分析计算如下：

```
hannNoiseFloor=10*log10((noiseVar/(NumFreqBins/2)*hannRBW...
/rectRBW)/1e-3);
fprintf('Noise Floor\n');
fprintf('Hann noise floor=%.2f dBm\n\n',hannNoiseFloor);
```

该部分代码运行输出如下：

```
Noise Floor
Hann noise floor=-112.32 dBm
```

8）正弦曲线相互靠近

要说明分辨率问题，需考虑以下情况。正弦频率改到 200kHz 和 205kHz，滤波器组的估计仍然准确。对基于窗的估计，由于 Hanning 窗中更宽广的主瓣，与矩形窗估计相比，两个正弦很难区分。事实上，两项估计都没有特别准确。此外，205kHz 基本上是可以从 200kHz 区分出来的极限值。对于更接近的频率，三个估计器都不能将两个频谱分量分开。分离更近分量的唯一方法是拥有更大的帧，因此在滤波器组估计器的情况下会有更大数量的 NumFrequencyBands。

```
release(sinegen)
sinegen.Amplitude=[1 2];
sinegen.Frequency=[200000 205000];
filterBankSA.RBWSource='Property';
filterBankSA.RBW=filterBankRBW;
filterBankSA.Position=[850 375 400 450];
noiseVar=1e-10;
noiseFloor=10*log10((noiseVar/(NumFreqBins/2))/1e-3);
% -94 dBm onesided
fprintf('Noise Floor\n');
fprintf('Noise floor=%.2f dBm\n\n',noiseFloor);
timesteps=500 * ceil(NumFreqBins/FrameSize);
for t=1:timesteps
    x=sum(sinegen(),2)+sqrt(noiseVar)*randn(FrameSize,1);
    filterBankSA(x);
    rectangularSA(x);
    hannSA(x);
end
release(filterBankSA)
release(rectangularSA)
release(hannSA)
```

该部分代码运行输出如下：

```
Noise Floor
Noise floor=-94.08 dBm
```

该部分代码运行结果如图 5.40～图 5.42 所示。

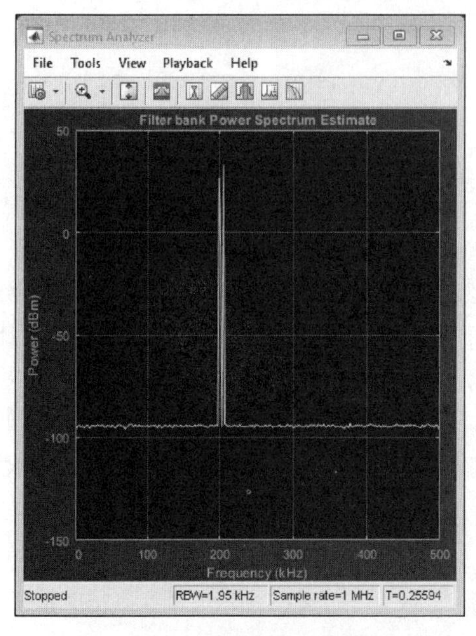


图 5.40　滤波器组功率谱估计

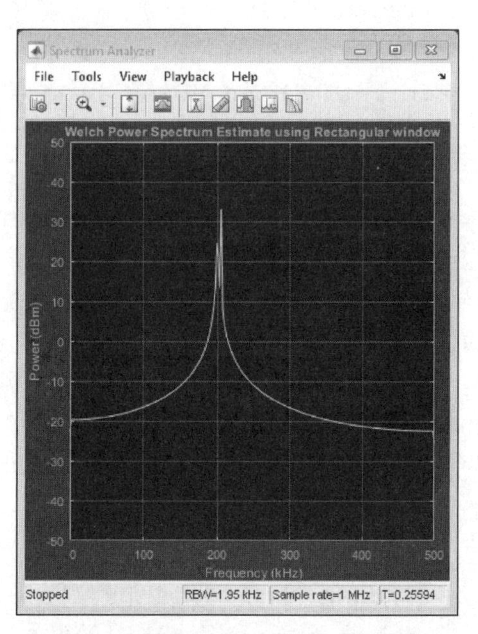


图 5.41　使用矩形窗的 Welch 功率谱估计

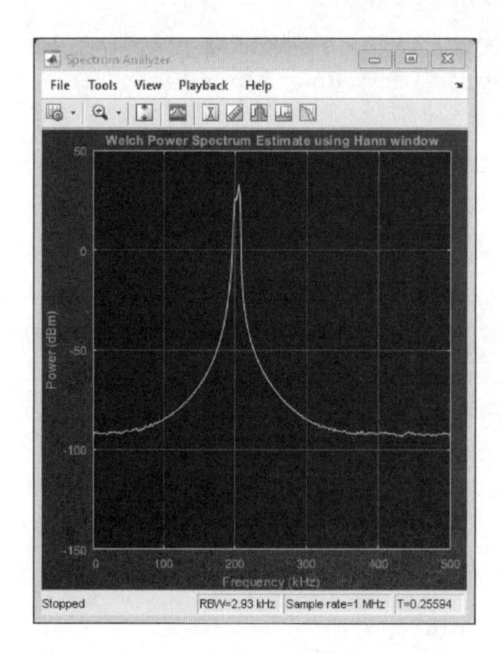


图 5.42　使用 Hanning 窗的 Welch 功率谱估计

9）检测低功率正弦分量

重新运行上一个方案，但在 170kHz 上添加第三个正弦，该正弦振幅非常小。

```
release(sinegen)
```

```
sinegen.Amplitude=[1e-5 1 2];
sinegen.Frequency=[170000 200000 205000];
noiseVar=1e-11;
noiseFloor=10*log10((noiseVar/(NumFreqBins/2))/1e-3);
% -104 dBm onesided
fprintf('Noise Floor\n');
fprintf('Noise floor=%.2f dBm\n\n',noiseFloor);
timesteps=500 * ceil(NumFreqBins/FrameSize);
for t=1:timesteps
   x=sum(sinegen(),2)+sqrt(noiseVar)*randn(FrameSize,1);
   filterBankSA(x);
   rectangularSA(x);
   hannSA(x);
end
release(filterBankSA)
release(rectangularSA)
release(hannSA)
```

该部分代码运行输出如下：

```
Noise Floor
Noise floor=-104.08 dBm
```

从运行结果图 5.43～图 5.45 可以看出，第三个正弦完全被矩形窗估计和 Hanning 窗估计所忽略。滤波器组估计提供了更好的分辨率和更好的峰值隔离，使三个正弦波清晰可见。

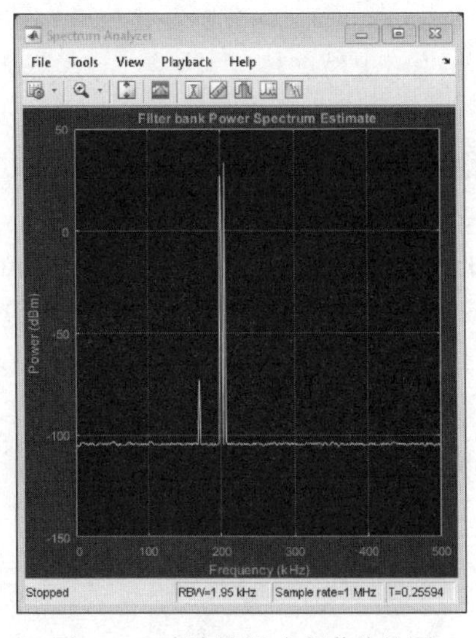


图 5.43　滤波器组功率谱估计图

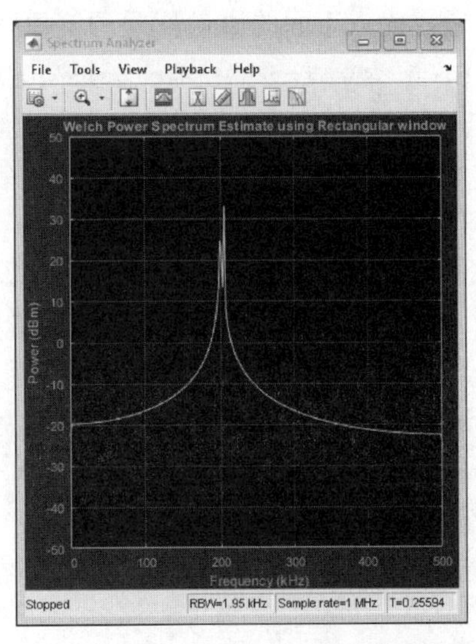


图 5.44　使用矩形窗的 Welch 功率谱估计

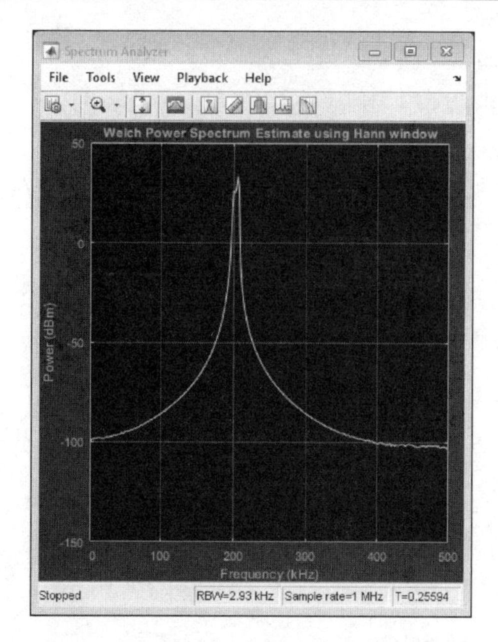


图 5.45　使用 Hanning 窗的 Welch 功率谱估计

10）频谱分析器的 Simulink 版本

上面所示的高分辨率频谱估计方法，可以用频谱分析器模块（Spectrum Analyzer block）在 Simulink 中建模。SpectrumAnalyzerFilterBank 模型说明与 Welch 方法相比，基于滤波器组的频谱估计具有高分辨率和低噪声基底。

考虑以下情况，三个正弦波以振幅[$1\times10^{-5}$ 1 2]位于 170kHz、200kHz 和 205kHz 处。第一个正弦波被矩形窗估计完全忽略。滤波器组估计提供了更好的分辨率和更好的峰值隔离。

通过输入下面的语句打开示例模型。

```
open_system('SpectrumAnalyzerFilterBank');
sim('SpectrumAnalyzerFilterBank');
```

运行该模型，查看示波器输出。结果与前面相同，这里不再赘述。

11）频谱估计器的 Simulink 版本

上述高分辨率频谱估计的数值计算也可以用 Spectrum Estimator 模块建模。Simulink 模型 dspfilterbankspectrumestimation 说明了与 Welch 方法相比，基于滤波器组的频谱估计的分辨率能力高和噪声基底低。

通过输入下面的语句打开示例模型。

```
open_system('dspfilterbankspectrumestimation');
sim('dspfilterbankspectrumestimation');
```

运行该模型，查看示波器输出。结果与前面相同，这里不再赘述。

# 第 6 章　通信系统仿真

本章介绍通信系统物理层的设计与仿真。通信工具箱（Communications Toolbox）提供了用于分析、设计、端到端仿真以及通信系统验证的算法和应用程序。工具箱提供的算法，包括信道编码、调制、MIMO 和正交频分复用（orthogonal frequency division multiplexing，OFDM）等，便于我们构建和仿真基于标准或自定义设计的无线通信系统的物理层模型。

工具箱提供了波形发生器应用程序、星座图和眼睛图、误码率以及其他分析工具和显示，用于验证设计。这些工具使我们能够生成和分析信号，可视化通道特征，获得误差向量大小（error vector magnitude，EVM）等性能指标。工具箱包括统计和空间信道模型，包括瑞利、赖斯 MIMO 和无线世界倡议新无线电（wireless world initiative new radio，WINNER）II 模型。它还有射频减损，包括射频非线性和载波偏移及补偿算法，包括载波和符号定时同步器。这些算法使我们能够实际地建立链路级规范的模型，并补偿信道退化的影响。

## 6.1　通信工具箱初步

MATLAB 通信工具箱需要 MATLAB 信号处理工具箱（Signal Processing Toolbox）、DSP System Toolbox 支持，推荐使用定点设计工具（Fixed-Point Designer）、Simulink、Simulink 编码器（Simulink Coder）、射频工具箱（RF Toolbox）、射频模块组（RF Blockset）、并行计算工具箱（Parallel Computing Toolbox）和 MATLAB 编码器（MATLAB Coder）等工具。

### 6.1.1　简单的通信系统仿真

通信系统仿真可以采用通信工具箱函数实现，也可以采用通信工具箱模块实现，还可以采用 MATLAB 系统对象实现。下面通过一个简单的例子说明通信工具箱软件的使用。一个通信系统由基带调制器、信道和解调器组成。我们用它处理二进制数据流，计算系统的误码率（bit error rate，BER），用星座图显示发射信号和接收信号。系统采用基带正交幅度调制（quadrature amplitude modulation，16-QAM）的调制方案，加性高斯白噪声（additive white Gaussian noise，AWGN）信道模型。用到的 MATLAB 函数及其功能见表 6.1。

**表 6.1 基带正交幅度调制使用的 MATLAB 函数**

| 函数 | 任务 |
| --- | --- |
| randi | 产生随机二进制数据流 |
| bi2de | 将二进制信号转换为整数值信号 |
| qammod | 16-QAM |
| awgn | 加入高斯白噪声 |
| scatterplot | 创建星座图 |
| qamdemod | 16-QAM 解调 |
| de2bi | 将整数值信号转换为二进制信号 |
| biterr | 计算系统误码率 |

**例 6.1** 采用 16-QAM 进行随机信号正交幅度调制和解调，绘制星座图，计算误码率。MATLAB 代码如下：

```
%%产生随机二进制数据流
%定义参数
M=16;                  %Size of signal constellation
k=log2(M);              %Number of bits per symbol
n=30000;                %Number of bits to process
numSamplesPerSymbol=1;  %Oversampling factor
%创建二进制数据流，并保存为列向量
rng default                %Use default random number generator
dataIn=randi([0 1],n,1); %Generate vector of binary data
%绘制前 40bit 数据柱状图
stem(dataIn(1:40),'filled');
title('Random Bits');
xlabel('Bit Index');
ylabel('Binary Value');
%%将二进制信号转换为整数值信号
%比特到符号映射
dataInMatrix=reshape(dataIn,length(dataIn)/k,k);
%Reshape data into binary k-tuples,k=log2(M)
dataSymbolsIn=bi2de(dataInMatrix);
%Convert to integers
%绘制前 10 个符号柱状图
figure;%Create new figure window.
stem(dataSymbolsIn(1:10));
title('Random Symbols');
```

```
xlabel('Symbol Index');
ylabel('Integer Value');
%%16-QAM调制
%正交幅度调制
dataMod=qammod(dataSymbolsIn,M,'bin');
%Binary coding,phase offset=0
dataModG=qammod(dataSymbolsIn,M);%Gray coding,phase offset=0
%%加入高斯白噪声
%计算信噪比SNR(比特能量Eb与噪声功率谱密度No之比设为10dB)
EbNo=10;
snr=EbNo+10*log10(k)-10*log10(numSamplesPerSymbol);
%针对二进制码符号和格雷码符号,让信号通过AWGN信道产生接收信号
receivedSignal=awgn(dataMod,snr,'measured');
receivedSignalG=awgn(dataModG,snr,'measured');
%%创建星座图
%用scatterplot函数绘制星座图
sPlotFig=scatterplot(receivedSignal,1,0,'g.');
hold on
scatterplot(dataMod,1,0,'k*',sPlotFig)
%%16-QAM解调
%用qamdemod函数对接收信号进行解调,输出整数值符号
dataSymbolsOut=qamdemod(receivedSignal,M,'bin');
dataSymbolsOutG=qamdemod(receivedSignalG,M);
%%将整数值信号转换为二进制信号
%符号到比特映射
dataOutMatrix=de2bi(dataSymbolsOut,k);
dataOut=dataOutMatrix(:);         %Return data in column vector
dataOutMatrixG=de2bi(dataSymbolsOutG,k);
dataOutG=dataOutMatrixG(:);      %Return data in column vector
%%计算系统误码率
%采用二进制编码的误码率
[numErrors,ber]=biterr(dataIn,dataOut);
fprintf('\nThe binary coding bit error rate=%5.2e,based on ...
%d errors\n',ber,numErrors)
%采用格雷码的误码率
[numErrorsG,berG]=biterr(dataIn,dataOutG);
fprintf('\nThe Gray coding bit error rate=%5.2e,based on ...
%d errors\n',berG,numErrorsG)
```

图 6.1 是实验绘制的柱状图和星座图。从误码率的结果看，二进制编码的误码率为 0.00024，发生了 72 个错误。而采用格雷码编码的误码率为 0.00013，发生了 40 个错误，误码率降低了将近一半。

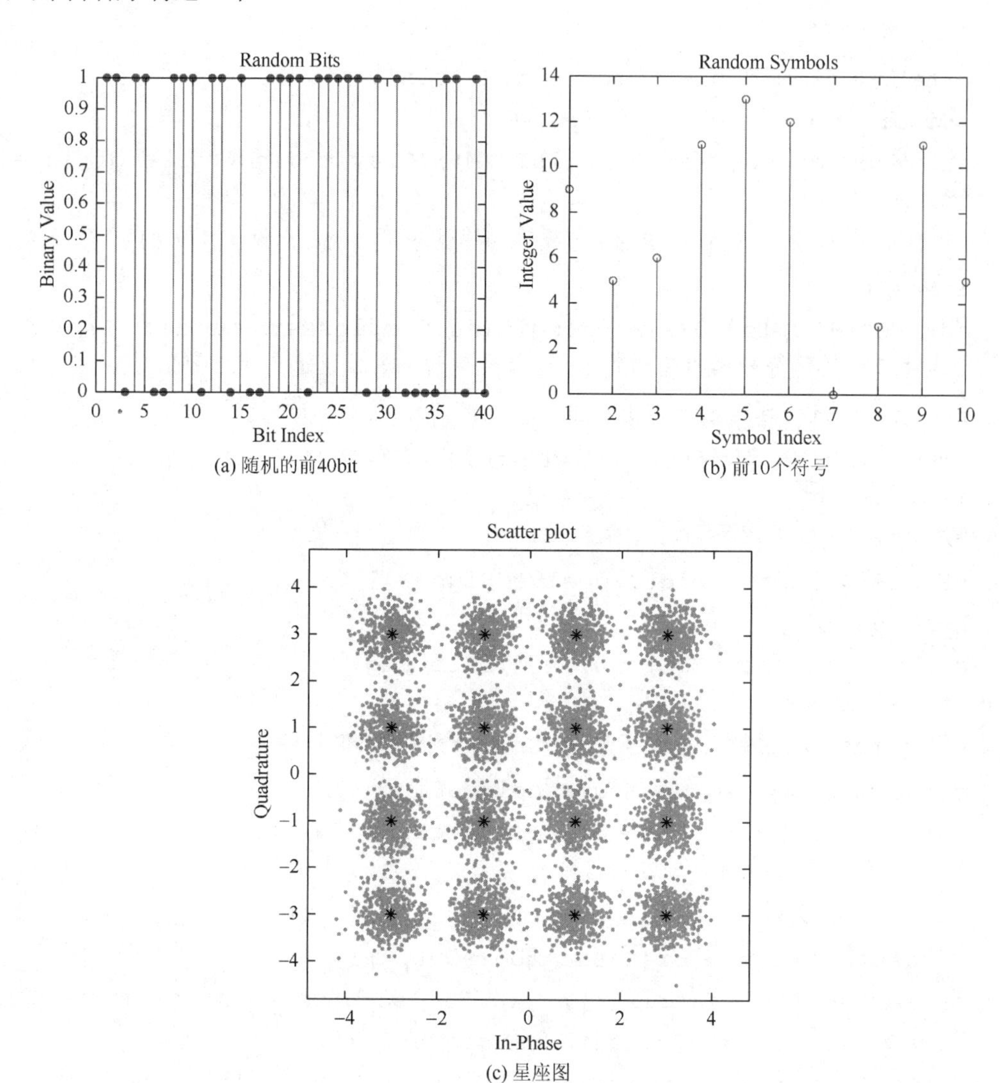


图 6.1 随机信号 16-QAM 调制与解调

## 6.1.2 可视化与测量

星座图（散点图）和眼图是通信系统信号可视化常用的工具。EVM、调制误码率（modulation error rate，MER）、邻近信道功率比（adjacent channel power ratio，ACPR）和互补累积分布函数（complementary cumulative distribution function，CCDF）是通信系统测量常用的性能指标。下面的两个例子分别说明了通信系统信号可视化方法和性能度量方法。

**例 6.2**　正交相移键控（quadrature phase shift keying，QPSK）调制信号通过平方根升余弦（square-root raised cosine，RRC）滤波器，输出RRC滤波的QPSK信号，并用眼图和散点图可视化信号特性。MATLAB代码如下：

```
%%用 MATLAB 函数绘制散点图和眼图
%让 QPSK 信号通过 RRC 滤波器,输出滤波的 QPSK 信号
%%散点图
%设置 RRC 滤波器,调制方案和绘图参数
%Copyright 2015 The MathWorks,Inc.

span=10;          %滤波器长度
rolloff=0.2;        %滚降系数
sps=8;            %每个符号的样本数
M=4;              %调制字母表大小
k=log2(M);         %每个符号的比特数
phOffset=pi/4;      %相位偏置(弧度)
n=1;              %绘制信号的每个值
offset=0;           %绘制信号的每个值,从偏置+1 开始
%%
%用 rcosdesign 函数生成滤波器系数
filtCoeff=rcosdesign(rolloff,span,sps);
%%
%产生字母表大小为 M 的随机符号集
rng default
data=randi([0 M-1],5000,1);
%%
%QPSK 调制
dataMod=pskmod(data,M,phOffset);
%%
%对调制数据进行滤波
txSig=upfirdn(dataMod,filtCoeff,sps);
%%
%计算过采样 QPSK 信号的信噪比 SNR
EbNo=20;
snr=EbNo+10*log10(k)-10*log10(sps);
%%
%传输信号加入高斯白噪声
rxSig=awgn(txSig,snr,'measured');
%%
```

```
%信号通过 RRC 接收滤波器
rxSigFilt=upfirdn(rxSig,filtCoeff,1,sps);
%%
%已滤波信号解调
dataOut=pskdemod(rxSigFilt,M,phOffset,'gray');
%%
%采用 scatterplot 函数显示滤波器前后的信号散点图
h=scatterplot(sqrt(sps)*txSig(sps*span+1:end-sps*span),...
sps,offset,'g.');
hold on
scatterplot(rxSigFilt(span+1:end-span),n,offset,'kx',h)
scatterplot(dataMod,n,offset,'r*',h)
legend('Transmit Signal','Received Signal','Ideal',...
'location','best')
%%眼图
%在两个符号时长内显示 1000 个点的传输信号眼图
eyediagram(txSig(sps*span+1:sps*span+1000),2*sps)
%%
%显示 1000 个点的接收信号眼图
eyediagram(rxSig(sps*span+1:sps*span+1000),2*sps)
```

实验运行结果如图 6.2 所示。从信号的散点图可以看到，接收滤波器改进了信号特性，星座更接近理想值。第一段符号和最后一段符号代表了两次滤波器操作的累积时延，在绘制散点图前已从两个滤波信号中去除。由于 AWGN 的存在，接收信号眼图开始关闭，而且滤波器的长度有限，也对信号特性产生了影响。

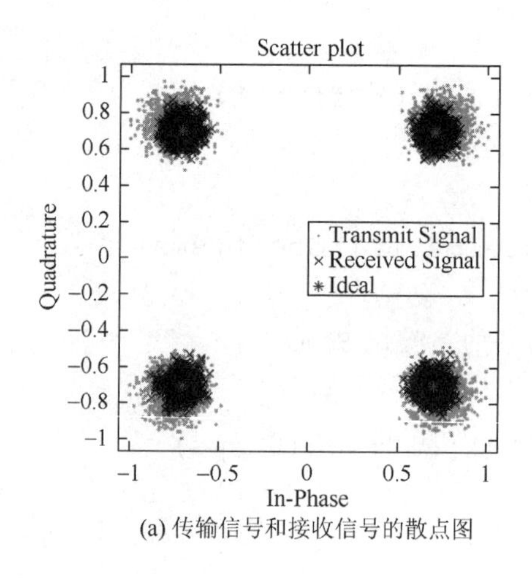


(a) 传输信号和接收信号的散点图

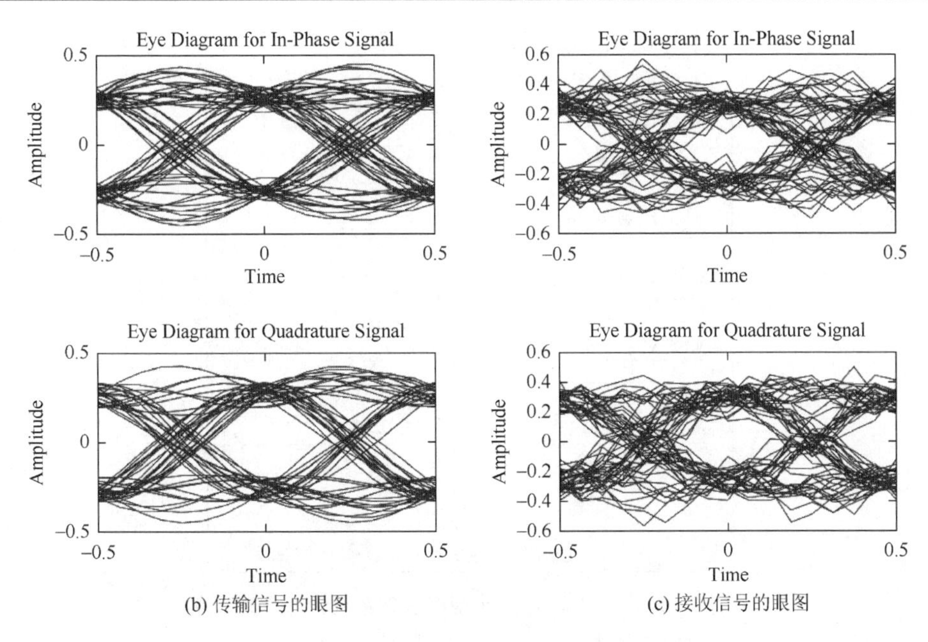


(b) 传输信号的眼图 (c) 接收信号的眼图

图 6.2 RRC 滤波 QPSK 信号的散点图和眼图

**例 6.3** 采用 Simulink 模块的 EVM 和 MER 测量。模型对正交幅度调制信号进行 I/Q 不平衡处理，测量系统 EVM 和 MER。系统模型如图 6.3 所示，它由 16-QAM 调制、I/Q 不平衡处理、星座图、EVM 和 MER 测量等模块组成。星座图提供了一种不平衡对调制性能影响的可视化表示。

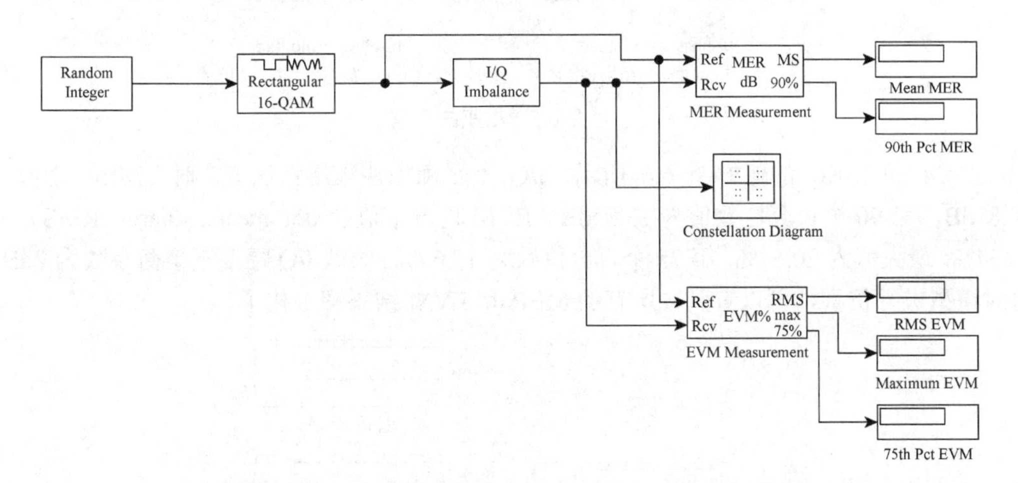


图 6.3 采用 Simulink 模块的通信系统 EVM 和 MER 测量

I/Q 不平衡模块参数设置界面如图 6.4 所示，默认的 I/Q 幅度不平衡参数为 1dB，相位不平衡参数为 15°。运行模型仿真，不平衡输出信号的星座图如图 6.5 所示。可以看到，I/Q 幅度和相位不平衡导致星座图平移，每个符号都不恰好等于其参考符号（用+表示）。修改 I/Q 不平衡模块参数，可见不同的不平衡参数对星座图的影响。

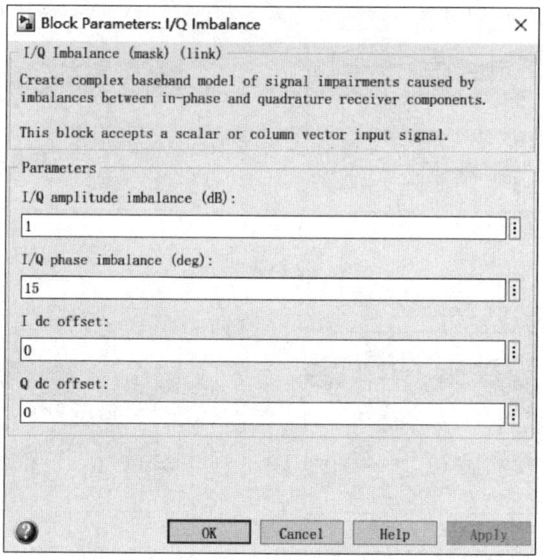

Block Parameters: I/Q Imbalance
I/Q Imbalance (mask) (link)
Create complex baseband model of signal impairments caused by imbalances between in-phase and quadrature receiver components.
This block accepts a scalar or column vector input signal.
Parameters
I/Q amplitude imbalance (dB):
1
I/Q phase imbalance (deg):
15
I dc offset:
0
Q dc offset:
0
OK
Cancel
Help
Apply

图 6.4　I/Q 不平衡模块参数设置

Quadrature Amplitude
In-phase Amplitude
4
2
0
−2
−4

(a) I/Q幅度不平衡为1dB时　　(b) I/Q幅度不平衡为2dB时

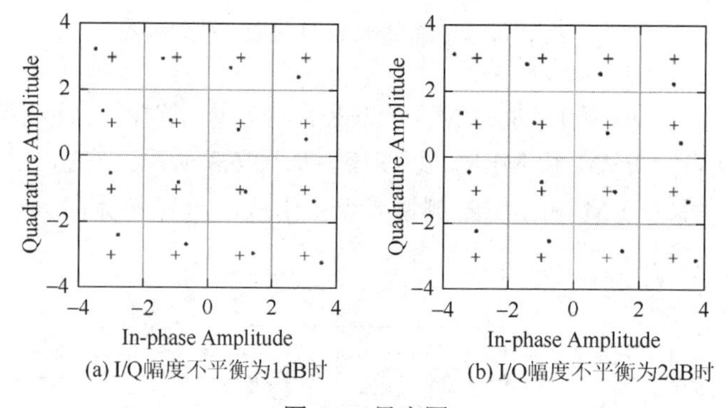

图 6.5　星座图

EVM 和 MER 的值如图 6.6 所示，I/Q 不平衡模块采用默认参数时，MER 均值为 16.87dB，第 90 个百分位数值为 13.85dB。EVM 均方根值（root mean square，RMS）为 14.34%，最大值为 20.67%，第 75 个百分位数为 17.67%。修改 I/Q 幅度不平衡参数为 2dB，再对模型进行仿真，可以看到，所有的 MER 和 EVM 结果都退化了。

14.34
RMS EVM
16.87
Mean MER
20.67
Maximum EVM
13.85
90th Pct MER
17.67
75th Pct EVM

(a)　　(b)

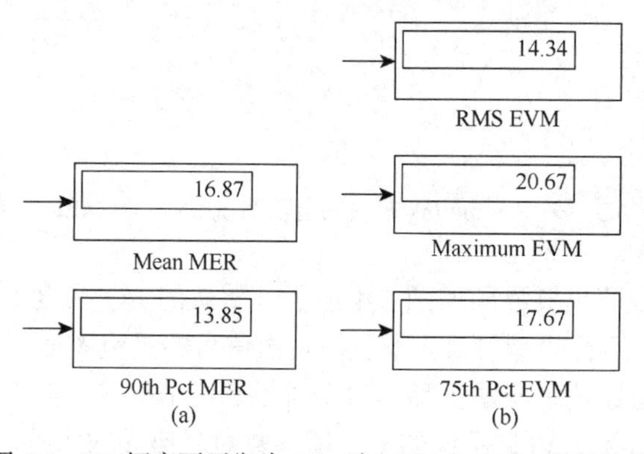

图 6.6　I/Q 幅度不平衡为 1dB 时 MER 和 EVM 测量结果

# 6.2　端到端的仿真

利用通信工具箱，可以进行通信系统链路级模型的仿真。通过误码率仿真，可以分析系统对通信信道中固有的噪声和干扰的响应，探讨假设情况，并评估竞争系统结构和参数之间的权衡。纠错、交错、调制、滤波、同步、均衡和 MIMO 组件提供了描述通信系统特性的功能。

## 6.2.1　信源与信宿

通信工具箱提供系统对象、模块和函数，用于产生信号源和噪声，仿真通信链路，可显示和分析通信系统仿真性能。表 6.2～表 6.4 分别给出了产生信源和信宿的 MATLAB 函数、对象和 Simulink 模块。

**表 6.2　信源和信宿 MATLAB 函数**

| 函数名称 | 功能说明 |
| --- | --- |
| randi | 产生均匀分布伪随机整数 |
| randerr | 产生误码模式 |
| randsrc | 用预定义字母表产生随机矩阵 |
| commsrc.combinedjitter | 构建组合抖动发生器对象 |
| commsrc.pattern | 构建模式发生器对象 |
| commsrc.pn | 创建伪噪声序列发生器对象 |
| lteZadoffChuSeq | 产生 Zadoff-Chu 复杂符号根序列 |
| mask2shift | 将掩模向量转换为移位，配置移位寄存器 |
| shift2mask | 将移位转换为掩模向量，配置移位寄存器 |
| wgn | 产生高斯白噪声样本 |
| biterr | 计算误码数和误码率 |
| eyediagram | 产生眼图 |
| scatterplot | 产生散点图 |
| symerr | 计算错误符号数和符号错误率 |

**表 6.3　信源和信宿对象**

| 对象名 | 功能说明 |
| --- | --- |
| comm.BarkerCode | 产生 Barker 码 |
| comm.BasebandFileReader | 从文件读取基带信号 |
| comm.GoldSequence | 产生 Gold 序列 |
| comm.HadamardCode | 产生 Hadamard 码 |

续表

| 对象名 | 功能说明 |
| --- | --- |
| comm.KasamiSequence | 产生 Kasami 序列 |
| comm.OVSFCode | 产生正交变量扩展因子码 |
| comm.PNSequence | 产生伪噪声序列 |
| comm.RBDSWaveformGenerator | 产生 RDS/RBDS 波形 |
| comm.WalshCode | 从编码的正交集合产生 Walsh 码 |
| comm.BasebandFileWriter | 写基带信号到文件 |
| comm.ConstellationDiagram | 显示输入信号星座图 |
| comm.EyeDiagram | 显示时域信号眼图 |

**表 6.4 信源和信宿 Simulink 模块**

| 模块名 | 功能说明 |
| --- | --- |
| Barker Code Generator | 产生 Barker 码 |
| Baseband File Reader | 从文件读取基带信号 |
| Bernoulli Binary Generator | 产生 Bernoulli 分布随机二进制数 |
| Gold Sequence Generator | 从序列集合产生 Gold 序列 |
| Hadamard Code Generator | 从编码的正交集合产生 Hadamard 码 |
| Kasami Sequence Generator | 从 Kasami 序列集合产生 Kasami 序列 |
| OVSF Code Generator | 从正交码集合产生正交变量扩展因子码 |
| PN Sequence Generator | 产生伪噪声序列 |
| Poisson Integer Generator | 产生 Poisson 分布随机整数 |
| Random Integer Generator | 产生指定范围的随机分布整数 |
| Walsh Code Generator | 从编码的正交集合产生 Walsh 码 |
| Baseband File Writer | 写基带信号到文件 |
| Constellation Diagram | 显示输入信号星座图 |
| Eye Diagram | 显示时域信号眼图 |

### 6.2.2 信源编码

通信工具箱提供系统对象、模块和函数，按照代表性划分、特定码本映射、压缩、扩展、压扩和量化等步骤，采用各种信源编码方法对格式化信号进行编码。表 6.5 列出了用于信源编码的 MATLAB 函数、对象和 Simulink 模块。

**表 6.5　信源编码的 MATLAB 函数、对象和 Simulink 模块**

| 函数、对象或模块名称 | 功能说明 |
|---|---|
| arithdeco | 二进制编码的算术解码 |
| arithenco | 符号序列算术编码 |
| compand | 源代码的 μ-律或 A-律压缩器或扩展器 |
| dpcmdeco | 用差分脉冲编码调制解码 |
| dpcmenco | 用差分脉冲编码调制编码 |
| dpcmopt | 差分脉冲编码调制参数优化 |
| huffmandeco | 哈夫曼（Huffman）解码器 |
| huffmandict | 产生已知概率模型信源的哈夫曼码字典 |
| huffmanenco | 哈夫曼编码器 |
| lloyds | 用劳埃德（Lloyd）算法优化量化参数 |
| quantiz | 产生量化指数和量化输出值 |
| comm.DifferentialDecoder | 用差分编码对二进制信号进行解码 |
| comm.DifferentialEncoder | 用差分编码对二进制信号进行编码 |
| A-Law Compressor | 实现用于信源编码的 A-律压缩器 |
| A-Law Expander | 实现用于信源编码的 A-律扩展器 |
| Differential Decoder | 用差分编码对二进制信号进行解码 |
| Differential Encoder | 用差分编码对二进制信号进行编码 |
| Mu-Law Compressor | 实现用于信源编码的 μ-律压缩器 |
| Mu-Law Expander | 实现用于信源编码的 μ-律扩展器 |
| Quantizing Decoder | 根据码本解码量化指数 |
| Quantizing Encoder | 用分割和码本量化信号 |

下面介绍两个基本概念：分区和码本。

分区（partition）和码本（codebook）是标量量化（scalar quantization）的两个参数。标量量化是将指定范围的所有输入值映射到一个公共值的过程。不同范围的输入值映射到不同的公共值。标量量化是对模拟信号数字化。量化由分区和码本两个参数确定。量化分区在实数集合内定义了若干个相邻的非重叠的值范围。在 MATLAB 中，指定分区的方法是在一个向量中列出不同范围的端点。例如，将实数轴划分为 4 个集合：$\{x:x\leqslant 0\}$，$\{x:0<x\leqslant 1\}$，$\{x:1<x\leqslant 3\}$，$\{x:x>3\}$，可以用一个包含 3 个元素的向量表示分区：partition={0, 1, 3}。

码本告诉量化器如何为落在每一个分区范围内的输入分配一个公共值。码本用向量表示，其长度与分区数目相同。例如，codebook=[−1, 0.5, 2, 3]，是分区{0，1，3}的一种可能的码本。

### 6.2.3　误码检测与纠错

信道编码的作用是检测误码并对其进行纠错。用于误码检测与纠错的信道编码方法主要有循环冗余校验（cyclic redundancy check，CRC）码、分组码（block coding）和卷积码（convolutional coding）。

CRC 码是一种误差控制编码方法，用于纠正消息传送过程中发生的错误。与分组码和卷积码不同，CRC 码不具有纠错能力。在接收的消息码字中检测到错误时，接收机要求发送端重新传输消息码字。在 CRC 编码中，发射机应用某个规则对每一个消息码字产生额外的比特，称为校验和（checksum）或伴随式（syndrome），然后将校验和加到消息码字后面。在接收到发送的码字后，接收机应用同样的规则计算校验和，如果校验和非零，说明码字出现错误，发射机应该重新传送这个码字。表 6.6 给出了用于 CRC 的系统对象和 Simulink 模块。

**表 6.6　CRC 系统对象和 Simulink 模块**

| 对象或模块名称 | 功能说明 |
| --- | --- |
| comm.CRCDetector | 用 CRC 检测输入数据中的错误 |
| comm.CRCGenerator | 生成 CRC 码并添加到输入数据 |
| comm.HDLCRCDetector | 用 CRC 检测输入数据中的错误（HDL 支持） |
| comm.HDLCRCGenerator | 生成 CRC 码并添加到输入数据（HDL 支持） |
| CRC-N Generator | 根据 CRC 方法生成 CRC 比特并添加到输入数据帧 |
| CRC-N Syndrome Detector | 根据选择的 CRC 方法检测输入数据帧的错误 |
| General CRC Generator | 根据生成多项式产生 CRC 比特并添加到输入数据帧 |
| General CRC Generator HDL Optimized | 生成 CRC 比特并添加到输入数据（为 HDL 代码产生做了优化） |
| General CRC Syndrome Detector | 根据生成多项式检测输入数据帧的错误 |
| General CRC Syndrome Detector HDL Optimized | 用 CRC 检测输入数据错误（为 HDL 代码产生做了优化） |

分组码包括线性分组码、BCH 码、Reed-Solomon 码、低密度奇偶校验（low density parity check，LDPC）码和 Turbo 乘积码（Turbo product code, TPC）等。表 6.7 给出了用于分组码的 MATLAB 函数，表 6.8 给出了用于 BCH 码、Reed-Solomon 码、LDPC 码的系统对象。表 6.9 给出了用于分组码的 Simulink 模块。

**表 6.7　用于分组码的 MATLAB 函数**

| 编码方法 | 函数名称 | 功能说明 |
| --- | --- | --- |
| 线性分组码 | cyclgen | 产生用于循环码的奇偶校验和生成矩阵 |
| | cyclpoly | 产生用于循环码的生成多项式 |
| | decode | 分组码解码 |
| | encode | 分组码编码 |
| | gfweight | 计算线性分组码的最小距离 |
| | gen2par | 生成矩阵转换为奇偶校验 |
| | hammgen | 产生用于 Hamming 码的奇偶校验和生成矩阵 |
| | syndtable | 产生伴随式译码表 |

续表

| 编码方法 | 函数名称 | 功能说明 |
|---|---|---|
| BCH 码 | bchenc | BCH 编码器 |
| | bchdec | BCH 译码器 |
| | bchgenpoly | BCH 码生成多项式 |
| | bchnumerr | BCH 码的可纠正错误数 |
| Reed-Solomon 码 | rsenc | Reed-Solomon 编码器 |
| | rsdec | Reed-Solomon 译码器 |
| | rsgenpoly | Reed-Solomon 码生成多项式 |
| | rsgenpolycoeffs | Reed-Solomon 码生成多项式系数 |
| LDPC 码 | dvbs2ldpc | 由 DVB-S.2 标准产生 LDPC 码 |
| TPC 码 | tpcenc | TPC 编码器 |
| | tpcdec | TPC 译码器 |

**表 6.8　用于分组码的系统对象**

| 系统对象 | 功能说明 |
|---|---|
| comm.BCHEncoder | 用 BCH 编码器对数据编码 |
| comm.BCHDecoder | 用 BCH 译码器对数据译码 |
| comm.RSEncoder | 用 Reed-Solomon 编码器对数据编码 |
| comm.RSDecoder | 用 Reed-Solomon 译码器对数据译码 |
| comm.HDLRSEncoder | 用 Reed-Solomon 编码器对消息编码 |
| comm.HDLRSDecoder | 用 Reed-Solomon 译码器对消息译码 |
| comm.LDPCEncoder | 二进制 LDPC 码编码 |
| comm.LDPCDecoder | 二进制 LDPC 码译码 |
| comm.gpu.LDPCDecoder | 用 GPU 实现二进制 LDPC 数据译码 |

**表 6.9　用于分组码的 Simulink 模块**

| 模块 | 功能说明 |
|---|---|
| Binary Cyclic Encoder | 由二进制向量数据创建系统循环码 |
| Binary Cyclic Decoder | 系统循环码译码恢复二进制向量数据 |
| Binary Linear Encoder | 由二进制向量数据创建线性分组码 |
| Binary Linear Decoder | 线性分组码译码恢复二进制向量数据 |
| Hamming Encoder | 由二进制向量数据创建 Hamming 码 |
| Hamming Decoder | Hamming 码译码恢复二进制向量数据 |
| BCH Encoder | 由二进制向量数据创建 BCH 码 |
| BCH Decoder | BCH 码译码恢复二进制向量数据 |
| Binary-Input RS Encoder | 由二进制向量数据创建 Reed-Solomon 码 |
| Binary-Output RS Decoder | Reed-Solomon 码译码恢复二进制向量数据 |
| Integer-Input RS Encoder | 由整数向量数据创建 Reed-Solomon 码 |

续表

| 模块 | 功能说明 |
| --- | --- |
| Integer-Output RS Decoder | Reed-Solomon 码译码恢复整数向量数据 |
| Integer-Input RS Encoder HDL Optimized | 用 Reed-Solomon 编码器对数据编码（HDL 优化） |
| Integer-Output RS Decoder HDL Optimized | 用 Reed-Solomon 译码器对数据译码（HDL 优化） |
| LDPC Encoder | 由奇偶校验矩阵确定的二进制 LDPC 码编码 |
| LDPC Decoder | 由奇偶校验矩阵确定的二进制 LDPC 码译码 |
| TPC Encoder | TPC 编码器 |
| TPC Decoder | TPC 译码器 |

卷积码是 1955 年由 Elias 等提出的纠错码编码方法。它与分组码不同，不是把消息序列分组后再进行单独编码，而是由连续输入的消息序列产生连续的编码序列。表 6.10 列出了用于卷积码的 MATLAB 函数、系统对象和 Simulink 模块。

**表 6.10　用于卷积码的 MATLAB 函数、系统对象和 Simulink 模块**

| 函数、对象和模块名称 | 功能说明 |
| --- | --- |
| convenc | 对二进制数据进行卷积码编码 |
| distspec | 计算卷积码的距离谱 |
| iscatastrophic | 判断网格是否对应灾难性卷积码 |
| istrellis | 判断是否为有效网格结构 |
| oct2dec | 八进制数转换为十进制数 |
| poly2trellis | 卷积码多项式转换为网格描述 |
| vitdec | 用维特比算法对二进制数据进行卷积码译码 |
| comm.APPDecoder | 用后验概率方法对卷积码译码 |
| comm.ConvolutionalEncoder | 二进制数据的卷积码编码 |
| comm.gpu.ConvolutionalEncoder | 用 GPU 实现二进制数据的卷积码编码 |
| comm.TurboDecoder | 用并行级联译码方案对输入信号译码 |
| comm.gpu.TurboDecoder | 用 GPU 实现输入信号并行级联译码 |
| comm.TurboEncoder | 用并行级联编码方案对输入信号进行编码 |
| comm.ViterbiDecoder | 用维特比算法对编码数据进行卷积码译码 |
| comm.gpu.ViterbiDecoder | 用 GPU 实现维特比算法对编码数据的卷积译码 |
| APP Decoder | 用后验概率方法对卷积码进行译码 |
| Convolutional Encoder | 由二进制数据创建卷积码 |
| Turbo Decoder | 用并行级联译码方案对输入信号译码 |
| Turbo Encoder | 用并行级联编码方案对二进制数据编码 |
| Viterbi Decoder | 用维特比算法对编码数据进行卷积码译码 |

### 6.2.4　信号序列运算

通信工具箱提供了信号和分组数据加扰（scrambling）、删除多余校验位（puncturing）、延迟管理和比特运算等操作。表 6.11 给出了用于信号运算的 MATLAB 函数、对象和模块。

**表 6.11　信号运算函数、对象和模块**

| 函数、对象和模块名 | | 功能说明 |
|---|---|---|
| 函数 | bi2de | 二进制向量转换为十进制数 |
| | de2bi | 十进制数转换为二进制向量 |
| | hex2poly | 十六进制字符向量转换为二进制系数 |
| | oct2poly | 八进制数转换为二进制系数 |
| | alignsignals | 通过延迟早到信号方式对齐两个信号 |
| | finddelay | 估计两个信号间的时延 |
| | bin2gray | 将正整数转换为相应的格雷码编码的整数 |
| | gray2bin | 将格雷码编码的正整数转换为相应的格雷码解码的整数 |
| | vec2mat | 向量转换为矩阵 |
| 对象 | comm.Descrambler | 输入信号解扰 |
| | comm.Scrambler | 输入信号加扰 |
| 模块 | Align Signals | 根据两个信号之间的时延对齐这两个信号 |
| | Deinterlacer | 将输入向量的元素交替分发给两个输出向量 |
| | Derepeat | 通过连贯样本平均降低采样率 |
| | Descrambler | 解扰输入信号 |
| | Find Delay | 找出两个信号之间的时延 |
| | Insert Zero | 在输出向量中分发输入向量的元素 |
| | Interlacer | 从两个输入向量中交替选择元素，生成输出向量 |
| | Puncture | 输出与二进制删除多余校验位向量中的 1 对应的元素 |
| | Scrambler | 输入信号加扰 |
| | Bit to Integer Converter | 比特向量映射为整数向量 |
| | Integer to Bit Converter | 整数向量映射为比特向量 |

### 6.2.5　块交织与卷积交织

块交织是对集合中的符号重新排列，不重复和不省去任何符号。每个集合中的符号数目是固定不变的，适用于给定的交织器（interleaver）。交织器根据给定的映射关系对符号进行排列运算，在一个符号集上的运算与其他所有的符号集无关。相应的去交织器（deinterleaver）采用逆映射恢复符号的原始序列。每个去交织器函数有与之相应的去交织器函数，二者成对使用。交织和去交织对降低通信系统的突发错误是很有用的。

卷积交织器由一组移位寄存器组成，每个寄存器具有固定的时延。常用卷积交织器的时延是某个固定整数的非负整数倍，而一般的多路交织器时延值不受限制。卷积交织器具有存储功能，取自输入向量的每个新符号馈入下一个移位寄存器，寄存器中的旧符号就成为输出向量的一部分。卷积交织器运算结果不仅与当前符号有关，也与之前的符号有关。图 6.7 绘制了通用卷积交织器的结构，它包括一组移位寄存器及其时延值 $D(1), D(2), \cdots, D(N)$，第 $k$ 个移位寄存器保存了 $D(k)$个符号。通信工具箱中的卷积交织器函数输入参数包括移位寄存器数目和每个移位寄存器的时延值。

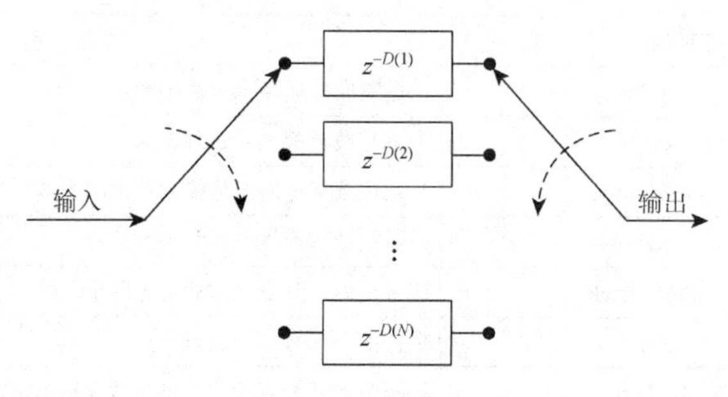


图 6.7　卷积交织器结构示意图

通信工具箱中的块交织器和卷积交织器既有通用的，也有几种特殊的。块交织器和卷积交织器函数如表 6.12 所示。实现块交织和卷积交织功能的系统对象和 Simulink 模块分别列在表 6.13 和表 6.14 中。

**表 6.12　块与卷积交织器函数**

| 函数名称 | 功能说明 |
|---|---|
| algdeintrlv | 使用代数方法产生的排序表恢复符号原排序 |
| algintrlv | 使用代数方法产生的排序表对符号重排序 |
| convdeintrlv | 使用移位寄存器恢复符号原排序 |
| convintrlv | 使用移位寄存器对符号排序 |
| intrlv | 对符号序列重排序 |
| deintrlv | 恢复符号原排序 |
| heldeintrlv | 恢复用 helintrlv 函数排列的符号的原排序 |
| helintrlv | 使用螺旋阵列（helical array）对符号排序 |
| helscandeintrlv | 恢复螺旋模式符号的原排序 |
| helscanintrlv | 采用螺旋模式对符号重排序 |
| matdeintrlv | 采用按列填充矩阵按行输出的方式恢复符号原排序 |
| matintrlv | 采用按行填充矩阵按列输出的方式对符号重排序 |
| muxdeintrlv | 使用指定移位寄存器恢复符号原排序 |
| muxintrlv | 使用具有指定时延的移位寄存器对符号重排序 |
| randdeintrlv | 恢复随机排列符号的原排序 |
| randintrlv | 采用随机排列法对符号排序 |

表 6.13　块与卷积交织对象

| 对象名称 | 功能说明 |
| --- | --- |
| comm.AlgebraicDeinterleaver | 使用代数方法产生的排序向量对输入符号去交织 |
| comm.AlgebraicInterleaver | 使用代数方法产生的排序向量对输入符号排序 |
| comm.BlockDeinterleaver | 使用排序向量对输入符号去交织 |
| comm.gpu.BlockDeinterleaver | 使用 GPU 恢复块交织序列的原排序 |
| comm.BlockInterleaver | 使用排序向量对输入符号排序 |
| comm.gpu.BlockInterleaver | 使用 GPU 产生块交织序列 |
| comm.MatrixDeinterleaver | 使用排序矩阵对输入符号去交织 |
| comm.MatrixHelicalScanDeinterleaver | 采用沿对角线填充矩阵的方法对输入符号去交织 |
| comm.MatrixHelicalScanInterleaver | 采用沿对角线选择矩阵元素的方法对输入符号排序 |
| comm.MatrixInterleaver | 使用排序矩阵对输入符号排序 |
| comm.ConvolutionalDeinterleaver | 使用移位寄存器恢复符号的原排序 |
| comm.gpu.ConvolutionalDeinterleaver | 用 GPU 实现使用移位寄存器恢复符号的原排序 |
| comm.ConvolutionalInterleaver | 使用具有相同属性值的移位寄存器对输入符号排序 |
| comm.gpu.ConvolutionalInterleaver | 用 GPU 实现基于移位寄存器的输入符号排序 |
| comm.HelicalDeinterleaver | 使用螺旋阵列恢复符号的原排序 |
| comm.HelicalInterleaver | 使用螺旋阵列对符号排序 |
| comm.MultiplexedDeinterleaver | 使用具有指定时延的一组移位寄存器对输入符号去交织 |
| comm.MultiplexedInterleaver | 使用具有指定时延的一组移位寄存器对符号排序 |

表 6.14　块与卷积交织模块

| 模块名称 | 功能说明 |
| --- | --- |
| Algebraic Deinterleaver | 使用代数方法产生的排列恢复输入符号的原排序 |
| Algebraic Interleaver | 使用代数方法产生的排列表对输入符号排序 |
| General Block Deinterleaver | 恢复输入向量中符号的原排序 |
| General Block Interleaver | 对输入符号重排序 |
| Matrix Deinterleaver | 采用按列填充矩阵按行输出的方法对输入符号排序 |
| Matrix Helical Scan Deinterleaver | 采用沿对角线填充矩阵的方法恢复输入符号的原排序 |
| Matrix Helical Scan Interleaver | 采用沿对角线选择矩阵元素的方法对输入符号排序 |
| Matrix Interleaver | 采用按行填充矩阵按列输出的方法对输入符号排序 |
| Random Deinterleaver | 采用随机排列恢复输入符号的原排序 |
| Random Interleaver | 采用随机排列对输入符号排序 |
| Convolutional Deinterleaver | 恢复使用移位寄存器排列的符号的原顺序 |
| Convolutional Interleaver | 使用一组移位寄存器对输入符号进行排列 |
| General Multiplexed Deinterleaver | 使用具有指定时延的移位寄存器恢复符号的原排序 |
| General Multiplexed Interleaver | 使用具有指定时延的移位寄存器对输入符号进行排列 |
| Helical Deinterleaver | 恢复使用螺旋交织器排列的符号原排序 |
| Helical Interleaver | 使用螺旋阵列对输入符号排序 |

### 6.2.6 数字基带调制

对于大多数的通信媒介来说，能用于传输的频率范围是固定的。对于频率不在这个固定范围内的信号，或不适合信道传输的信号，可以采用调制方式改变信号频谱以适宜传输，接收端通过接收机解调恢复原信号。常用的数字调制方法有调幅（amplitude modulation）、调相（phase modulation）、调频（frequency modulation）、连续相位调制（continuous phase modulation）、格形编码调制（trellis-coded modulation）等。调幅方式分为脉冲幅度调制（pulse amplitude modulation，PAM）、正交幅度调制。调相可分为相移键控（phase shift keying，PSK）、差分相移键控（differential phase shift keying，DPSK）、偏置相移键控（offset phase shift keying，OPSK），调频方式为频移键控（frequency shift keying，FSK）。连续相位调制方式分为高斯最小频移键控（Gaussian filtered minimum shift keying，GMSK）、最小频移键控（minimum shift keying，MSK）、连续相位频移键控（continuous phase frequency shift keying，CPFSK）。格形编码调制方式包括相移键控和正交幅度调制。表 6.15 是用于数字调制的 MATLAB 函数，表 6.16 列出了用于数字调制的系统对象，表 6.17 给出了用于数字调制的 Simulink 模块。

**表 6.15 用于数字调制的 MATLAB 函数**

| 函数名称 | 功能说明 |
|---|---|
| genqammod | 通用正交幅度调制 |
| genqamdemod | 通用正交幅度解调 |
| pammod | 脉冲幅度调制 |
| pamdemod | 脉冲幅度解调 |
| qammod | 正交幅度调制 |
| qamdemod | 正交幅度解调 |
| apskmod | 幅度相移键控调制 |
| apskdemod | 幅度相移键控解调 |
| dvbsapskmod | 面向 DVB-S2/S2X/SH 标准的幅度相移键控调制 |
| dvbsapskdemod | 面向 DVB-S2/S2X/SH 标准的幅度相移键控解调 |
| mil188qammod | 面向 MIL-STD-188-110 B/C 标准的正交幅度调制 |
| mil188qamdemod | 面向 MIL-STD-188-110 B/C 标准的正交幅度解调 |
| mskmod | 最小移键控调制 |
| mskdemod | 最小移键控解调 |
| fskmod | 频移键控调制 |
| fskdemod | 频移键控解调 |
| ofdmmod | 频域信号正交频分多路调制 |
| ofdmdemod | 频域信号正交频分多路解调 |
| dpskmod | 差分相移键控调制 |
| dpskdemod | 差分相移键控解调 |
| modnorm | 调制输出归一化尺度因子 |
| pskmod | 相移键控调制 |
| pskdemod | 相移键控解调 |

**表 6.16　用于数字调制的系统对象**

| 系统对象名称 | 功能说明 |
| --- | --- |
| comm.GeneralQAMModulator | 采用任意 QAM 星图调制 |
| comm.GeneralQAMDemodulator | 采用任意 QAM 星图解调 |
| comm.CPFSKModulator | 采用 CPFSK 方法调制 |
| comm.CPFSKDemodulator | 采用 CPFSK 方法和维特比算法解调 |
| comm.CPMModulator | 采用 CPM 方法调制 |
| comm.CPMDemodulator | 采用 CPM 方法和维特比算法解调 |
| comm.GMSKModulator | 采用 GMSK 方法调制 |
| comm.GMSKDemodulator | 采用 GMSK 方法和维特比算法解调 |
| comm.MSKModulator | 采用 MSK 方法调制 |
| comm.MSKDemodulator | 采用 MSK 方法和维特比算法解调 |
| comm.FSKModulator | 采用 *M* 元 FSK 方法调制 |
| comm.FSKDemodulator | 采用 *M* 元 FSK 方法解调 |
| comm.OFDMModulator | 采用 OFDM 方法调制 |
| comm.OFDMDemodulator | 采用 OFDM 方法解调 |
| comm.BPSKModulator | 采用 BPSK 方法调制 |
| comm.BPSKDemodulator | 采用 BPSK 方法解调 |
| comm.DBPSKModulator | 采用 DBPSK 方法调制 |
| comm.DBPSKDemodulator | 采用 DBPSK 方法解调 |
| comm.DPSKModulator | 采用 *M* 元 DPSK 方法调制 |
| comm.DPSKDemodulator | 采用 *M* 元 DPSK 方法解调 |
| comm.DQPSKModulator | 采用 DQPSK 方法调制 |
| comm.DQPSKDemodulator | 采用 DQPSK 方法解调 |
| comm.OQPSKModulator | 采用 OQPSK 方法调制 |
| comm.OQPSKDemodulator | 采用 OQPSK 方法解调 |
| comm.PSKModulator | 采用 *M* 元 PSK 方法调制 |
| comm.PSKDemodulator | 采用 *M* 元 PSK 方法解调 |
| comm.gpu.PSKModulator | 使用 GPU 实现 *M* 元 PSK 方法调制 |
| comm.gpu.PSKDemodulator | 使用 GPU 实现 *M* 元 PSK 方法解调 |
| comm.QPSKModulator | 采用 QPSK 方法调制 |
| comm.QPSKDemodulator | 采用 QPSK 方法解调 |
| comm.GeneralQAMTCMModulator | 对二进制数据进行卷积编码并用任意 QAM 星座映射 |
| comm.GeneralQAMTCMDemodulator | 对映射到任意 QAM 星座的卷积编码数据解调 |
| comm.PSKTCMModulator | 二进制数据卷积编码并用 *M* 元 PSK 信号星座映射 |
| comm.PSKTCMDemodulator | 对映射为 *M* 元 PSK 信号星座的卷积编码数据解码 |
| comm.RectangularQAMTCMModulator | 二进制数据卷积编码并用矩形 QAM 信号星座映射 |
| comm.RectangularQAMTCMDemodulator | 对映射为矩形 QAM 信号星座的卷积编码数据解码 |

**表 6.17　用于数字调制的 Simulink 模块**

| 模块名称 | 功能说明 |
|---|---|
| General QAM Modulator Baseband | 基带正交幅度调制 |
| General QAM Demodulator Baseband | 基带正交幅度调制数据解调 |
| M-PAM Modulator Baseband | 基带 $M$ 元脉冲幅度调制 |
| M-PAM Demodulator Baseband | 基带 PAM 调制数据解调 |
| Rectangular QAM Modulator Baseband | 基带矩形正交幅度调制 |
| Rectangular QAM Demodulator Baseband | 基带矩形正交幅度调制数据解调 |
| M-APSK Modulator Baseband | 基带 $M$ 元幅度相移键控调制 |
| M-APSK Demodulator Baseband | 基带 $M$ 元幅度相移键控解调 |
| DVBS-APSK Modulator Baseband | 基带面向 DVB-S2/S2X/SH 标准的幅度相移键控调制 |
| DVBS-APSK Demodulator Baseband | 基带面向 DVB-S2/S2X/SH 标准的幅度相移键控解调 |
| MIL188-QAM Modulator Baseband | 基带面向 MIL-STD-188-110 B/C 标准的正交幅度调制 |
| MIL188-QAM Demodulator Baseband | 基带面向 MIL-STD-188-110 B/C 标准的正交调幅解调 |
| CPFSK Modulator Baseband | 基带连续相移键控调制 |
| CPFSK Demodulator Baseband | 基带连续相移键控调制数据解调 |
| CPM Modulator Baseband | 基带连续相位调制 |
| CPM Demodulator Baseband | 基带连续相位调制数据解调 |
| GMSK Modulator Baseband | 基带高斯最小频移键控调制 |
| GMSK Demodulator Baseband | 基带高斯最小频移键控调制数据解调 |
| MSK Modulator Baseband | 基带差分编码最小移位键控调制 |
| MSK Demodulator Baseband | 基带差分编码最小移位调制数据解调 |
| M-FSK Modulator Baseband | 基带 $M$ 元频移键控调制 |
| M-FSK Demodulator Baseband | 基带频移键控调制数据解调 |
| OFDM Modulator Baseband | 基带正交频分调制 |
| OFDM Demodulator Baseband | 基带正交频分调制数据解调 |
| BPSK Modulator Baseband | 基带二进制相移键控调制 |
| BPSK Demodulator Baseband | 基带二进制相移键控调制数据解调 |
| DBPSK Modulator Baseband | 基带差分二进制相移键控调制 |
| DBPSK Demodulator Baseband | 基带差分二进制相移键控调制数据解调 |
| DQPSK Modulator Baseband | 基带差分正交相移键控调制 |
| DQPSK Demodulator Baseband | 基带差分正交相移键控调制数据解调 |
| M-DPSK Modulator Baseband | 基带 $M$ 元差分相移键控调制 |
| M-DPSK Demodulator Baseband | 基带差分相移键控调制数据解调 |

续表

| 模块名称 | 功能说明 |
|---|---|
| M-PSK Modulator Baseband | 基带 $M$ 元相移键控调制 |
| M-PSK Demodulator Baseband | 基带相移键控调制数据解调 |
| OQPSK Modulator Baseband | 基带 OQPSK 调制 |
| OQPSK Demodulator Baseband | 基带 OQPSK 解调 |
| QPSK Modulator Baseband | 基带正交相移键控调制 |
| QPSK Demodulator Baseband | 基带正交相移键控调制数据解调 |
| General TCM Encoder | 二进制数据卷积编码并用任意星座映射 |
| General TCM Decoder | 用任意星座映射的格形编码调制数据解码 |
| M-PSK TCM Encoder | 二进制数据卷积编码并用 PSK 调制 |
| M-PSK TCM Decoder | 用 PSK 调制的格形编码数据解码 |
| Rectangular QAM TCM Encoder | 二进制数据卷积编码并用 QAM 调制 |
| Rectangular QAM TCM Decoder | 用 QAM 调制的格形编码数据解码 |
| Bipolar to Unipolar Converter | 将双极性信号映射为[0, $M$–1]范围内的单极性信号 |
| Unipolar to Bipolar Converter | 将[0, $M$–1]范围内的单极性信号映射为双极性信号 |
| Data Mapper | 将整数符号从一种编码方案映射为另一种方案 |
| Bit to Integer Converter | 比特向量映射为相应的整数向量 |
| Integer to Bit Converter | 整数向量映射为比特向量 |

### 6.2.7　模拟基带与通带调制

表 6.18 给出了用于模拟基带调制的 MATLAB 系统对象和 Simulink 模块，表 6.19 列出了用于模拟通带调制的 MATLAB 函数和 Simulink 模块。

**表 6.18　用于模拟基带调制的 MATLAB 系统对象和 Simulink 模块**

| 对象或模块名称 | 功能说明 |
|---|---|
| comm.FMBroadcastModulator | 广播 FM 信号调制 |
| comm.FMBroadcastDemodulator | 广播 FM 信号解调 |
| comm.FMModulator | FM 调制 |
| comm.FMDemodulator | FM 解调 |
| FM Broadcast Modulator Baseband | 基带广播 FM 调制 |
| FM Broadcast Demodulator Baseband | 基带广播 FM 解调 |
| FM Modulator Baseband | 基带 FM 调制 |
| FM Demodulator Baseband | 基带 FM 解调 |

**表 6.19　用于通带调制的 MATLAB 函数和 Simulink 模块**

| 函数或模块名称 | 功能说明 |
|---|---|
| ammod | 幅度调制 |
| amdemod | 幅度解调 |
| fmmod | 频率调制 |
| fmdemod | 频率解调 |
| pmmod | 相位调制 |
| pmdemod | 相位解调 |
| ssbmod | 单边带幅度调制 |
| ssbdemod | 单边带幅度解调 |
| DSB AM Modulator Passband | 通带双边带幅度调制 |
| DSB AM Demodulator Passband | 通带双边带幅度调制数据解调 |
| DSBSC AM Modulator Passband | 通带抑制载波双边带幅度调制 |
| DSBSC AM Demodulator Passband | 通带抑制载波双边带幅度调制数据解调 |
| FM Modulator Passband | 通带频率调制 |
| FM Demodulator Passband | 通带调频数据解调 |
| PM Modulator Passband | 通带相位调制 |
| PM Demodulator Passband | 通带相位调制数据解调 |
| SSB AM Modulator Passband | 通带单边带幅度调制 |
| SSB AM Demodulator Passband | 通带单边带幅度调制数据解调 |

**例 6.4**　采用 Simulink 模型说明通带调制原理。实现通带调制的 Simulink 模型如图 6.8（a）所示，用一个复正弦波乘以调制复信号实现上变频。模型中的通信链路由随机整数发生器（Random Integer Generator）、调制器和脉冲整形滤波器、上变频器、AWGN 信道、下采样、平方根升余弦脉冲整形滤波器、QPSK 解调器、BER 和 RMS EVM 计算等模块组成。图 6.8（b）给出了期望信号及干扰信号，图 6.8（c）为下变频复信号，图 6.8（d）为接收信号的星座图，图 6.8（e）为误码率性能。

### 6.2.8　信道均衡

时间色散信道（time-dispersive channels）会导致传输符号间干扰（inter symbol interference，ISI），产生符号重叠失真，使接收机无法辨识接收到的符号。在多径散射环境中，接收机收到的传输延迟符号会干扰其他符号传输。均衡器用于消除 ISI，提升接收机性能。

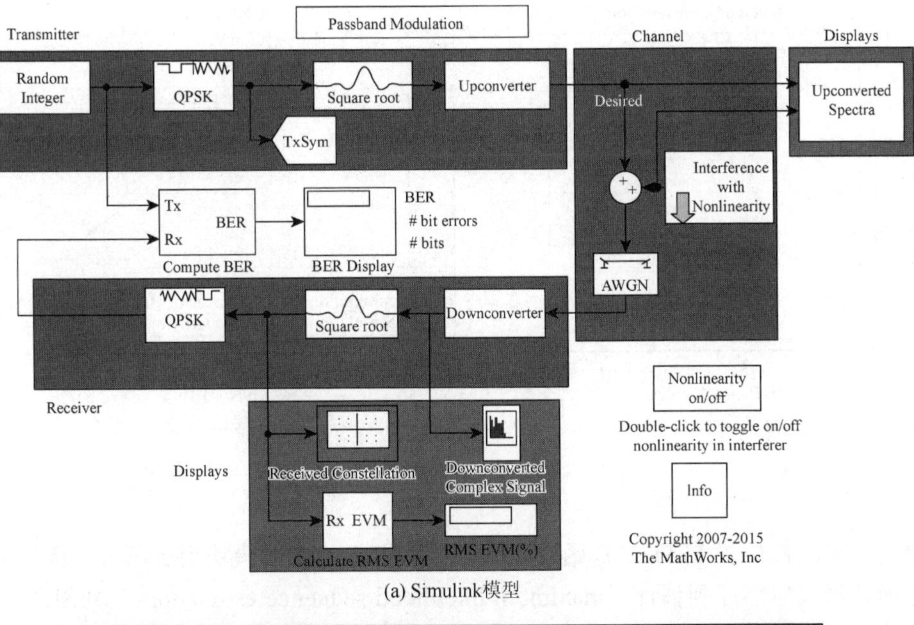


(a) Simulink模型

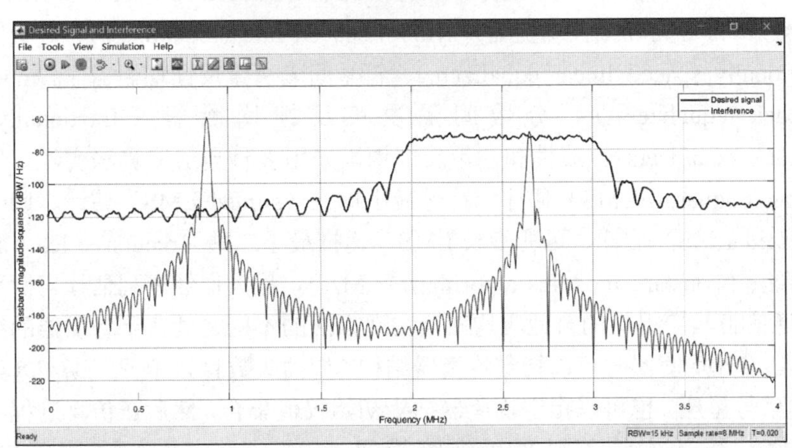


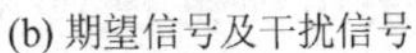
(b) 期望信号及干扰信号

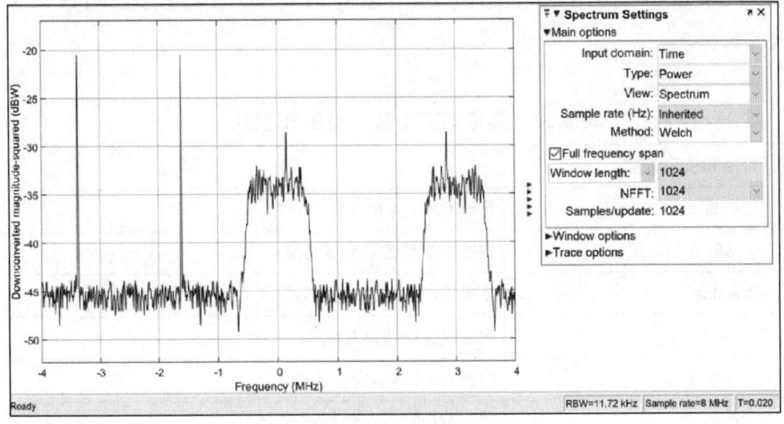


(c) 下变频复信号

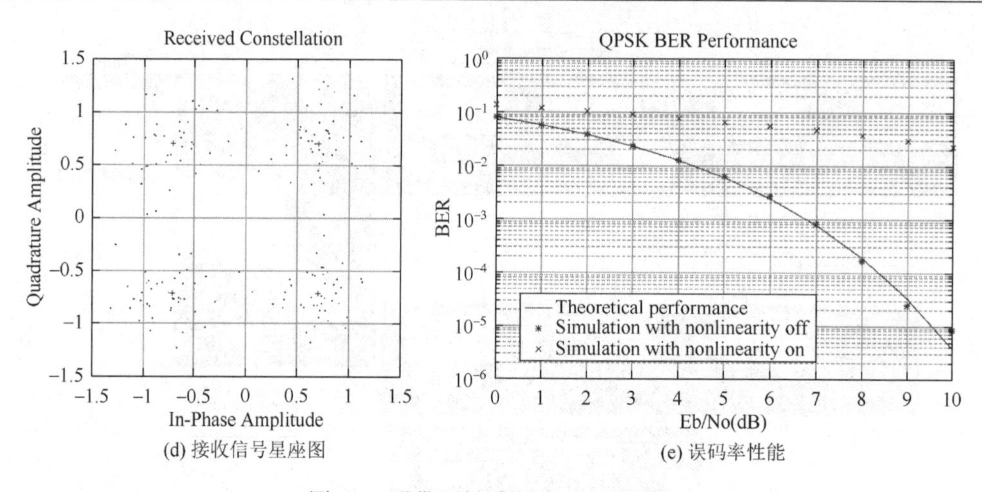


(d) 接收信号星座图　　(e) 误码率性能

图 6.8　通带调制系统 Simulink 仿真

通信工具箱提供了 MATLAB 函数、系统对象和 Simulink 模块用于信道均衡，实现自适应均衡和最大似然序列估计（maximum likelihood sequence estimation，MLSE）均衡。自适应均衡器包括符号间隔线性均衡器（symbol-spaced linear equalizers）、分数间隔线性均衡器（fractionally spaced linear equalizers）、符号间隔决策反馈均衡器（symbol-spaced decision-feedback equalizers）、分数间隔决策反馈均衡器（fractionally spaced decision-feedback equalizers）。线性和决策反馈均衡采用多种自适应算法实现，包括最小均方（least mean square，LMS）估计、符号最小均方（signed LMS）估计、归一化最小均方（normalized LMS）估计、可变步长 LMS、递推最小二乘（recursive least squares，RLS）、恒模算法（constant modulus algorithm，CMA）。最大似然序列估计均衡采用维特比算法实现。通信工具箱提供的自适应均衡器实现方法的不同之处在于均衡器的结构和自适应算法类型。设计均衡器时可以指定均衡器结构（如抽头数目）、自适应算法（如步长）、调制器使用的信号星座，也可以指定均衡器抽头初始权值集合，然后在仿真过程中分块自适应更新权值，更新方法可以采用训练模式（training mode）和决策引导模式（decision-directed mode）。表 6.20 列出了用于信号均衡的 MATLAB 函数、系统对象和 Simulink 模块。

**表 6.20　信号均衡函数、对象和模块**

| 函数、对象和模块名称 | 功能说明 |
|---|---|
| cma | 构造 CMA 对象 |
| dfe | 构造决策反馈均衡器对象 |
| equalize | 使用均衡器对象均衡信号 |
| lineareq | 构造线性均衡器对象 |
| lms | 构造 LMS 自适应算法对象 |
| mlseeq | 使用 MLSE 均衡线性调制信号 |
| normlms | 构造归一化 LMS 自适应算法对象 |

续表

| 函数、对象和模块名称 | 功能说明 |
| --- | --- |
| reset（equalizer） | 均衡器对象复位 |
| rls | 构造 RLS 自适应算法对象 |
| signlms | 构造符号 RLS 自适应算法对象 |
| varlms | 构造可变步长 RLS 自适应算法对象 |
| comm.MLSEEqualizer | 最大似然序列估计均衡 |
| CMA Equalizer | 恒模算法均衡 |
| LMS Decision Feedback Equalizer | 使用 LMS 算法更新权值的决策反馈均衡器均衡 |
| LMS Linear Equalizer | 使用 LMS 算法更新权值的线性均衡器均衡 |
| MLSE Equalizer | 使用维特比算法均衡 |
| Normalized LMS Decision Feedback Equalizer | 使用归一化 LMS 算法更新权值的决策反馈均衡器均衡 |
| Normalized LMS Linear Equalizer | 使用归一化 LMS 算法更新权值的线性均衡器均衡 |
| RLS Decision Feedback Equalizer | 使用 RLS 算法更新权值的决策反馈均衡器均衡 |
| RLS Linear Equalizer | 使用 RLS 算法更新权值的线性均衡器均衡 |
| Sign LMS Decision Feedback Equalizer | 使用符号 LMS 算法更新权值的决策反馈均衡器均衡 |
| Sign LMS Linear Equalizer | 使用符号 LMS 算法更新权值的线性均衡器均衡 |
| Variable Step LMS Decision Feedback Equalizer | 使用可变步长 LMS 算法更新权值的决策反馈均衡器均衡 |
| Variable Step LMS Linear Equalizer | 使用可变步长 LMS 算法更新权值的线性均衡器均衡 |

## 6.3　信道建模和射频损耗

通信工具箱提供了实现 SISO 和 MIMO 有噪信道建模和可视化的函数、系统对象和 Simulink 模块。具体来说，可实现高斯白噪声信道、瑞利信道、赖斯信道和 WINNER Ⅱ 信道等建模和可视化，还可以对射频损伤进行建模。表 6.21～表 6.23 分别给出了信道和射频损伤建模 MATLAB 函数、系统对象和 Simulink 模块的名称和功能。

**表 6.21　信道和射频损伤建模 MATLAB 函数**

| 函数名称 | 功能说明 |
| --- | --- |
| awgn | 信号中加入高斯白噪声 |
| iqimbal | 对输入信号进行 I/Q 不平衡处理 |
| bsc | 二进制对称信道 |
| stdchan | 由一组标准化信道模型构造信道系统对象 |
| fogpl | 由雾和云引起的射频信号衰减 |
| fspl | 自由空间路径损失 |

续表

| 函数名称 | 功能说明 |
|---|---|
| gaspl | 由大气引起的射频信号衰减 |
| rainpl | 由降雨引起的射频信号衰减 |
| winner2.AntennaArray | 创建天线组 |
| winner2.dipole | 计算半波偶极子的场模式 |
| winner2.layoutparset | WINNER Ⅱ部署参数配置 |
| winner2.wim | 使用 WINNER Ⅱ信道模型产生信道系数 |
| winner2.wimparset | WINNER Ⅱ模型参数配置 |

**表 6.22　信道和射频损伤建模系统对象**

| 对象名称 | 功能说明 |
|---|---|
| comm.AWGNChannel | 信号中加入高斯白噪声 |
| comm.RayleighChannel | 通过瑞利多径衰落信道对输入信号滤波 |
| comm.RicianChannel | 通过赖斯衰落信道对输入信号滤波 |
| comm.MIMOChannel | 通过 MIMO 多径衰落信道对输入信号滤波 |
| comm.WINNER2Channel | 通过 WINNER Ⅱ衰落信道对输入信号滤波 |
| comm.gpu.AWGNChannel | GPU 实现在信号中加入高斯白噪声 |
| comm.MemorylessNonlinearity | 对输入信号进行无记忆非线性处理 |
| comm.PhaseFrequencyOffset | 对输入信号产生相位和频率偏移 |
| comm.PhaseNoise | 对基带信号产生相位噪声 |
| comm.ThermalNoise | 信号中加入热噪声 |

**表 6.23　信道和射频损伤建模 Simulink 模块**

| 模块名称 | 功能说明 |
|---|---|
| AWGN Channel | 信号中加入高斯白噪声 |
| SISO Fading Channel | 通过 SISO 多径衰落信道对输入信号滤波 |
| MIMO Fading Channel | 通过 MIMO 多径衰落信道对输入信号滤波 |
| Binary Symmetric Channel | 引入二进制误差 |
| I/Q Imbalance | 产生由接收机同相和正交分量不平衡引起的信号损伤复基带模型 |
| Memoryless Nonlinearity | 对复基带信号进行无记忆非线性处理 |
| Phase/Frequency Offset | 对复基带信号产生相位和频率偏移 |
| Phase Noise | 对复基带信号产生接收机相位噪声 |
| Free Space Path Loss | 降低输入信号幅度到指定数值 |
| Receiver Thermal Noise | 对复基带信号产生接收机热噪声 |
| Complex Phase Difference | 输出两个复输入信号相位差 |
| Complex Phase Shift | 复输入信号相移 |

### 6.3.1　白噪声信道

白噪声信道在通过信道传输的信号中加入高斯白噪声。正如前面表格所示，可以使用 comm.AWGNChannel 系统对象、AWGN Channel 模块或 awgn 函数创建 AWGN 信道模型。

AWGN 信道噪声水平用相对噪声功率表示。具体来说，可以用每样本 SNR、比特能量与噪声功率谱密度之比（$E_b/N_o$），或符号能量与噪声功率谱密度之比（$E_s/N_o$）来描述。awgn 函数使用 SNR 作为输入参数，比特误码率分析工具（BER Analyzer Tool）和性能评估函数使用 $E_b/N_o$ 参数。$E_s/N_o$ 与 $E_b/N_o$ 之间的关系，以 dB 为单位，可以用下面的公式表示：

$$E_s / N_o(\mathrm{dB}) = E_b / N_o(\mathrm{dB}) + 10\log_{10}k \tag{6.1}$$

其中，$k$ 为每符号的信息比特数。在通信系统中，$k$ 可能受调制符号集大小或误差控制码的码率影响。例如，码率为 1/2 的码，用 8-PSK 调制，每个符号的信息比特数等于码率乘以每个调制符号的编码比特数，即 $k=（1/2）\log_2 8 = 3/2$，$E_s/N_o$ 与 SNR 的关系，仍以 dB 为单位，可以表示如下：

$$E_s / N_o(\mathrm{dB}) = 10\log_{10}(T_{sym} / T_{samp}) + \mathrm{SNR}(\mathrm{dB}) \tag{6.2}$$

$$E_s / N_o(\mathrm{dB}) = 10\log_{10}(0.5T_{sym} / T_{samp}) + \mathrm{SNR}(\mathrm{dB}) \tag{6.3}$$

其中，$T_{sym}$ 为信号的符号周期；$T_{samp}$ 为信号的采样周期。式（6.2）适用于输入信号为复信号，式（6.3）适用于输入信号为实信号的情形。例如，对一个复基带信号 4 倍过采样，$E_s/N_o$ 等于信噪比加上 $10\log_{10}4$。图 6.9 说明了复噪声功率谱密度和实噪声功率谱密度的区别。

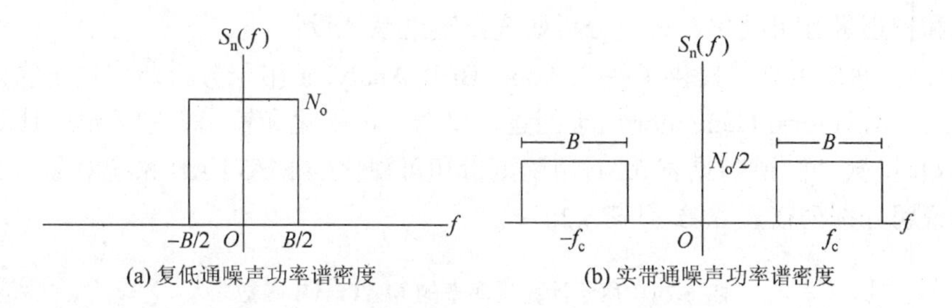


图 6.9　复信号和实信号的噪声功率谱密度

### 6.3.2　衰落信道

使用通信工具箱提供的对象或模块可以实现衰落信道建模，如图 6.10 所示。在无线通信中瑞利衰落信道和赖斯衰落信道是最常用的模型。这些现象包括多径散射效应、时间色散、由于发射机和接收机相对运动产生的多普勒频移。从静止的发射机到移动接收机之间既有直接的信号传输路径，还存在多个主反射路径（major reflected paths），这会导致接收信号延迟。每个主路径对射频信号还存在局部散射。这些在接收机上产生多径衰落（multipath fading）现象，每个主路径成为一个衰落路径。一般来说，视线范围内的路径衰落过程可以用赖斯分布描述，超出视线范围的路径衰落过程可用瑞利分布描述。发射机和接收机的相对运动会产生多普勒频移。局部散射通常来自移动接收机周围的多个角度，这种情况会导致一系列多普勒频移，称为多普勒频谱。最大多普勒频移对应的局部散射分量的方向与运动轨迹完全相反。

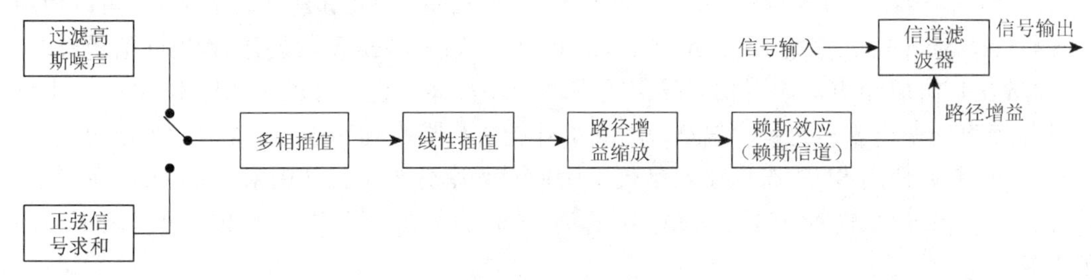


图 6.10 衰落信道

### 6.3.3 MIMO 信道

MIMO 信道是一种在发射机端有多个发射天线，在接收机端有多个接收天线的无线通信系统。除了利用时间和频率维度，MIMO 通信系统还利用了空间维度，可以同时发送多个空间信号流，信道容量随发射天线和接收天线数量增大而线性增加。在不增加带宽和发射天线功率的情况下，频谱利用率可以成倍地增加。

## 6.4 测量、可视化与分析

通信工具箱提供了测量通信系统性能的量化工具。利用星图和眼图可以对通信信号的各种损伤和校正进行可视化，方便分析研究，改进系统设计。

MATLAB 通信工具箱提供了两个 App：BER Analyzer 用于分析通信系统的误码率性能；Wireless Waveform Generator 用于创建、损伤、可视化和输出调制波形。计算误码率的 MATLAB 函数功能说明见表 6.24，用于测量和可视化的 MATLAB 系统对象和 Simulink 模块功能说明分别列在表 6.25 和表 6.26 中。

**表 6.24 用于计算误码率的 MATLAB 函数**

| 函数名称 | 功能说明 |
|---|---|
| biterr | 计算比特错误数和误码率 |
| symerr | 计算符号错误数和符号错误率 |
| berawgn | 未编码 AWGN 信道误码率 |
| bercoding | 编码 AWGN 信道误码率 |
| berconfint | 蒙特卡罗模拟的误码率和置信区间 |
| berfading | 瑞利和赖斯衰落信道的误码率 |
| berfit | 非平滑经验误码率数据曲线拟合 |
| bersync | 非完全同步的误码率 |
| semianalytic | 采用半解析方法计算误码率 |
| commtest.ErrorRate | 创建误码率测试控制台 |

表 6.25　用于测量和可视化的 MATLAB 系统对象

| 系统对象名称 | 功能说明 |
|---|---|
| comm.ACPR | 相邻信道功率比测量 |
| comm.CCDF | 互补累积分布函数测量 |
| comm.ErrorRate | 计算输入数据的误码率或符号错误率 |
| comm.EVM | 测量误差向量幅度 |
| comm.MER | 测量调制误差率 |
| comm.ConstellationDiagram | 显示输入信号星图 |
| comm.EyeDiagram | 显示时域信号眼图 |
| dsp.SpectrumAnalyzer | 显示时域信号频谱 |
| dsp.TimeScope | 显示和测量时域信号 |
| dsp.ArrayPlot | 显示向量或数组 |

表 6.26　用于测量和可视化的 Simulink 模块

| 模块名称 | 功能说明 |
|---|---|
| Error Rate Calculation | 计算输入数据的误码率或符号错误率 |
| EVM Measurement | 测量误差向量幅度 |
| MER Measurement | 测量数字调制信噪比 |
| Constellation Diagram | 显示输入信号星图 |
| Eye Diagram | 显示时域信号眼图 |
| Time Scope | 显示并分析仿真产生的信号，将信号数据记录到 MATLAB |
| Spectrum Analyzer | 显示频谱 |

### 6.4.1　误码率

在通信系统中，由于噪声、干扰等影响，编码数据在传输过程中常常会出现错误，或称为误码。误码率是最常用的数据传输质量指标，用于衡量通信系统数据传输的精确性。误码率定义为错误码元数与传输总码元数之比。例如，IEEE 802.3 标准为 1000Base-T 网络制定的可接受的最高限度误码率为 $10^{-10}$。误码率可基于概率统计分析方法近似估计，也可采用专用仪器设备进行测量。

### 6.4.2　相邻信道功率比

相邻信道功率比（adjacent channel power rejection，ACPR），也称为相邻信道泄漏比（adjacent channel leakage ratio，ACLR），描述通信系统组件（如调制器或模拟前端）中的频谱再生。放大器非线性导致频谱再生。ACPR 计算就是确定给定系统对相邻信道造成干扰的可能性。IS-95、码分多址（code division multiple access，CDMA）、宽带码分多址

（wideband code division multiple access，WCDMA）、802.11、蓝牙等传输标准都包含 ACPR 测量的定义。大多数标准将 ACPR 测量定义为主通道和任何相邻通道的平均功率之比。获取测量时使用的偏移频率和测量带宽（bandwidth，BW）取决于所使用的特定行业标准。例如，CDMA 放大器的测量涉及载波频率的两个偏移量 885kHz 和 1.98MHz，测量带宽为 30kHz。通信工具箱的系统对象 comm.ACPR 用于信道 ACPR 的仿真测量。

### 6.4.3 调制误码率

MER 是数字调制中用于度量信噪比的指标，它对于确定通信系统性能是很有用的。MER 的度量单位为分贝，另外还有最小 MER 和百分位 MER，度量单位也是分贝。通信工具箱提供了测量 MER 的工具。

### 6.4.4 误差向量幅度

EVM 用于度量出现信号损伤时调制解调器的性能。EVM 是在一定时间内理想（发送）信号与测量（接收）信号之间的向量差。如果使用得当，这些指标有助于找到信号退化产生的根源，如相位噪声、I/Q 不平衡、幅度非线性、滤波器失真等。EVM 测量对确定通信系统性能是很有用的。例如，确定一个用于全球通演进的增强数据速率（enhanced data rates for GSM evolution，EDGE）系统是否符合第三代合作伙伴计划（3rd generation partnership project，3GPP）无线传输标准，需要准确的均方根、EVM、峰值 EVM 和 95 百分位 EVM 测量。用户可以有两种方式创建 EVM 对象：使用缺省对象或定义参数-值对。3GPP 标准规定的 EVM 度量单位是百分比。

**例 6.5** 模拟 EDGE 发射机系统 EVM 测量。EDGE 标准测量参数见表 6.27。在 MATLAB 命令窗口中输入 doc_evm，即可在 Simulink 窗口打开 EVM 测量模型，如图 6.11 所示。该模型由 3 部分组成：发射机、接收机损伤、EVM 计算。

**表 6.27 EDGE 标准测量参数**

| 测量 | 移动电台 | | 收发基站 | |
|---|---|---|---|---|
| | 正常情况 | 极端情况 | 正常情况 | 极端情况 |
| RMS | 9% | 10% | 7% | 8% |
| 峰值 EVM | 30% | 30% | 22% | 22% |
| 95 百分位 EVM | 15% | 15% | 11% | 11% |

发射机部分由随机整数发生器（Random Integer Generator）、*M* 元相移键控基带调制器（M-PSK Modulator Baseband）、相位/频率偏移（Phase/Frequency Offset）、上采样（Upsample）、高斯最小频移键控脉冲整形滤波器（GSMK Pulse Shaping Filter）、I/Q 不平

衡（I/Q Imbalance）六个模块组成。随机整数发生器模块模拟随机数产生。EDGE 标准规定发射机在突发（burst）的有用部分进行测量，至少 200 个突发以上。在该工作模式下，发射机在每个突发产生 435 个符号（由于滤波器延迟需要 9 个额外符号）。相位偏移模块对信号进行连续 3π/8 相位旋转。由于同步需要，上采样模块对信号进行 4 倍过采样。离散 FIR 滤波器模块对 GMSK 脉冲线性化处理，这是 GMSK 调制 Laurent 分解的主要部分。一个辅助函数计算滤波器系数，并用直接形式 FIR 数字滤波器产生脉冲整形效果。滤波器归一化在滤波器主抽头产生单位增益。I/Q 不平衡模块模拟发射机损伤，对信号进行旋转，模拟测试发射机的缺陷。I/Q 幅度不平衡为 0.5dB，I/Q 相位不平衡为 1°。

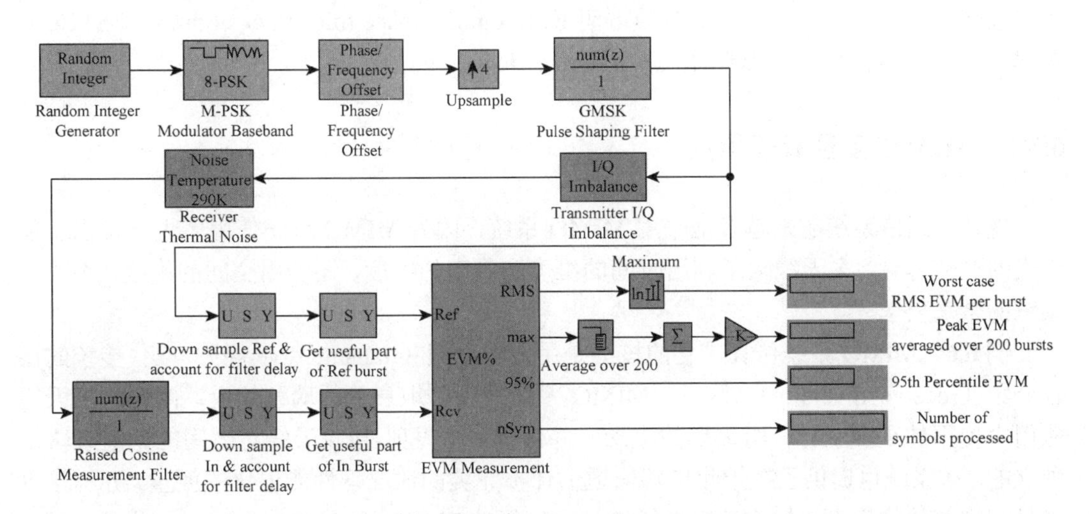


图 6.11　EVM 测量

EVM 测量模型用接收机热噪声模块来表示接收机损伤，并假定热噪声温度为 290K，表示测试硬件不完美。

EVM 计算功能由离散 FIR 滤波器、选择器、EVM 测量和显示模块完成。EVM 测量模块计算理想参考信号和受损信号之间的向量差。FIR 滤波器的输出作为 EVM 模块的参考输入。噪声温度模块的输出为 EVM 模块输入端口提供受损信号。EVM 模块输出均方根值、最大值和百分位测量值。

运行该模型，检查 EVM 模块输出结果，并与 EDGE 标准的参数进行比较。在本例中，EVM 测量模块计算结果为：最坏情况每次突发 RMS EVM 为 9.77%，峰值 EVM 为 18.95%，95 百分位 EVM 为 14.76%。测试结果显示，模拟 EDGE 发射机通过了极端条件下移动基站 EVM 测试。

修改参数再进行测试。双击 I/Q 不平衡模块，在 I/Q Imbalance（dB）处输入 2，单击 OK 按钮。运行模型，检查 EVM 模块输出，并对照 EDGE 标准测量参数表。在本例中，EVM 测量结果为：最坏情况每次突发 RMS EVM 为 15.15%，峰值 EVM 为 29.73%，95 百分位 EVM 为 22.55%。很显然，按照 EDGE 标准，这些 EVM 值是不能接受的。读者可以自行用其他 I/Q 不平衡值进行测量，检查它们对计算结果的影响。

## 6.5 MIMO 信道仿真

MIMO 技术的使用是无线通信系统的革命。在通信系统的发射机端和接收机端都使用多天线，潜在的通信能力大为提高。采用新方法，增加额外的空间维度，增加了新系统和过去已有的系统的通信能力。MIMO 技术已经用于多种无线通信系统中，包括 Wi-Fi、全球微波互联接入（worldwide interoperability for microwave access，WiMAX）、长期演进（long term evolution，LTE）和 LTE-Advanced。MATLAB 通信工具箱可以对通信系统的如下组成部分进行建模：正交空时分组编码（orthogonal space time block coding，OSTBC）技术、MIMO 衰落信道、球形译码（spherical decoding）。

### 6.5.1 MIMO 多径衰落信道

现在，通信系统越来越多地采用 MIMO 系统，因为 MIMO 系统使用多天线可以实现更大的通信容量。多天线除了利用时间的维度和频率的维度，还利用空间的维度，不改变系统的带宽要求。

**例 6.6** MIMO 系统仿真。它的核心是用发射分集（transmit diversity）取代传统的接收分集（receive diversity）。这里，MIMO 系统使用平坦衰落的瑞利信道，阐明在多天线应用中使用的正交空时分组编码的概念，并假设多个发射-接收天线对之间的信道衰落是独立的。该系统也提供了在接收机端信道估计不完美的情况下性能退化的度量，并与接收机具有完整的信道先验知识情况做比较。本例子的 MATLAB 代码分为三个部分。

（1）发射分集与接收分集的比较。

```
%%常用的仿真参数定义
frmLen=100;      %frame length
numPackets=1000; %number of packets
EbNo=0:2:20;     %Eb/No varying to 20 dB
N=2;             %maximum number of Tx antennas
M=2;             %maximum number of Rx antennas
%%仿真设置
%创建 comm.BPSKModulator 和 comm.BPSKDemodulator 两个系统对象
P=2;        %modulation order
bpskMod=comm.BPSKModulator;
bpskDemod=comm.BPSKDemodulator('OutputDataType','double');

%创建 comm.OSTBCEncoder 和 comm.OSTBCCombiner 两个系统对象
ostbcEnc=comm.OSTBCEncoder;
ostbcComb=comm.OSTBCCombiner;
```

```
%创建两个 comm.AWGNChannel 系统对象,分别用于一副接收天线和两副接收天线
%将信道的 NoiseMethod 属性设置为'Signal to noise ratio(Eb/No)',用
%每个比特的能量
%用噪声功率谱密度之比(Eb/No)指定噪声水平。BPSK 调制器产生单位功率信号
%设置 SignalPower 属性为 1 Watt.
awgn1Rx=comm.AWGNChannel(...
    'NoiseMethod','Signal to noise ratio(Eb/No)',...
    'SignalPower',1);
awgn2Rx=clone(awgn1Rx);

%创建 comm.ErrorRate 计算器系统对象,计算误码率
errorCalc1=comm.ErrorRate;
errorCalc2=comm.ErrorRate;
errorCalc3=comm.ErrorRate;

%由于 comm.AWGNChannel 系统对象和 RANDI 函数使用缺省的随机数据流,执行下面
%的命令是为了让结果可重复,也就是说让这个例子每运行一次结果都相同。缺省随机
%数据流在例子结束后恢复
s=rng(55408);

%为了提高运行速度,预先分配变量
H=zeros(frmLen,N,M);
ber_noDiver =zeros(3,length(EbNo));
ber_Alamouti=zeros(3,length(EbNo));
ber_MaxRatio=zeros(3,length(EbNo));
ber_thy2    =zeros(1,length(EbNo));
%建立 BER 计算结果可视化图形
fig=figure;
grid on;
ax=fig.CurrentAxes;
hold(ax,'on');

ax.YScale='log';
xlim(ax,[EbNo(1),EbNo(end)]);
ylim(ax,[1e-4 1]);
xlabel(ax,'Eb/No(dB)');
ylabel(ax,'BER');
fig.NumberTitle='off';
```

```
fig.Renderer='zbuffer';
fig.Name='Transmit vs. Receive Diversity';
title(ax,'Transmit vs. Receive Diversity');
set(fig,'DefaultLegendAutoUpdate','off');
fig.Position=figposition([15 50 25 30]);

%多个 EbNo 点循环
for idx=1:length(EbNo)
    reset(errorCalc1);
    reset(errorCalc2);
    reset(errorCalc3);
    %设置 AWGNChannel 系统对象的 EbNo 属性
    awgn1Rx.EbNo=EbNo(idx);
    awgn2Rx.EbNo=EbNo(idx);
    %按照数据包数目循环
    for packetIdx=1:numPackets
        %生成每帧数据向量
        data=randi([0 P-1],frmLen,1);

        %数据调制
        modData=bpskMod(data);

        %Alamouti 空时分组编码器
        encData=ostbcEnc(modData);

        %创建两幅发射天线和两幅接收天线之间的瑞利分布信道响应矩阵
        H(1:N:end,:,:)=(randn(frmLen/2,N,M)+...
                      1i*randn(frmLen/2,N,M))/sqrt(2);
        % assume held constant for 2 symbol periods
        H(2:N:end,:,:)=H(1:N:end,:,:);

        %从 H 中提取用于表示 1x1,2x1,1x2 信道的部分
        H11=H(:,1,1);
        H21=H(:,:,1)/sqrt(2);
        H12=squeeze(H(:,1,:));

        %通过信道
        chanOut11=H11 .* modData;
```

```
    chanOut21=sum(H21.* encData,2);
    chanOut12=H12 .* repmat(modData,1,2);

    %加入AWGN噪声
    rxSig11=awgn1Rx(chanOut11);
    rxSig21=awgn1Rx(chanOut21);
    rxSig12=awgn2Rx(chanOut12);

    %Alamouti空时块组合器
    decData=ostbcComb(rxSig21,H21);

    %ML检测器(最小欧氏距离)
    demod11=bpskDemod(rxSig11.*conj(H11));
    demod21=bpskDemod(decData);
    demod12=bpskDemod(sum(rxSig12.*conj(H12),2));

    %对当前EbNo,计算并更新BER
    %对于未编码1x1系统
    ber_noDiver(:,idx)=errorCalc1(data,demod11);
    %  for Alamouti coded 2x1 system
    ber_Alamouti(:,idx)=errorCalc2(data,demod21);
    %  for Maximal-ratio combined 1x2 system
    ber_MaxRatio(:,idx)=errorCalc3(data,demod12);

end %numPackets FOR循环结束

%用当前的EbNo值计算理论上的二阶分集BER
ber_thy2(idx)=berfading(EbNo(idx),'psk',2,2);

%绘制结果
semilogy(ax,EbNo(1:idx),ber_noDiver(1,1:idx),'r*',...
       EbNo(1:idx),ber_Alamouti(1,1:idx),'go',...
       EbNo(1:idx),ber_MaxRatio(1,1:idx),'bs',...
       EbNo(1:idx),ber_thy2(1:idx),'m');
legend(ax,'No Diversity(1Tx,1Rx)','Alamouti(2Tx,1Rx)',...
    'Maximal-Ratio Combining(1Tx,2Rx)',...
      'Theoretical 2nd-Order Diversity');
```

```
    drawnow;
end  %EbNo FOR 循环结束

%进行曲线拟合并重新绘制结果
fitBER11=berfit(EbNo,ber_noDiver(1,:));
fitBER21=berfit(EbNo,ber_Alamouti(1,:));
fitBER12=berfit(EbNo,ber_MaxRatio(1,:));
semilogy(ax,EbNo,fitBER11,'r',EbNo,fitBER21,'g',EbNo,...
fitBER12,'b');
hold(ax,'off');

% 恢复缺省随机数据流
rng(s);
```

运行上述 MATLAB 代码，显示结果如图 6.12 所示。

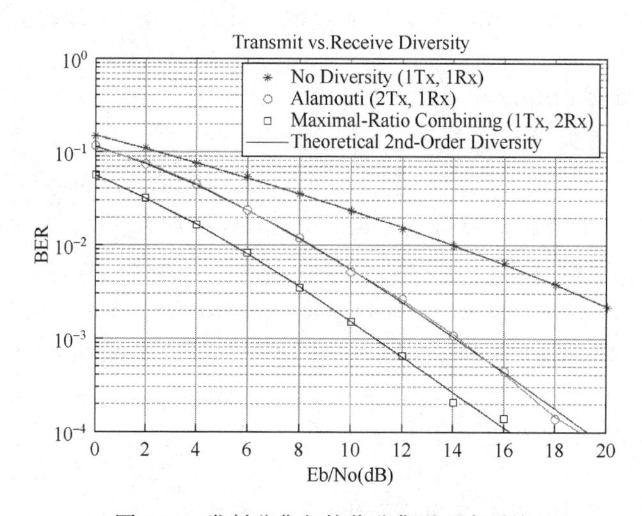


图 6.12　发射分集与接收分集误码率对比

发射分集系统计算复杂度与接收分集系统非常相似。仿真结果说明，采用两个发射天线和一个接收天线的分集阶数（diversity order）与采用一个发射天线和两个接收天线的最大比组合（maximal-ratio combining, MRC）系统相同。另外，我们还可以看到，与 MRC 接收分集相比，发射分集有 3dB 的差距，这是由于建模时两种情况的总发射功率相同。如果调整发射功率使两种情况的接收功率相同，则它们的性能是一样的。当总功率都归一化到所有分集分支时，二阶分集连接的理论性能与发射分集系统相当。

（2）根据正交设计理论，Tarokh 等将 Alamouti 的发射分集方案推广到任意数目的发射天线，提出了空时分组码（space-time block codes）的概念。对于复杂的信号星图，他们证明 Alamouti 方案仅仅是两副发射天线的全速率方案。

这里研究一下两副接收天线的方案（即 2×2 系统）在有信道估计和没有信道估计两

种情况下的性能。在实际应用场合，接收机端的信道状态信息是未知的，必须从接收信号中提取。假设信道估计器使用正交导引信号完成了这项工作，在数据包长度内信道保持不变，即缓慢衰落。下面的仿真采用两个发射天线和两个接收天线估计空时组合编码系统的 BER 性能，仿真代码与前面的仿真类似。

```
%首先定义常用仿真参数
frmLen=100;           %帧长
maxNumErrs=300;        %最大误码数
maxNumPackets=3000;  %最大数据包数
EbNo=0:2:12;          %Eb/No 从 0 变化到 12dB
N=2;                 %Tx 天线数目
M=2;                 %Rx 天线数目
pLen=8;               %每帧的导引符号数目
W=hadamard(pLen);
pilots=W(:,1:N);     %每副天线的正交集合
%建立仿真
%创建 comm.MIMOChannel 系统对象模拟 2x2 空间独立平面衰落瑞利信道
chan=comm.MIMOChannel(...
    'MaximumDopplerShift',0,...
    'SpatialCorrelationSpecification','None',...
    'NumTransmitAntennas',N,...
    'NumReceiveAntennas',M,...
    'PathGainsOutputPort',true);

%修改系统对象 hAlamoutiDec 的属性值 NumReceiveAntennas 为 M,也就是 2
% object to M that is 2
release(ostbcComb);
ostbcComb.NumReceiveAntennas=M;

%释放系统对象 hAWGN2Rx
release(awgn2Rx);

%为了可重复,设置全局随机数据流
s=rng(55408);

%为了加速预分配变量
HEst=zeros(frmLen,N,M);
ber_Estimate=zeros(3,length(EbNo));
ber_Known=zeros(3,length(EbNo));
```

```
%建立 BER 计算结果可视化图形
fig=figure;
grid on;
ax=fig.CurrentAxes;
hold(ax,'on');

ax.YScale='log';
xlim(ax,[EbNo(1),EbNo(end)]);
ylim(ax,[1e-4 1]);
xlabel(ax,'Eb/No(dB)');
ylabel(ax,'BER');
fig.NumberTitle='off';
fig.Name='Orthogonal Space-Time Block Coding';
fig.Renderer='zbuffer';
title(ax,'Alamouti-coded 2x2 System');
set(fig,'DefaultLegendAutoUpdate','off');
fig.Position=figposition([41 50 25 30]);

%循环 EbNo 点数
for idx=1:length(EbNo)
    reset(errorCalc1);
    reset(errorCalc2);
    awgn2Rx.EbNo=EbNo(idx);

    %循环直到误码超过'maxNumErrs',或者已仿真最大数据包数
    while(ber_Estimate(2,idx)<maxNumErrs)&& ...
          (ber_Known(2,idx)<maxNumErrs)&& ...
          (ber_Estimate(3,idx)/frmLen<maxNumPackets)
        %产生每帧数据包向量
        data=randi([0 P-1],frmLen,1);

        %数据调制
        modData=bpskMod(data);

        %Alamouti 空时组合编码器
        encData=ostbcEnc(modData);

        %每帧预先加入导引符号
```

```
    txSig=[pilots;encData];

    %通过 2x2 信道
    reset(chan);
    [chanOut,H]=chan(txSig);

    %加入 AWGN 噪声
    rxSig=awgn2Rx(chanOut);

    %信道估计
    %For each link=>N*M estimates
    HEst(1,:,:)=pilots(:,:).' * rxSig(1:pLen,:)/pLen;
    %假设整帧保持不变
    HEst=HEst(ones(frmLen,1),:,:);

    %使用估计信道的组合器
    decDataEst=ostbcComb(rxSig(pLen+1:end,:),HEst);

    %使用已知信道的组合器
    decDataKnown=ostbcComb(rxSig(pLen+1:end,;),...
                    squeeze(H(pLen+1:end,:,:,:)));

    %ML 检测器(最小欧氏距离)
    demodEst=bpskDemod(decDataEst);     %estimated
    demodKnown=bpskDemod(decDataKnown);   %known

    %针对估计信道,用当前的 EbNo 值计算并更新 BER
    ber_Estimate(:,idx)=errorCalc1(data,demodEst);
    %针对已知信道
    ber_Known(:,idx)=errorCalc2(data,demodKnown);

end %numPackets 次 FOR 循环结束

%绘制结果图形
semilogy(ax,EbNo(1:idx),ber_Estimate(1,1:idx),'ro');
semilogy(ax,EbNo(1:idx),ber_Known(1,1:idx),'g*');
legend(ax,['Channel estimated with ' num2str(pLen)'...
pilot symbols/frame'],'Known channel');
```

```
    drawnow;
end  %EbNo 次 FOR 循环结束

%曲线拟合,再次绘制结果图形
fitBEREst=berfit(EbNo,ber_Estimate(1,:));
fitBERKnown=berfit(EbNo,ber_Known(1,:));
semilogy(ax,EbNo,fitBEREst,'r',EbNo,fitBERKnown,'g');
hold(ax,'off');

%恢复缺省随机数据流
rng(s)
```

运行上述代码，结果如图 6.13 所示。

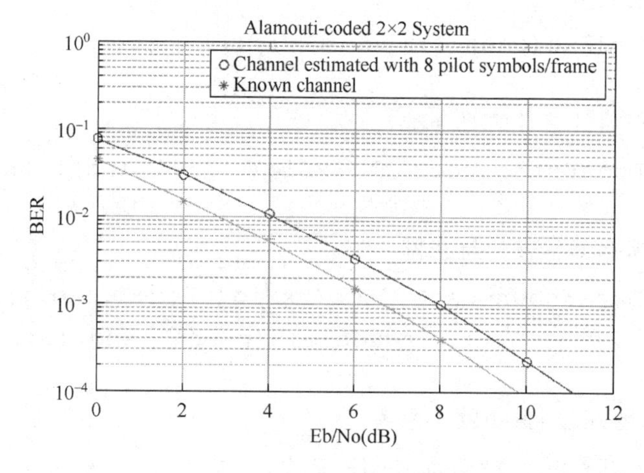


图 6.13　2×2 MIMO 系统误码率

对于 2×2 仿真系统，分集阶数与前面的 1×2 或 2×1 系统不同。注意到，由于每 100 个数据符号前面有 8 个导引符号，在选定的 $E_b/N_0$ 范围内，信道估计产生约 1dB 性能退化。随着每帧导引符号数目增加，性能会得到改善，但是会增加连接的开销。这里保持每个符号的发射 SNR 与前面的两种情况一致。

（3）这部分展示使用 4 个发射天线的 4×1 系统的半速率正交空时分组码 G4 的部分性能。该系统的分集阶数与 1×4 系统和 2×2 系统相同。这里采用四元相移键控半速率 G4 码，实现相同的 1（bit/s）/Hz 的传输速率。在单核 CPU 上产生这些结果需要花费一些时间。如果没有安装并行计算工具箱，可以加载一些之前的仿真结果，函数脚本文件 ostbc4m.m，mrc1m.m 和 ostbc2m.m 用于产生这些结果。如果安装了并行计算工具箱，使用函数脚本文件 ostbc4m_pct.m，mrc1m_pct.m 和 ostbc2m_pct.m，这些仿真结果可以并行计算出来。

```
[licensePCT,~]=license('checkout','Distrib_Computing_Toolbox');
```

```
if(licensePCT &&~isempty(ver('distcomp')))
   EbNo=0:2:20;
   [ber11,ber14,ber22,ber41]=mimoOSTBCWithPCT(100,4e3,EbNo);
else
   load ostbcRes.mat;
end

%绘制 BER 结果可视化图形
fig=figure;
grid on;
ax=fig.CurrentAxes;
hold(ax,'on');
fig.Renderer ='zbuffer';
ax.YScale='log';
xlim(ax,[EbNo(1),EbNo(end)]);
ylim(ax,[1e-5 1]);
xlabel(ax,'Eb/No(dB)');
ylabel(ax,'BER');
fig.NumberTitle='off';
fig.Name='Orthogonal Space-Time Block Coding(2)';
title(ax,'G4-coded 4x1 System and Other Comparisons');
set(fig,'DefaultLegendAutoUpdate','off');
fig.Position=figposition([30 15 25 30]);

% QPSK 四阶分集的理论性能
BERthy4=berfading(EbNo,'psk',4,4);

% 绘制结果
semilogy(ax,EbNo,ber11,'r*',EbNo,ber41,'ms',EbNo,ber22,...
'c^',EbNo,ber14,'ko',EbNo,BERthy4,'g');
legend(ax,'No Diversity(1Tx,1Rx),BPSK',...
'OSTBC(4Tx,1Rx),QPSK','Alamouti(2Tx,2Rx),BPSK',...
'Maximal-Ratio Combining(1Tx,4Rx),BPSK',...
'Theoretical 4th-Order Diversity,QPSK');

% 曲线拟合
fitBER11=berfit(EbNo,ber11);
fitBER41=berfit(EbNo(1:9),ber41(1:9));
```

```
fitBER22=berfit(EbNo(1:8),ber22(1:8));
fitBER14=berfit(EbNo(1:7),ber14(1:7));
semilogy(ax,EbNo,fitBER11,'r',EbNo(1:9),fitBER41,'m',...
        EbNo(1:8),fitBER22,'c',EbNo(1:7),fitBER14,'k');
hold(ax,'off');
```

运行上述代码，结果如图 6.14 所示。

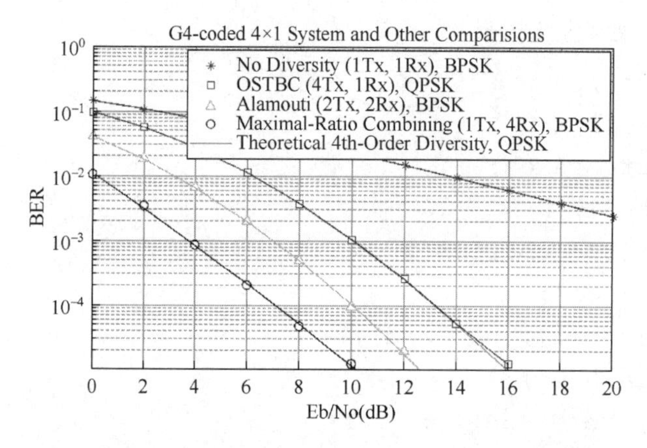


图 6.14　4×1 MIMO 系统与其他系统误码率比较

正如所预料的，4×1、2×2 和 1×4 系统的 BER 曲线具有相似的斜率，表明每个系统分集阶数都相同。同样，由于假设三个系统的总发射功率都相同，4×1 系统有 3dB 的惩罚。如果调整发射功率使每个系统的接收功率相同，则三个系统表现是相同的。而且，如果总功率归一化到分集的每一个分支，4×1 系统的理论性能与仿真性能是相当的。

## 6.5.2　空间多路复用

空间多路复用（spatial multiplexing）是将一个数据流再分为若干个子数据流，每个子数据流对应一副发射天线。因此，它具有多路复用增益，并且不像空时分组编码那样需要正交化。但是，空间多路复用要求接收端有强大的解码能力。下面的例子说明两种有序串行干扰消除（ordered successive interference cancellation，OSIC）检测方法。这两种方法类似于早期的贝尔实验室的分层空时（Bell labs layered space-time，BLAST）方法。未编码 QPSK 调制系统在独立的发射-接收链路使用平坦瑞利衰落。假设接收端已知完全的信道知识，没有反馈连接到发射机，也就是开环空间复用系统。本例显示两种非线性干扰消除方法，即强制迫零（zero forcing，ZF）和最小均方误差（minimum mean squared error，MMSE），并与最大似然优化接收机做比较。

**例 6.7** 空间复用实例——2×2 MIMO 系统。

```
%%定义常用的仿真参数
N=2;                    %发射天线数
M=2;                    %接收天线数
EbNoVec=2:3:8;          %Eb/No,单位 dB
modOrd=2;               %星图大小=2^modOrd
%%建立仿真
%创建本地随机数流,可重复用于随机数发生器
stream=RandStream('mt19937ar');

%创建 PSK 调制解调系统对象
pskModulator=comm.PSKModulator(...
          'ModulationOrder', 2^modOrd,...
          'PhaseOffset',    0,...
          'BitInput',       true);
pskDemodulator=comm.PSKDemodulator(...
          'ModulationOrder', 2^modOrd,...
          'PhaseOffset',    0,...
          'BitOutput',      true);
%创建误码率计算系统对象,用于 3 部不同的接收机
zfBERCalc=comm.ErrorRate;
mmseBERCalc=comm.ErrorRate;
mlBERCalc=comm.ErrorRate;

%获得用于 ML 接收机的所有比特和符号组合
allBits=de2bi(0:2^(modOrd*N)-1,'left-msb')';
allTxSig=reshape(pskModulator(allBits(:)),N,2^(modOrd*N));

%为提升执行速度,预分配变量用于存储 BER 结果
[BER_ZF,BER_MMSE,BER_ML]=deal(zeros(length(EbNoVec),3));
%建立 BER 结果可视化图窗
fig=figure;
grid on;
hold on;
ax=fig.CurrentAxes;
ax.YScale='log';
xlim([EbNoVec(1)-0.01 EbNoVec(end)]);
ylim([1e-3 1]);
```

```
xlabel('Eb/No(dB)');
ylabel('BER');
fig.NumberTitle='off';
fig.Renderer='zbuffer';
fig.Name='Spatial Multiplexing';
title('2x2 Uncoded QPSK System');
set(fig,'DefaultLegendAutoUpdate','off');

%根据 EbNo 选择循环
for idx=1:length(EbNoVec)
    %误码率计算系统对象复位
    reset(zfBERCalc);
    reset(mmseBERCalc);
    reset(mlBERCalc);

    %对每一个独立的传输连接,由 EbNo 计算 SNR
    snrIndB=EbNoVec(idx)+10*log10(modOrd);
    snrLinear=10^(0.1*snrIndB);

    while(BER_ZF(idx,3)<1e5)&&((BER_MMSE(idx,2)<100)|| ...
         (BER_ZF(idx,2)<100)||(BER_ML(idx,2)<100))
        %创建要调制的随机比特向量
        msg=randi(stream,[0 1],[N*modOrd,1]);

        %数据调制
        txSig=pskModulator(msg);

        %具有独立连接的平坦瑞利衰落信道
        rayleighChan=(randn(stream,M,N)+...
        1i*randn(stream,M,N))/sqrt(2);

        %衰落数据加入噪声
        rxSig=awgn(rayleighChan*txSig,snrIndB,0,stream);

        %ZF-SIC 接收机
        r=rxSig;
        H=rayleighChan;%假设的完美信道估计
        %初始化
```

```
estZF=zeros(N*modOrd,1);
orderVec=1:N;
k=N+1;
%开始 ZF 循环
for n=1:N
    %收缩 H 去除最后解码符号的影响
    H=H(:,[1:k-1,k+1:end]);
    %相应地收缩序向量
    orderVec=orderVec(1,[1:k-1,k+1:end]);
    %选择下一个要解码的符号
    G=(H'*H)\ eye(N-n+1);%Same as inv(H'*H),but faster
    [~,k]=min(diag(G));
    symNum=orderVec(k);

    %所选符号的硬解码
    decBits=pskDemodulator(G(k,:)* H' * r);
    estZF(modOrd *(symNum-1)+(1:modOrd))=decBits;

    %从 r 中减去最后解码符号的影响
    if n<N
        r=r-H(:,k)*pskModulator(decBits);
    end
end

%MMSE-SIC 接收机
r=rxSig;
H=rayleighChan;
%初始化
estMMSE=zeros(N*modOrd,1);
orderVec=1:N;
k=N+1;
%开始 MMSE 零循环
for n=1:N
    H=H(:,[1:k-1,k+1:end]);
    orderVec=orderVec(1,[1:k-1,k+1:end]);
    %与 ZF-SIC 接收机唯一的区别就是序算法(矩阵 G 计算)
    G=(H'*H+((N-n+1)/snrLinear)*eye(N-n+1))\eye(N-n+1);
    [~,k]=min(diag(G));
```

```
            symNum=orderVec(k);

            decBits=pskDemodulator(G(k,:)* H' * r);
            estMMSE(modOrd *(symNum-1)+(1:modOrd))=decBits;

            if n<N
                r=r-H(:,k)*pskModulator(decBits);
            end
        end

        %ML 接收机
        r=rxSig;
        H=rayleighChan;
        [~,k]=min(sum(abs(repmat(r,[1,2^(modOrd*N)])...
        -H* allTxSig).^2));
        estML=allBits(:,k);

        %更新 BER
        BER_ZF(idx,:)=zfBERCalc(msg,estZF);
        BER_MMSE(idx,:)=mmseBERCalc(msg,estMMSE);
        BER_ML(idx,:)=mlBERCalc(msg,estML);
    end
    %绘制结果
    semilogy(EbNoVec(1:idx),BER_ZF(1:idx,1),'r*',...
          EbNoVec(1:idx),BER_MMSE(1:idx,1),'bo',...
          EbNoVec(1:idx),BER_ML( 1:idx,1),'gs');
    legend('ZF-SIC','MMSE-SIC','ML');
    drawnow;
end
%画线
semilogy(EbNoVec,BER_ZF(:,1),'r-',...
        EbNoVec,BER_MMSE(:,1),'b-',...
        EbNoVec,BER_ML(:,1),'g-');
hold off;
```

运行上述 MATLAB 代码，结果如图 6.15 所示。

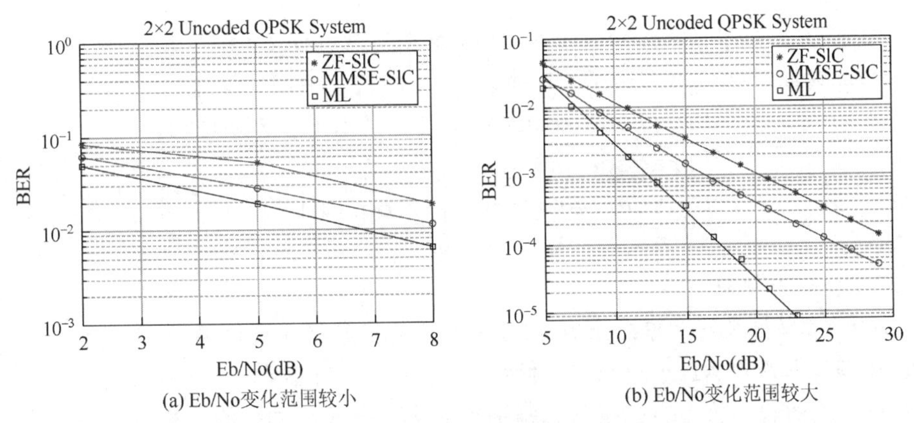


(a) Eb/No变化范围较小　(b) Eb/No变化范围较大

图 6.15　空间复用接收机误码率性能对比

由图 6.15 可见，ML 接收机性能最好，MMSE-SIC 接收机性能次之，ZF-SIC 接收机性能最差。从复杂度来说，ML 接收机的复杂度随发射天线数指数增长，ZF-SIC 和 MMSE-SIC 是线性接收机与逐次干扰对消的结合。优化的 ZF-SIC 和 MMSE-SIC 算法可以降低复杂度。

### 6.5.3　正交空时块编码器

通信工具箱提供两个组件对 OSTBC 进行建模。这是一种具有全空间分集增益的 MIMO 方法，用极其简单的单符号最大似然解码。在 Simulink 的 MIMO 模块库中，OSTBC 编码器和 OSTBC 组合器模块实现正交空时组合编码。这两个模块可以为多达 4 个发射天线和 8 个接收天线的系统提供许多种速率不同的编码。发射机端的编码器模块将符号映射到多个天线，接收机端的组合器模块利用接收信号和信道状态信息提取每个符号的软信息。OSTBC 是一种很有吸引力的方法，它可以实现完全（最大）空间分集阶数（spatial diversity order），具有符号最大似然解码。

**例 6.8**　OSTBC 与 TCM 结合用于 MIMO 信道传输信息。MIMO 信道为 2 个发射天线和 1 个接收天线。TCM 是一种集成了编码调制的带宽有效方案，编码增益大。本例采用通信系统对象进行仿真，说明了 OSTBC 和 TCM 级联方案的优点，兼具 OSTBC 的空间分集增益和 TCM 的编码增益。

```
%Copyright 2010-2017 The MathWorks, Inc.
%TCM 调制器的格形结构
trellis=poly2trellis([2, 3], [1, 2, 0; 4, 1, 2]);
%创建 OSTBC 级联系统和仿真参数，如 SNR 和帧长
configureTCMOSTBCDemo

%%PSK TCM 调制器和解调器
%PSK TCM 调制器将随机信息数据调制到一个具有单位平均能量的 PSK 星座图
%PSK TCM 解码器系统对象采用维特比算法对来自 OSTBC 组合器的信号进行解码
psktcmMod=comm.PSKTCMModulator(trellis, ...
```

```
                'TerminationMethod', 'Truncated');
psktcmDemod=comm.PSKTCMDemodulator(trellis, ...
                'TerminationMethod', 'Truncated', ...
                'TracebackDepth', 30, ...
                'OutputDataType', 'logical');

%%正交空时分块码
%OSTBC 编码器系统对象对来自 TCM 编码器的信息符号进行编码
%TCM 编码器采用 Alamouti 码对两个发射天线进行编码
%系统对象的输出为 50x2 矩阵，每一列对应一个天线发射的数据
%OSTBC 组合器系统对象采用单个天线，利用信道状态信息（CSI）对接收信号
%进行解码
ostbcEnc=comm.OSTBCEncoder;
ostbcComb=comm.OSTBCCombiner;

%%2x1 MIMO 衰落信道
%2x1 MIMO 衰落信道系统对象，模拟 2 个发射天线到 1 个接收天线的空间独立平
%坦瑞利衰落信道
%本例中设置信道对象的 maximumDopplerShift 属性为 30，使 MIMO 信道像准静
%态衰落信道
%在帧内保持不变，帧间则变化
%本例中设置 PathGainsOutputPort 属性为真（true），使用信道增益作为信道
%状态信息的估计
%本例中设置 RandomStream 属性值为'mt19937ar with seed'，使用独立的
%随机数发生器产生可重复的信道系数。
%2x1 MIMO 具有归一化的路径增益.
mimoChan=comm.MIMOChannel(...
               'SampleRate', 1/Tsamp, ...
               'MaximumDopplerShift', maxDopp, ...
               'SpatialCorrelationSpecification', 'None', ...
               'NumReceiveAntennas', 1, ...
               'RandomStream', 'mt19937ar with seed', ...
               'PathGainsOutputPort', true);
%%OSTBC 与 TCM 级联
%数据按帧进行预处理
%发射机采用 8-PSK TCM 调制器对随机数据进行调制，然后进行 Alamouti 编码
%来自 OSTBC 编码器的两个发射信号通过 2x1 MIMO 瑞利衰落信道，并加入加性高
%斯白噪声
```

```
%OSTBC 组合器使用一个接收天线，为 8-PSK TCM 解调器提供软输入
%解调器的输出与生成的随机数据比较获得帧误码率（FER）
%*流处理*

fer=zeros(3, 1);
while(fer(3)<maxNumFrms) && (fer(2)<maxNumErrs)
  data     =logical(randi([0 1], frameLen, 1)); % Generate data
  modData  =psktcmMod(data);                    %调制
  txSignal =ostbcEnc(modData);                  %Alamouti 编码
  [chanOut, chanEst]=mimoChan(txSignal);          %2x1 衰落信道
  rxSignal =awgnChan(chanOut);                  %接收机加入噪声
  modDataRx=ostbcComb(rxSignal, ...
                squeeze(chanEst));              %解码
  dataRx   =psktcmDemod(modDataRx);             %解调
  frameErr =any(dataRx - data);                   %帧误码校验
  fer      =FERData(false, frameErr);             %更新帧误码率
end
%误码率测量系统对象 FERData 输出 3x1 向量,包含 FER 测量值的更新,误码数目,
%帧传输总数, 显示 FER 值
frameErrorRate=fer(1);

%%平坦衰落信道上的 TCM
%这部分模拟 TCM 在 SISO 平坦瑞利衰落信道上的传输, 没有空时编码
%设置衰落信道系统对象 NumTransmitAntennas 属性为 1
%设置 AWGN 信道系统对象的 SignalPower 属性为 1, 每个符号周期仅发射一个符号
%初始化处理循环
release(mimoChan);
mimoChan.NumTransmitAntennas=1;
awgnChan.SignalPower=1;
reset(FERData)
fer=zeros(3,1);
%*流处理循环*
while(fer(3)<maxNumFrms) && (fer(2)<maxNumErrs)
  data     =logical(randi([0 1],frameLen,1));      %产生数据
  modData  =psktcmMod(data);                    %调制
  [chanOut, chanEst]=mimoChan(modData);          %SISO 衰落信道
  rxSignal =awgnChan(chanOut);                  %接收机加入噪声
  modDataRx=(rxSignal.*conj(chanEst))/...
```

```
            (chanEst'*chanEst);                 %均衡
  dataRx   =psktcmDemod(modDataRx);             %解调
  frameErr =any(dataRx - data);                    %帧误码校验
  fer      =FERData(false,frameErr);              %更新帧误码率
end
%%在 2x1 平坦瑞利衰落信道上传输 OSTBC
%这部分用 QPSK 调制取代前面的 TCM，两个系统具有相同的符号（帧）率
%QPSK 调制器系统对象 qpskMod 将信息比特映射到 QPSK 星座图
%QPSK 解调器系统对象 QPSKDemod 对来自 OSTBC 组合器的信号进行解调
%初始化处理循环
release(mimoChan);
mimoChan.NumTransmitAntennas=2;
awgnChan.SignalPower=2;
reset(FERData)
fer=zeros(3,1);
%*流处理循环*
while(fer(3)<maxNumFrms)&&(fer(2)<maxNumErrs)
  data     =logical(randi([0 1],frameLen,1));     %产生数据
  modData  =qpskMod(data）;                       %调制
  txSignal =ostbcEnc(modData);                      %Alamouti 编码
  [chanOut,chanEst]=mimoChan(txSignal);              %2x1 衰落信道
  rxSignal =awgnChan(chanOut);                      %接收机加入噪声
  modDataRx=ostbcComb(rxSignal,...
                squeeze(chanEst));                  %解码
  dataRx   =qpskDemod(modDataRx);                 %解调
  frameErr =any(dataRx - data);                      %帧误码校验
  fer      =FERData(false,frameErr);                %更新帧误码率
end
```

运行上述代码，可得帧误码率为 0.1481。

# 第 7 章　控制系统仿真

控制是使系统变量保持参考值的过程。如果系统的参考值是变化的，则系统称为随动控制系统或伺服系统。如果系统维持输出值固定，不受扰动的影响，则系统称为调节控制系统或自动调节器。控制系统还可分为开环控制系统和闭环控制系统。在开环控制系统中，保持输出与参考值一致，不需要用系统输出来校正激励信号。在闭环控制系统中，要用传感器元件测量输出值，并通过反馈影响控制变量。一个控制系统由参考信号、预滤波器、控制器、被控对象和传感器等组成，如图 7.1 所示。一个设计很好的反馈控制系统是稳定、鲁棒的，并可抑制干扰。控制理论和设计方法分为基于拉普拉斯变换或 $Z$ 变换的经典控制方法和基于状态-空间常微分方程（ordinary differential equation，ODE）的现代控制方法，这两种方法是密切关联的。

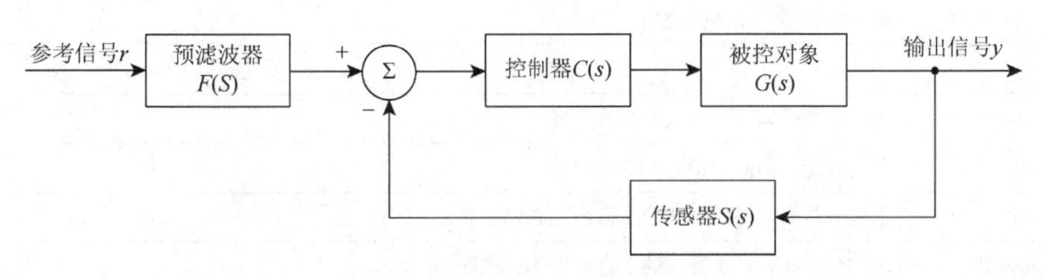


图 7.1　反馈控制系统组成框图

本章介绍线性控制系统的系统分析、设计和调整算法及应用程序设计。线性系统可用传输函数、状态-空间、零极点增益、频率响应模型描述。应用程序和函数用于绘制阶跃响应曲线和波特图，从时域和频域分析系统性质和可视化。我们可以采用交互式方法，如 Bode 环整形和根轨迹法，调整补偿器参数。MATLAB 控制系统工具箱可自动调整 SISO 和 MIMO 补偿器，包括 PID 控制器。补偿器包括构成若干反馈环的多个可调模块。可调整增益调度控制器，指定多个调整目标，如参考跟踪、干扰抑制、稳定裕量等。通过检验上升时间、过冲、稳定时间、增益、相位裕量，以及其他要求，可验证设计。

## 7.1　线性时不变系统模型

线性时不变（linear time invariant，LTI）系统可以是 SISO 系统，也可以是 MIMO 系统。LTI 系统有连续时间系统和离散时间系统，还有时延系统。

### 7.1.1 基本模型

数值 LTI 模型是构造线性系统的基本模块。数值 LTI 模型对象以常用的表达式保存动态系统，如 tf 模型用分子多项式和分母多项式系数表示传输函数，ss 模型用状态-空间矩阵表示 LTI 系统，还有专用的 LTI 模型用比例、积分和微分系数表示 PID 控制器。常用的基本模型和 PID 模型创建函数、对象和模块见表 7.1。

**表 7.1 基本模型和 PID 模型创建函数、对象和模块**

| 基本模型 | |
|---|---|
| tf | 传输函数模型 |
| zpk | 创建或转换为零点-极点-增益模型 |
| ss | 创建或转换为状态-空间模型 |
| frd | 创建或转换为频率响应数据模型 |
| filt | 以 DSP 格式指定离散传输函数 |
| dss | 创建状态-空间模型描述子 |
| PID 模型 | |
| pid | 创建或转换为并联形式 PID 控制器 |
| pidstd | 创建或转换为标准形式 PID 控制器 |
| pid2 | 创建或转换为并联形式的 2 自由度 PID 控制器 |
| pidstd2 | 创建或转换为标准形式的 2 自由度 PID 控制器 |
| Simulink 模块 | |
| LTI System | 在 Simulink 中使用 LTI 系统模型对象 |
| LPV System | LPV（linear parameter-varying）系统仿真 |

### 7.1.2 连续时间模型

LTI 模型有 4 种常用的基本模型，即传输函数（transfer function, TF）模型、零点-极点-增益（zero-pole-gain，ZPK）模型、状态-空间（state space, SS）模型和频率响应数据（frequency response data，FRD）模型，MATLAB 控制系统工具箱提供了创建上述基本模型的函数，见表 7.1。

1. 传输函数模型

传输函数是从频域描述 LTI 系统的，一个 SISO 系统的传输函数具有如下形式：

$$H(s)=\frac{A(s)}{B(s)}=\frac{a_1s^n+a_2s^{n-1}+\cdots+a_{n+1}}{b_1s^m+b_2s^{m-1}+\cdots+b_{m+1}} \tag{7.1}$$

$H(s)$由分子多项式 $A(s)$和分母多项式 $B(s)$确定。在 MATLAB 中，多项式用系数向量表示。例如，语句 den=[1 2 10]确定了多项式$s^2+2s+10$。

### 2. 零点-极点-增益模型

零点-极点-增益模型是传输函数模型的因式分解形式：

$$H(s)=k\frac{(s-z_1)(s-z_2)\cdots(s-z_n)}{(s-p_1)(s-p_2)\cdots(s-p_m)} \tag{7.2}$$

其中，$z_1,z_2,\cdots,z_n$为零点；$p_1,p_2,\cdots,p_m$为极点；$k$为增益。在 MATLAB 中，零点和极点用向量表示，增益为标量，用函数 zpk 实现。例如，创建模型：

$$H(s)=\frac{-2(s+1)}{(s-2)(s^2-2s+2)}$$

可用下面的 MATLAB 语句实现：

```
z=-1;
p=[2,1+i,1-i];
k=-2;
H=zpk(z,p,k);
```

### 3. 状态-空间模型

从描述系统动力学的微分方程，可导出系统状态-空间模型，它是 LTI 系统的一种时域表示。状态-空间模型表示为

$$\begin{aligned}\frac{\mathrm{d}\boldsymbol{x}}{\mathrm{d}t}&=\boldsymbol{A}\boldsymbol{x}(t)+\boldsymbol{B}\boldsymbol{u}(t)\\ \boldsymbol{y}(t)&=\boldsymbol{C}\boldsymbol{x}(t)+\boldsymbol{D}\boldsymbol{u}(t)\end{aligned} \tag{7.3}$$

其中，$\boldsymbol{x}(t)$为状态向量；$\boldsymbol{u}(t)$为输入向量；$\boldsymbol{y}(t)$为系统输出。例如，简单电动马达控制过程可用二阶微分方程描述如下：

$$\frac{\mathrm{d}^2\theta}{\mathrm{d}t^2}+2\frac{\mathrm{d}\theta}{\mathrm{d}t}+5\theta=3I \tag{7.4}$$

其中，$\theta$为马达转动角度（输出）；$I$为驱动电流（输入）。该方程可写成状态-空间：

$$\frac{\mathrm{d}\boldsymbol{x}}{\mathrm{d}t}=\boldsymbol{A}\boldsymbol{x}+\boldsymbol{B}I,\quad \boldsymbol{A}=\begin{bmatrix}0 & 1\\ -5 & -2\end{bmatrix},\quad \boldsymbol{B}=\begin{bmatrix}0\\ 3\end{bmatrix},\quad \boldsymbol{x}=\begin{bmatrix}0\\ \mathrm{d}\theta\\ \theta\end{bmatrix}$$

$$\theta=\boldsymbol{C}\boldsymbol{x}+\boldsymbol{D}I,\quad \boldsymbol{C}=[1,0],\quad \boldsymbol{D}=[0]$$

输入状态-空间模型矩阵 $\boldsymbol{A}$、$\boldsymbol{B}$、$\boldsymbol{C}$、$\boldsymbol{D}$，上述模型可用 ss 函数实现：

```
A=[ 0  1;-5  -2 ];
B=[ 0;3 ];
C=[ 1  0 ];
D=0;
H=ss(A,B,C,D)
```

运行结果如下：

```
 H=
 A=
      x1  x2
   x1   0   1
   x2  -5  -2
   B=
      u1
   x1   0
   x2   3
   C=
      x1  x2
   y1   1   0
   D=
      u1
   y1   0
Continuous-time state-space model.
```

### 4. 频率响应数据模型

频率响应数据模型可用于存储测量或仿真的 LTI 系统对象的复频率响应，该数据可用于模型的频域分析和设计。例如，从频谱分析仪获得如表 7.2 所示数据。

**表 7.2　频谱分析仪数据**

| 频率/Hz | 10 | 20 | 50 | 100 | 500 |
|---|---|---|---|---|---|
| 响应 | 0.0021 + 0.0009i | 0.0027 + 0.0029i | 0.0044 + 0.0052i | 0.0200–0.0040i | 0.0001–0.0021i |

可用 frd 函数创建包含上述数据的 FRD 对象：

```
freq=[10,20,50,100,500];
resp=[0.0021+0.0009i,0.0027+0.0029i,0.0044+0.0052i,...
0.0200-0.0040i,0.0001-0.0021i];
H=frd(resp,freq,'Units','Hz');
```

注意，frd 函数频率参数单位默认为弧度每秒（rad/s）。

### 5. 比例-积分-微分控制器

比例-积分-微分控制器（PID 控制器）也称为三项控制器，它由比例控制（P）、积分控制（I）和微分控制（D）三部分组成。PID 控制器有并行形式和标准形式，两者的差别在于描述比例、积分、微分动作以及微分滤波器的参数不同。

并行形式 PID 控制器数学模型表示为

$$C = K_{\mathrm{p}} + \frac{K_{\mathrm{i}}}{s} + \frac{K_{\mathrm{d}} s}{T_{\mathrm{f}} s + 1} \tag{7.5}$$

其中，$K_p$、$K_i$、$K_d$、$T_f$ 分别为比例增益、积分增益、微分增益、微分滤波器时间。

标准形式 PID 控制器数学模型表示为

$$C = K_p\left(1+\frac{1}{T_i s}+\frac{T_d s}{\frac{T_d}{N}s+1}\right) \tag{7.6}$$

其中，$K_p$、$T_i$、$T_d$、$N$ 分别为比例增益、积分时间、微分时间、微分滤波器除数。

在 MATLAB 中并行 PID 和标准 PID 分别用 pid 对象和 pidstd 对象实现。例如，创建并行 PID 控制器：

$$C = 29.5+\frac{26.2}{s}+\frac{4.3s}{0.06s+1}$$

可用下面的语句实现：

```
Kp=29.5;
Ki=26.2;
Kd=4.3;
Tf=0.06;
C=pid(Kp,Ki,Kd,Tf)
```

这里，$C$ 是 pid 模型对象，也就是一个并行 PID 控制器的数据容器。将上述 PID 控制器改为标准形式：

$$C = 29.5\left(1+\frac{1}{1.13s}+\frac{0.15s}{\frac{0.15}{2.3}s+1}\right)$$

用下面的语句实现：

```
Kp=29.5;
Ti=1.13;
Td=0.15;
N=2.3;
C=pidstd(Kp,Ti,Td,N);
```

### 6. 二自由度 PID 控制器

二自由度（2-DOF）PID 控制器包含对比例和微分项的设定点加权，可以快速抑制干扰，在设定点跟踪中没有显著增加过冲。2-DOF PID 控制器在消除参考信号变化对控制信号的影响方面也很有用。使用 2-DOF PID 控制器的典型控制结构如图 7.2 所示。

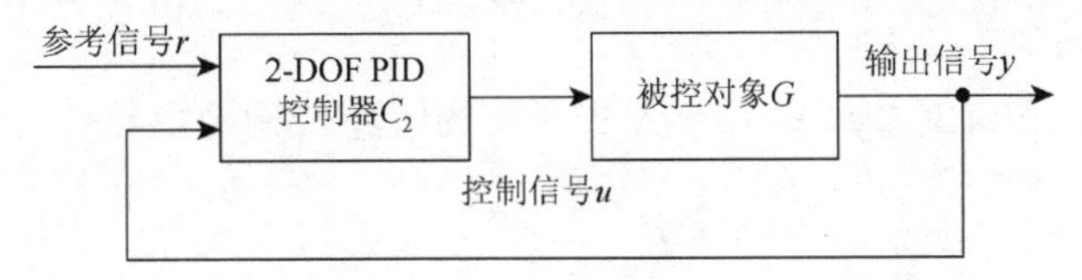


图 7.2　使用 2-DOF PID 控制器的控制结构

2-DOF PID 控制器输出信号 $u$ 与输入信号 $r$ 和 $y$ 的关系也可用并行形式和标准形式表示，其数学模型分别为式（7.7）和式（7.8）：

$$u = K_{\mathrm{p}}(br - y) + \frac{K_{\mathrm{i}}}{s}(r - y) + \frac{K_{\mathrm{d}}s}{T_{\mathrm{f}}s + 1}(cr - y) \tag{7.7}$$

$$u = K_{\mathrm{p}}\left((br - y) + \frac{1}{T_{\mathrm{i}}s}(r - y) + \frac{T_{\mathrm{d}}s}{\frac{T_{\mathrm{d}}}{N}s + 1}(cr - y)\right) \tag{7.8}$$

其中，$b$ 和 $c$ 分别为比例项和微分项的设定点权值。

2-DOF PID 控制器是一个双输入单输出的结构，如图 7.3 所示。

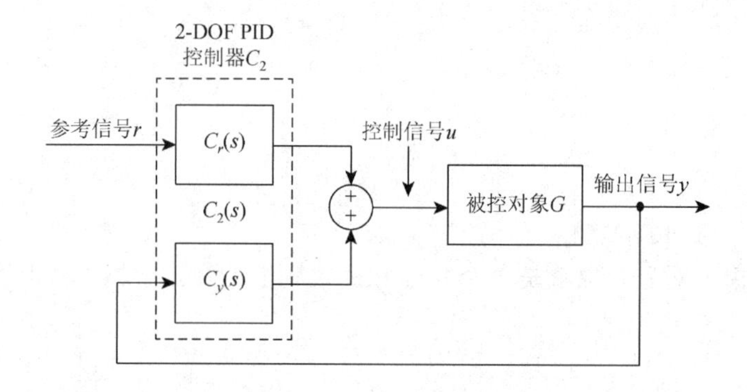


图 7.3　2-DOF PID 控制器结构

图 7.3 中，$C_r$ 和 $C_y$ 都是 PID 控制器，它们的比例项和微分项的权值不同。$C_r(s)$是从 $C_2$ 第一个输入到输出的传输函数，$C_y(s)$为 $C_2$ 第二个输入到输出的传输函数：

$$C_r(s) = bK_{\mathrm{b}} + \frac{K_{\mathrm{i}}}{s} + \frac{cK_{\mathrm{d}}s}{T_{\mathrm{f}}s + 1} \tag{7.9}$$

$$C_y(s) = -\left(K_{\mathrm{p}} + \frac{K_{\mathrm{i}}}{s} + \frac{K_{\mathrm{d}}s}{T_{\mathrm{f}}s + 1}\right) \tag{7.10}$$

下面用 pid2 函数创建 2-DOF 控制器，提取 $C_r$ 和 $C_y$ 分量，然后计算闭环传输函数：

```
C2=pid2(Kp,Ki,Kd,Tf,b,c);
C2tf=tf(C2);
Cr=C2tf(1);
Cy=C2tf(2);
T=Cr*feedback(G,Cy,+1);%从 r 到 y 的闭环传输函数
```

### 7.1.3　离散时间模型

1. 创建离散时间模型

离散时间模型创建方法与连续时间模型创建方法类似，可使用 tf、zpk、ss、frd 函数来创建，唯一的区别是离散时间模型需要提供采样时间间隔（单位为秒）。例如，一个离散时间模型的传输函数为

$$H(z)=\frac{z-1}{z^2-1.85z+0.9}$$

采样时间间隔为 $T_s$=0.1s，可用下面的语句创建传输函数模型：

```
num=[1,-1];
den=[1,-1.85,0.9];
H=tf(num,den,0.1);
```

也可用下面的语句实现：

```
z=tf('z',0.1);
H=(z-1)/(z^2-1.85*z+0.9);
```

运行结果如下：

```
H=
          z - 1
   ------------------
    z^2 - 1.85 z+0.9
 Sample time:0.1 seconds
Discrete-time transfer function.
```

又如，一个离散时间状态-空间系统模型方程为

$$x[k+1]=0.5x[k]+u[k]$$
$$y[k]=0.2x[k]$$

采样周期 $T_s$=0.1s，可用函数 ss 创建状态-空间模型：

```
sys=ss(0.5,1,0.2,0,0.1);
```

2. 离散时间 PID 控制器

所有 PID 控制器对象类型，包括 pid、pidstd、pid2、pidstd2 均可用于表示离散时间 PID 控制器。

并行形式的离散 PID 控制器可表示为

$$C=K_p+K_i\text{IF}(z)+\frac{K_d}{T_f+\text{DF}(z)} \tag{7.11}$$

标准形式的离散 PID 控制器可表示为

$$C = K_{\mathrm{p}}\left(1+\frac{1}{T_{\mathrm{i}}}\mathrm{IF}(z)+\frac{T_{\mathrm{d}}}{\frac{T_{\mathrm{d}}}{N}+\mathrm{DF}(z)}\right) \tag{7.12}$$

并行形式和标准形式的离散时间 2-DOF PID 控制器输出输入关系分别表示如下：

$$u = K_{\mathrm{p}}(br-y)+K_{\mathrm{i}}\mathrm{IF}(z)(r-y)+\frac{K_{\mathrm{d}}}{T_{\mathrm{f}}+\mathrm{DF}(z)}(cr-y) \tag{7.13}$$

$$u = K_{\mathrm{p}}\left((br-y)+\frac{1}{T_{\mathrm{i}}}\mathrm{IF}(z)(r-y)+\frac{T_{\mathrm{d}}}{\frac{T_{\mathrm{d}}}{N}+\mathrm{DF}(z)}(cr-y)\right) \tag{7.14}$$

在式（7.11）～式（7.14）中，IF($z$)和 DF($z$)分别为离散积分器和微分滤波器表达式。

下面的语句用于创建标准形式离散时间 2-DOF PID 控制器：

```
Kp=1;
Ti=2.4;
Td=0;
N=Inf;
b=0.5;
c=0;
Ts=0.1;
C2=pidstd2(Kp,Ti,Td,N,b,c,Ts,'IFormula','Trapezoidal');
```

运行结果如下：

```
C2=

                  1   Ts*(z+1)
  u=Kp * [(b*r-y)+----- * ----------- *(r-y)]
                  Ti    2*(z-1)
  with Kp=1,Ti=2.4,b=0.5,Ts=0.1
Sample time:0.1 seconds
Discrete-time 2-DOF PID controller in standard form.
```

### 7.1.4 MIMO 模型

tf、zpk、ss、frd 函数可用于创建 SISO 模型和 MIMO 模型。例如，MIMO 模型传输函数矩阵为

$$\boldsymbol{H}=\begin{bmatrix}\dfrac{1}{s+1} & 0\\ \dfrac{s+1}{s^2+s+3} & \dfrac{-4s}{s+2}\end{bmatrix}$$

该模型可用下面的语句创建：

```
s=tf('s');
H=[1/(s+1),0;(s+1)/(s^2+s+3),-4*s/(s+2)]
```

运行结果如下：

```
H=
  From input 1 to output...
        1
   1: -------
       s+1
         s+1
   2: --------------
       s^2+s+3
   From input 2 to output...
   1: 0
        -4 s
   2: -------
       s+2
 Continuous-time transfer function.
```

## 7.2　可调 LTI 模型

可调广义 LTI 模型所表示的系统具有固定系数和可调或参数系数。控制设计模块可用于表示控制系统的可调部分，与数值 LTI 模型组合可创建可调广义 LTI 模型，用于对控制系统的可调部分或参数部分（如可调低通滤波器）进行建模，对包含固定部分（如被控对象动态和传感器动态）和可调部分的系统建模，采用调整命令 systune 或控制系统调整应用程序（Control System Tuner APP）调整控制系统达到设计目标。用于可调 LTI 模型的函数、模块和系统对象如表 7.3 所示。

**表 7.3　用于可调 LTI 模型的函数、模块和系统对象**

| 控制设计模块 | |
|---|---|
| tunableGain | 静态增益调整模块 |
| tunablePID | 可调 PID 控制器 |
| tunablePID2 | 可调 2-DOF PID 控制器 |
| tunableSS | 可调固定阶数状态-空间模型 |
| tunableTF | 极点和零点数目固定的可调传输函数 |
| realp | 实可调参数 |
| AnalysisPoint | 线性分析感兴趣点 |

续表

| 广义模型 | |
|---|---|
| genss | 广义状态-空间模型 |
| genfrd | 广义频率响应数据模型 |
| genmat | 参数可调广义矩阵 |
| 系统分析 | |
| getLoopTransfer | 控制系统开环传输函数 |
| getIOTransfer | 控制系统广义模型闭环传输函数 |
| getSensitivity | 控制系统广义模型灵敏度函数 |
| getCompSensitivity | 控制系统广义模型互补灵敏度函数 |
| 模块和值访问 | |
| getPoints | 获取控制系统广义模型分析点列表 |
| replaceBlock | 广义 LTI 模型控制设计模块替换或更新 |
| sampleBlock | 广义模型控制设计模块采样 |
| rsampleBlock | 广义模型控制设计模块随机采样 |
| getValue | 广义模型当前值 |
| setValue | 修正控制设计模块当前值 |
| getBlockValue | 广义模型控制设计模块当前值 |
| setBlockValue | 修正广义模型控制设计模块值 |
| showBlockValue | 显示广义模型控制设计模块当前值 |
| showTunable | 显示广义模型可调控制设计模块当前值 |
| nblocks | 广义矩阵或广义 LTI 模型模块数 |
| getLFTModel | 广义 LTI 模型分解 |

**例 7.1** 一个二阶滤波器的传输函数为

$$F(s)=\frac{\omega_n^2}{s^2+2\varsigma\omega_n s+\omega_n^2}$$

其中，可调参数为阻尼系数$\varsigma$；自然频率为$\omega_n$。创建二阶滤波器的参数化模型，可用下面的 MATLAB 语句实现：

```
%%创建可调二阶滤波器
%定义可调参数,wn 和 zeta 是 realp 参数对象,初始值分别为 3 和 0.8
wn=realp('wn',3);
zeta=realp('zeta',0.8);
%使用可调参数创建滤波器模型
F=tf(wn^2,[1 2*zeta*wn wn^2]);
%F 是一个 genss 模型,F.Blocks 列出两个可调参数 wn 和 zeta
F.Blocks
```

```
%使用nblocks检查可调模块数目,F有两个可调参数,wn在分子和分母中分别出现
%了2次和3次,合计出现了5次
nblocks(F)
%为了减少可调模块数目,采用另一种创建滤波器的方式
F=tf(1,[(1/wn)^2 2*zeta*(1/wn)1]);
%检查新模型的可调模块数目
nblocks(F)
%在新的公式中,可调参数wn仅出现了3次
```

在上面创建滤波器的第二种方式中，滤波器的传输函数为

$$F(s)=\frac{1}{\left(\frac{s}{\omega_n}\right)^2+2\varsigma\left(\frac{s}{\omega_n}\right)+1}$$

## 7.3 具有时延的线性模型

TF、ZPK 和 FRD 模型对象有三种属性可用于时延建模，分别是 InputDelay、OutputDelay 和 ioDelay。SS 模型对象用于时延建模的属性为 InputDelay、OutputDelay 和 InternalDelay。属性含义如下：InputDelay——系统输入时延；OutputDelay——系统输出时延；ioDelay，InternalDelay——系统内部时延。

在离散时间系统模型中，这些属性只能取整数值，表示时延为采样时间的整数倍。时延为采样时间分数倍的离散时间系统近似，可采用函数 thiran。表 7.4 列出了用于处理时延 LTI 系统的函数。

**表 7.4 用于处理时延 LTI 系统的函数**

| 函数名称 | 功能说明 |
|---|---|
| pade | 时延模型的 Padé 近似 |
| absorbDelay | 以极点 $z$=0 或相移取代时延 |
| thiran | 根据 thiran 近似产生分数时延滤波器 |
| hasdelay | 线性模型具有时延时为真 |
| hasInternalDelay | 判断模型是否具有内部时延 |
| totaldelay | LTI 模型的总体组合 I/O 时延 |
| delayss | 创建具有延迟输入、输出和状态的状态-空间模型 |
| setDelayModel | 构建具有内部时延的状态-空间模型 |
| getDelayModel | 内部时延的状态-空间表示 |

许多控制设计方法不能直接处理时延，如根轨迹法、LQG（linear-quadratic-Gaussian），以及极点位移法，当出现时延时这些方法将失效。常见的方法是用具有近似时延的全通滤波器取代时延。连续时间 LTI 模型的时延近似，可使用 pade 命令来计算 Padé 逼近，这是一种仅对低频有效的近似，能提供比时域近似更好的频域近似。因此，通过比较真实的响应和近似的响应来选择正确的近似阶数并检查近似的有效性是很重要的。

# 7.4　LTI 控制系统分析

伯德图、尼科尔斯图、阶跃响应和冲激响应等可用于描述 SISO 系统和 MIMO 系统响应。我们也可提取上升时间（rise time）、建立时间（settling time）、过冲（overshoot）和稳定裕量（stability margins）。LTI 控制系统时域分析函数和频域分析函数分别见表 7.5 和表 7.6。

**表 7.5　LTI 时域分析函数**

| 函数名称 | 功能说明 |
|---|---|
| step | 动态系统阶跃响应曲线，响应数据 |
| stepinfo | 上升时间、稳定时间，以及其他阶跃响应特性 |
| impulse | 动态系统冲激响应曲线，冲激响应数据 |
| initial | 状态-空间模型的初始条件响应 |
| lsim | 仿真动态系统对任意输入的时间响应 |
| lsiminfo | 计算线性响应特性 |
| gensig | 产生 lsim 的测试输入信号 |
| covar | 白噪声驱动的系统输出和状态协方差 |
| stepDataOptions | step 函数选项设置 |

**表 7.6　频域分析函数**

| 函数名称 | 功能说明 |
|---|---|
| bode | 频率响应或幅度响应与相位响应伯德图 |
| bodemag | LTI 模型幅度响应伯德图 |
| nyquist | 频率响应奈奎斯特曲线 |
| nichols | 频率响应尼科尔斯图 |
| ngrid | 在尼科尔斯曲线上叠加尼科尔斯图 |
| sigma | 动态系统奇异值曲线 |
| freqresp | 网格上频率响应 |
| evalfr | 计算给定频率的频率响应 |
| dcgain | LTI 系统的低频（直流）增益 |
| bandwidth | 频率响应带宽 |
| getPeakGain | 动态系统频率响应峰值增益 |
| getGainCrossover | 指定增益的交叉频率 |
| fnorm | FRD 模型的逐点峰值增益 |
| norm | 线性模型范数 |
| db2mag | 将分贝转换为幅值 |
| mag2db | 将幅度转换为分贝 |

线性系统分析仪（Linear System Analyzer）是用于 LTI 控制系统分析的 App。使用这个

App 可以同时观看和比较 SISO 与 MIMO 系统的响应曲线，或几个线性模型的响应曲线：阶跃响应、冲激响应、指定输入信号的仿真时间响应、指定初始条件的仿真时间响应（仅适用于状态-空间模型）；伯德图、奈奎斯特曲线、尼科尔斯曲线、奇异值曲线、极点/零点图。

**例 7.2**　*RLC* 电路响应的时频域分析。图 7.4 所示为带通 *RLC* 电路，其传输函数为

$$G(s)=\frac{s/(RC)}{s^2+s/(RC)+1/(LC)}$$

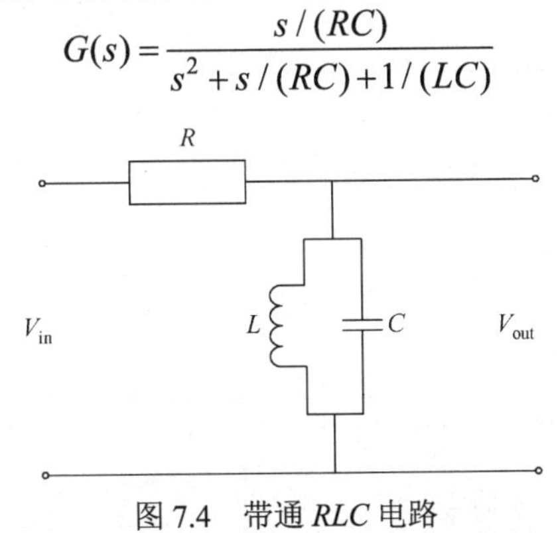


图 7.4　带通 *RLC* 电路

采用控制系统工具箱函数分析通用 *RLC* 电路的时频域响应。MATLAB 实现代码如下：

```
%Copyright 1986-2014 The MathWorks,Inc.
%带通 RLC 网络,|LC|值控制带通频率,|RC|值控制通带宽窄
R=1;L=1;C=1;%RLC 滤波器在频率为 1 rad/s 时增益达到最大
G=tf([1/(R*C)0],[1 1/(R*C)1/(L*C)]);%生成传输函数
%为了获得更窄的通带,增加 R 的值
R1=5;  G1=tf([1/(R1*C)0],[1 1/(R1*C)1/(L*C)]);
R2=20; G2=tf([1/(R2*C)0],[1 1/(R2*C)1/(L*C)]);
bode(G,'b',G1,'r',G2,'g'),grid
legend('R=1','R=5','R=20')
%%分析电路的时域响应
t=0:0.05:250;
opt=timeoptions;%创建时间曲线选项列表
opt.Title.FontWeight='Bold';
subplot(311),lsim(G2,sin(t),t,opt),title('w=1')
subplot(312),lsim(G2,sin(0.9*t),t,opt),title('w=0.9')
subplot(313),lsim(G2,sin(1.1*t),t,opt),title('w=1.1')
damp(pole(G2))
%打开 RLC 电路 GUI
rlc_gui
```

伯德图曲线用于分析 *RLC* 电路的带通特性。图 7.5 给出了 MATLAB 仿真生成的 *RLC* 电路频率响应的伯德图。由图 7.5 可见，当 $R$=1，$L$=1，$C$=1 时，频率响应在 1rad/s 幅度响应达到最大值 0dB，当频率偏离该频率 5 倍频程时，衰减仅有−10dB。随着 $R$ 增大，*RLC* 电路带宽变窄。

对 *RLC* 电路进行时域分析，可以验证电路的衰减特性。图 7.6 所示为仿真生成的 *RLC* 电路对角频率 $\omega=0.9,1,1.1$ 的不同频率正弦信号的响应波形。由图 7.6 可知，在 $\omega=1$ 时，经过大约 100s 电路稳定时间，*RLC* 电路输出信号波形与输入信号波形相同。在 $\omega=0.9$ 或 1.1 时，电路稳定后输出信号存在显著衰减。

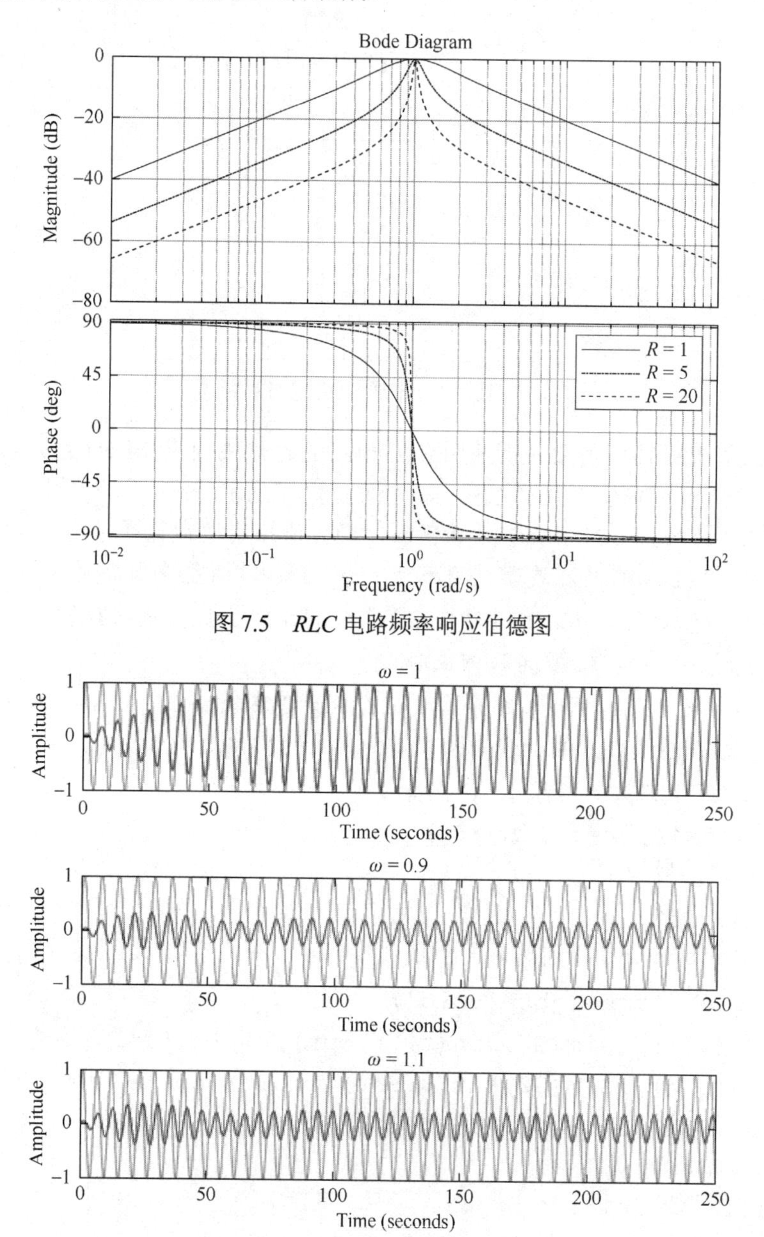


图 7.5　*RLC* 电路频率响应伯德图

图 7.6　*RLC* 电路时域响应曲线，对应 $\omega=0.9,1,1.1$

图 7.7 是集成 *RLC* 电路分析功能的图形用户界面（graphical user interface，GUI）窗口，包括伯德图、奈奎斯特图、极点/零点图、阶跃响应曲线，电路系统功能可选择低通、高通、带通和带阻滤波器，电阻、电感和电容三个器件有不同的连接方式，电路拓扑结构

可以是并联或串联，还可以选择 *RLC* 电路参数。

**例 7.3**　采用 Linear System Analyzer 分析线性模型。下面的 MATLAB 语句首先创建两个 PID 模型，然后启动 Linear System Analyzer 对两个模型进行分析。默认情况下，分析器界面显示阶跃响应曲线，如图 7.8 所示。

```
G=zpk([],[-5 -5 -10],100);
C1=pid(0,4.4);
T1=feedback(G*C1,1);
C2=pid(2.9,7.1);
T2=feedback(G*C2,1);
linearSystemAnalyzer(G,T1,T2)
```

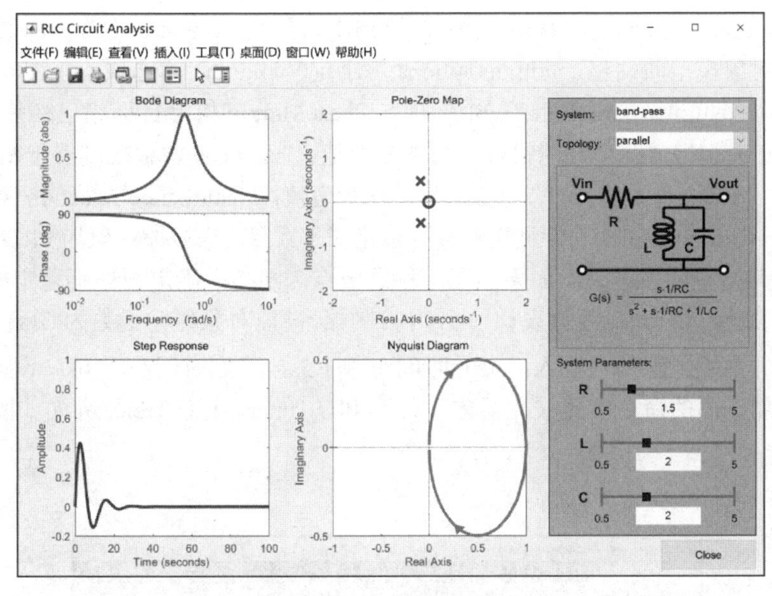


图 7.7　*RLC* 电路分析 GUI

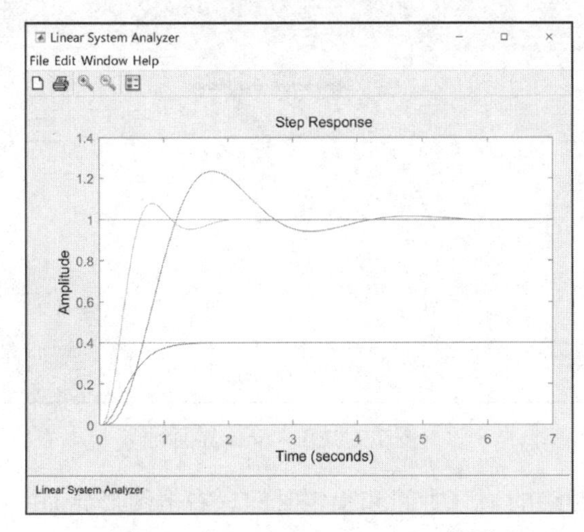


图 7.8　Linear System Analyzer 界面

## 7.5　控制系统设计和调整

控制系统工具箱中的控制设计工具可用于调整单环和多环控制系统。使用控制设计工具，可以自动调整通用控制组件，如 PID 控制器、超前-滞后网络、LQG 控制器和卡尔曼滤波器。可以自动调整 SISO 或 MIMO 控制系统以满足高级设计目标，如参考跟踪、干扰消除、稳定裕量。可以采用经典工具，如根轨迹、伯德图和尼科尔斯图，以图形方式调整 SISO 补偿器。

### 7.5.1　PID 控制器调整

用于 PID 控制器调整的工具包括 PID 控制器调整应用程序 PID Tuner，函数 pidTuner、pidtune 和 pidtuneOptions。pidTuner 用于打开 PID 调整器，pidtune 调用 PID 调整算法，用于线性被控对象模型的调整。pidtuneOptions 用于定义 pidtune 的选项，包括'PhaseMargin'、'DesignFocus'和'NumUnstablePoles'三个选项。'PhaseMargin'指定目标相位裕量，默认值为 60°。'DesignFocus'指定闭环性能目标，可取三个值：'balanced'调整控制器平衡跟踪参考值和消除干扰；'reference-tracking'调整控制器跟踪参考值；'disturbance-rejection'调整控制器消除干扰。'NumUnstablePoles'确定被控对象不稳定极点数目。当被控对象为 FRD 模型或具有内部时延的状态-空间模型时，如果存在不稳定极点，则必须确定开环不稳定极点数目。

**例 7.4**　使用 pidTuner 函数设计一个 PI 控制器，被控对象传输函数为 $G(s)=1/(s+1)^3$，设计要求闭环系统跟踪参考输入，上升时间小于 1.5s，稳定时间小于 6s。设计步骤如下。

（1）采用下面的命令创建被控对象，开启 PID Tuner。PID Tuner 界面如图 7.9 所示。

```
sys=zpk([],[-1 -1 -1],1);
pidTuner(sys,'pi')
```

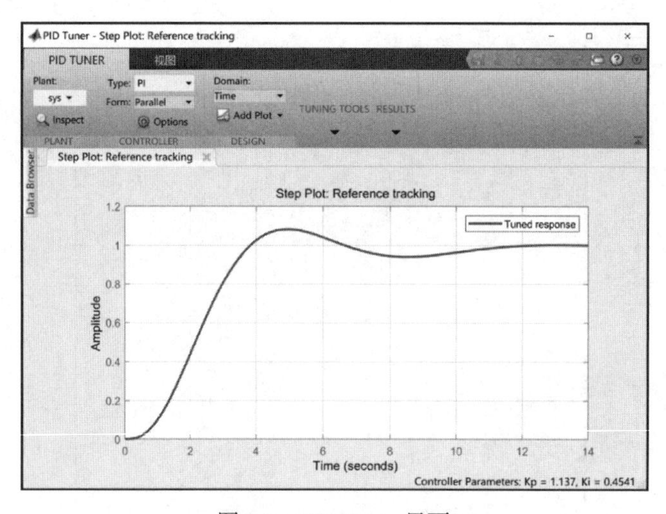


图 7.9　PID Tuner 界面

（2）检查参考值跟踪的上升时间和稳定时间。右击图形界面，执行 Characteristics→Rise Time 命令标记上升时间，用蓝色点标识。执行 Characteristics→Settling Time 命令标记稳定时间，如图 7.10 所示。由图可见，初始的 PI 控制器设计提供的上升时间为 2.35s，稳定时间为 10.7s，两者均比设计要求的时间长。

（3）向右滑动 Response time 滑块，改进控制系统闭环性能。响应曲线会随新的设计自动更新。Response time 滑块向右滑动使上升时间小于 1.5s，但会产生更多的振荡，如图 7.11（a）所示。另外，参数显示新的响应曲线稳定时间长达 182s，远远达不到设计要求，如图 7.11（b）所示。要使响应时间更短，设计算法只能牺牲稳定性。

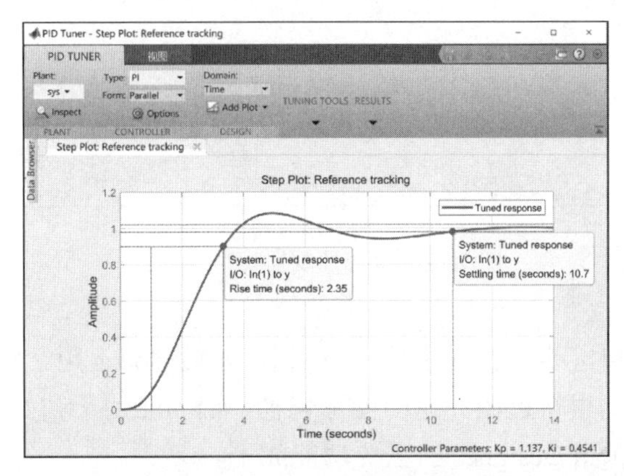


图 7.10　上升时间和稳定时间标示

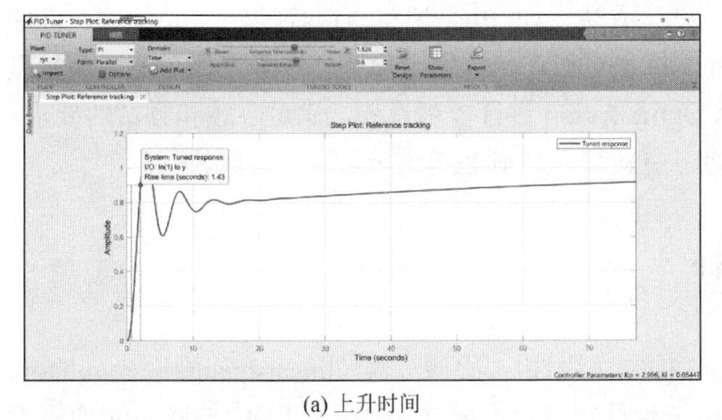


(a) 上升时间

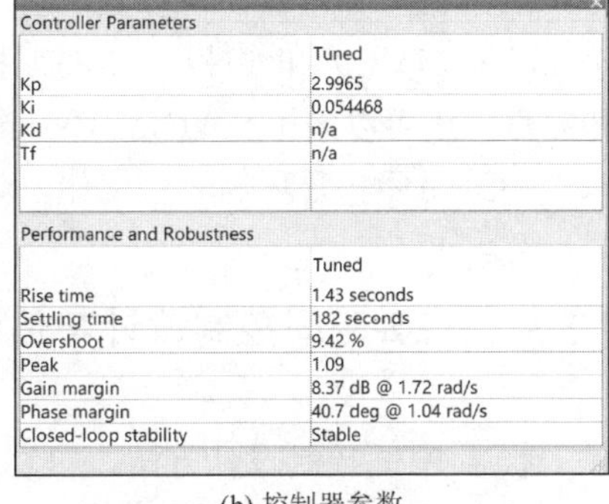

Controller Parameters

| | Tuned |
|---|---|
| Kp | 2.9965 |
| Ki | 0.054468 |
| Kd | n/a |
| Tf | n/a |

Performance and Robustness

| | Tuned |
|---|---|
| Rise time | 1.43 seconds |
| Settling time | 182 seconds |
| Overshoot | 9.42 % |
| Peak | 1.09 |
| Gain margin | 8.37 dB @ 1.72 rad/s |
| Phase margin | 40.7 deg @ 1.04 rad/s |
| Closed-loop stability | Stable |

(b) 控制器参数

图 7.11　改进设计使上升时间满足设计要求

（4）改变控制器类型才能改进响应。在控制器中增加微分环节，PID Tuner 有更多的自由度实现足够的相位裕量，达到期望的响应速度。在 Type 菜单中，选择 PIDF 选项，设计一个新的 PIDF 控制器，上升时间和稳定时间均满足设计要求，如图 7.12 所示。

（5）可将控制器设计结果输出到 MATLAB workspace。选择 Export→Export plant or controller to MATLAB workspace 选项，如果 Form 选择为 Parallel，PID Tuner 将控制器输出为 pid 控制器对象，如果 Form 选择为 Standard，则输出为 pidstd 对象。

## 7.5.2　经典控制设计

使用 Control System Designer App 可以交互式方式设计和分析 SISO 反馈系统控制器，

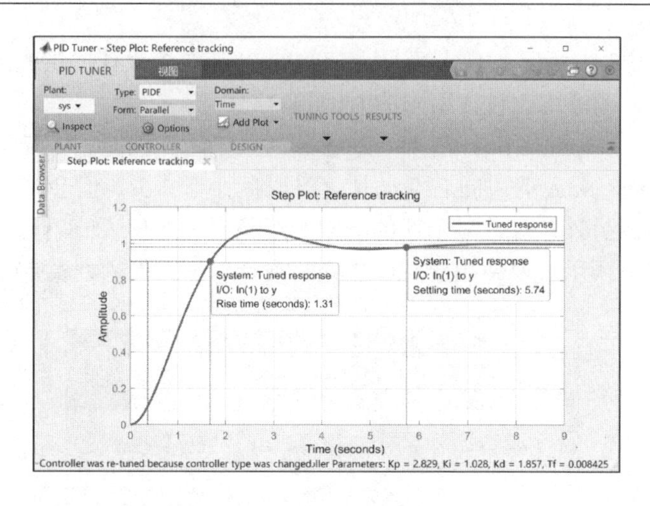


图 7.12　改变控制器类型为 PIDF

也可以采用多种图形和自动调整方法设计控制器。函数 rlocus 用于绘制动态系统的根轨迹图，rlocusplot 用于绘制根轨迹图并返回图形句柄，sisoinit 用于初始化配置 Control System Designer。Control System Designer 的主要功能如下。

（1）定义控制设计要求，包括时间、频率和极点/零点响应曲线。

（2）调整补偿器，可以采用自动设计方法，如 PID 调整、内模控制（internal model controller，IMC）和线性-二次-高斯控制，也可以在伯德图和根轨迹图等设计图上调整极点和零点，还可以采用 Simulink Design Optimization 进行控制设计，满足时域和频域的要求。

（3）闭环和开环响应可视化，动态更新显示控制系统性能。

### 7.5.3　状态-空间控制设计与估计

状态-空间控制设计方法，如 LQG 控制、线性-二次调节器（linear-quadratic regulator，LQR）和极点配置算法，对 MIMO 系统设计很有用。表 7.7 列出了 LQG 控制设计和极点配置算法函数。

**表 7.7　LQG 控制设计和极点配置算法函数**

| 函数名称 | 功能说明 |
|---|---|
| lqr | 线性-二次调节器设计 |
| lqry | 构造具有输出加权的线性-二次状态反馈调节器 |
| lqi | 线性-二次-积分控制 |
| dlqr | 用于离散时间状态-空间系统的线性-二次状态反馈调节器 |
| lqrd | 设计用于连续被控对象的线性-二次调节器 |
| lqg | 线性-二次-高斯设计 |
| lqgreg | 构造线性-二次-高斯调节器 |
| lqgtrack | 构造线性-二次-高斯伺服控制器 |

续表

| 函数名称 | 功能说明 |
|---|---|
| augstate | 将状态向量添加到输出向量 |
| norm | 线性模型范数 |
| estim | 根据已知估计器增益构造状态估计器 |
| place | 极点配置设计 |
| reg | 根据已知状态-反馈和估计器增益构造估计器 |

LQG 控制是一种现代状态-空间方法，用于设计优化动态调节器和带有积分动作的伺服控制器，后者也称为设定点跟踪器（setpoint trackers）。该方法可以在调节/跟踪性能和控制能力之间取得平衡，并考虑过程干扰和测量噪声。设计 LQG 调节器和设定点跟踪器的基本步骤如下。

（1）构造线性-二次（linear-quadratic，LQ）优化增益。

（2）构造卡尔曼滤波器（状态估计器）。

（3）将 LQ 优化增益和卡尔曼滤波器结合形成 LQG 设计，如图 7.13 所示。

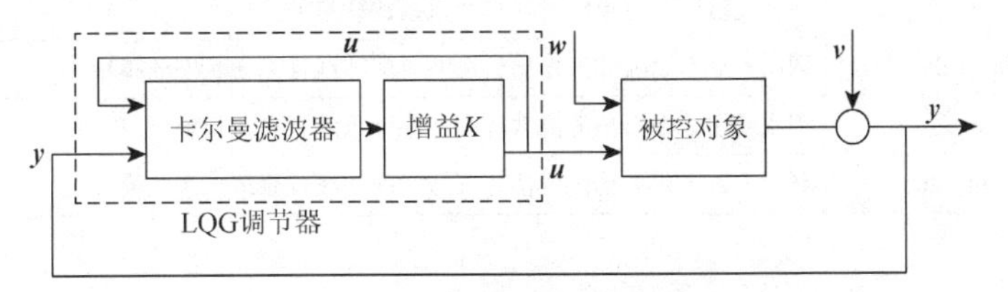


图 7.13　LQG 控制器原理框图

在图 7.13 中，LQG 调节器用于调节输出 $\boldsymbol{y}$，使其保持在零值附近。被控对象受控制信号 $\boldsymbol{u}$ 驱动，也受到过程噪声 $\boldsymbol{w}$ 的影响。调节器依赖含噪声测量值 $\boldsymbol{y}$ 产生控制信号，$\boldsymbol{v}$ 为测量噪声。这里，$\boldsymbol{w}$ 和 $\boldsymbol{v}$ 噪声模型均为白噪声。被控对象状态和测量方程具有如下形式：

$$\dot{\boldsymbol{x}} = \boldsymbol{A}\boldsymbol{x} + \boldsymbol{B}\boldsymbol{u} + \boldsymbol{G}\boldsymbol{w}$$

$$\boldsymbol{y} = \boldsymbol{C}\boldsymbol{x} + \boldsymbol{D}\boldsymbol{u} + \boldsymbol{H}\boldsymbol{w} + \boldsymbol{v}$$

其中，$\dot{\boldsymbol{x}}$ 表示 $\boldsymbol{x}$ 的微分。

闭环系统极点位置对上升时间、稳定时间、暂态振荡等时间响应特性有直接的影响。根轨迹使用补偿器增益移动闭环系统极点，实现 SISO 系统设计的要求。也可以采用状态-空间方法分配闭环系统极点，该方法称为极点配置，它与根轨迹法相比有以下几点区别。

（1）使用极点配置法可以设计动态补偿器。

（2）极点配置法适用于 MIMO 系统。

（3）极点配置法要求系统的状态-空间模型，可以用 ss 函数将其他模型形式转换为状态-空间模型。

状态估计是在系统运行过程中使用新的数据更新状态，生成代码并部署到嵌入式目标对象中。可以使用实时数据和线性/非线性卡尔曼滤波器算法在线估计状态，也可以利用 Simulink 模块进行在线状态估计，并用 Simulink Coder 生成模块 C/C++代码，部署到嵌入式目标对象中。还可以用命令行进行状态在线估计，用 MATLAB Compiler 或

MATLAB Coder 部署代码。表 7.8 列出了用于状态估计的 MATLAB 函数和 Simulink 模块。

**表 7.8　状态估计函数和 Simulink 模块**

| 函数或模块名称 | 功能说明 |
|---|---|
| kalman | 卡尔曼滤波器设计，卡尔曼估计器 |
| kalmd | 用于连续被控对象的离散卡尔曼估计器设计 |
| estim | 已知估计器增益构造状态估计器 |
| extendedKalmanFilter | 为在线状态估计创建扩展卡尔曼滤波器对象 |
| unscentedKalmanFilter | 为在线状态估计创建无迹卡尔曼滤波器对象 |
| particleFilter | 用于在线状态估计的粒子滤波器对象 |
| correct | 利用扩展卡尔曼滤波器、无迹卡尔曼滤波器或粒子滤波器及测量值校正状态和状态估计误差协方差 |
| predict | 利用扩展卡尔曼滤波器、无迹卡尔曼滤波器或粒子滤波器预测下一步状态和状态估计误差协方差 |
| initialize | 粒子滤波器状态初始化 |
| clone | 复制在线状态估计对象 |
| Kalman Filter | 估计离散时间或连续时间线性系统的状态的模块 |
| Extended Kalman Filter | 利用扩展卡尔曼滤波器估计离散时间非线性系统状态的模块 |
| Particle Filter | 利用粒子滤波器估计离散时间非线性系统状态的模块 |
| Unscented Kalman Filter | 利用无迹卡尔曼滤波器估计离散时间非线性系统状态的模块 |

## 7.6　模 型 验 证

Simulink Control Design 提供了模型验证（Model Verification）模块，用于监控非线性 Simulink 模型线性化系统在仿真过程中的时频域特性。可以用这些模块指定线性系统特性的取值范围，检查仿真过程中系统特性是否满足这些取值范围。表 7.9 给出了模型验证 Simulink 模块。

**表 7.9　模型验证 Simulink 模块**

| 模块名称 | 功能说明 |
|---|---|
| Check Bode Characteristics | 检验伯德幅度范围在仿真过程中是否得到满足 |
| Check Gain and Phase Margins | 检验增益和相位裕量范围在仿真过程中是否得到满足 |
| Check Linear Step Response Characteristics | 检验线性系统的阶跃响应范围在仿真过程中是否得到满足 |
| Check Nichols Characteristics | 检验尼科尔斯响应的增益和相位范围在仿真过程中是否得到满足 |
| Check Pole-Zero Characteristics | 检验极点位置范围在仿真过程中是否得到满足 |
| Check Singular Value Characteristics | 检验奇异值范围在仿真过程中是否得到满足 |

**例 7.5**　验证飞机的频域特性。利用 Simulink Control Design 工具箱中的 Linear Analysis Plots 和 Model Verification 库模块，检验燃油变化时飞机速度反馈控制系统的增益和相位裕量。飞机的简化 Simulink 模型如图 7.14 所示。

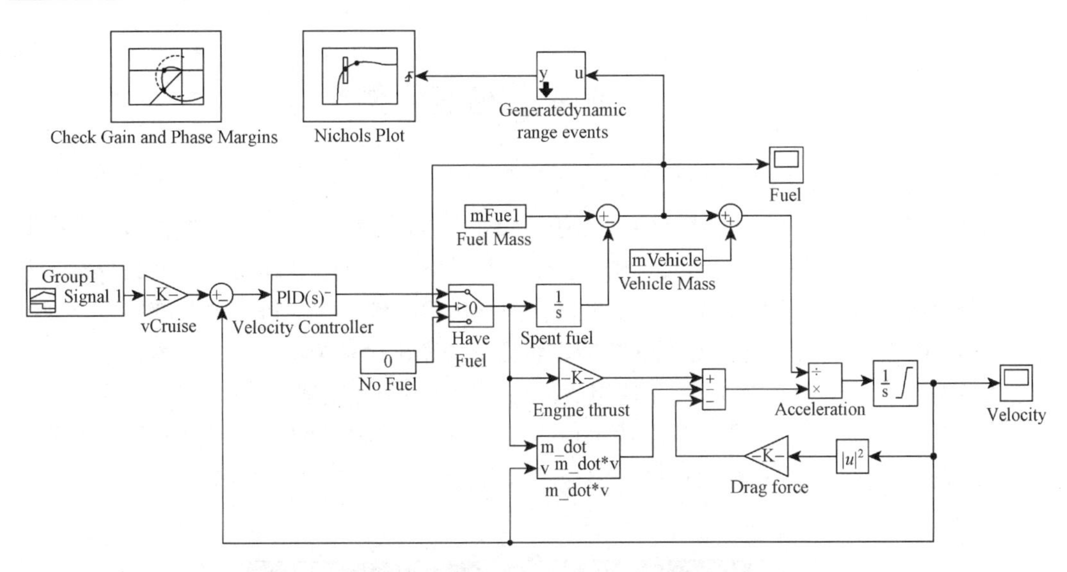


图 7.14　飞机的简化 Simulink 模型

该飞机模型基于以巡航高度和速度飞行的长途客机。飞机开始时满载燃油，并遵循预先指定的 8 小时速度曲线。Simulink 模型是速度控制环路的简化版本，用于调整燃油流速以控制飞机速度。该模型包括模拟燃料消耗和飞机质量变化的模块，以及限制飞机速度的非线性拔模效应（nonlinear draft effects）。模型中使用的常量，如拖动系数，在模型工作区中定义并从脚本初始化。

运行上述 Simulink 模型，然后双击 Check Gain and Phase Margins 模块，检验环路增益和相位裕量。该模块计算环路增益和相位裕量，验证增益裕量是否大于 30dB，相位裕量是否大于 60°，结果如图 7.15 所示。

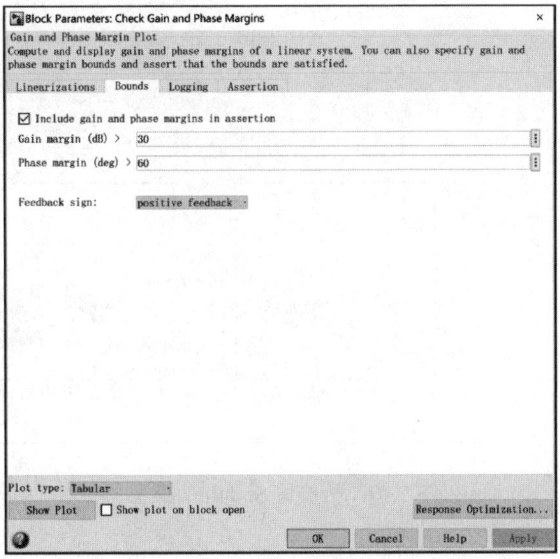

Block Parameters: Check Gain and Phase Margins
Gain and Phase Margin Plot
Compute and display gain and phase margins of a linear system. You can also specify gain and phase margin bounds and assert that the bounds are satisfied.
Linearizations　Bounds　Logging　Assertion
☑ Include gain and phase margins in assertion
Gain margin (dB) > 30
Phase margin (deg) > 60
Feedback sign: positive feedback
Plot type: Tabular
Show Plot　☐ Show plot on block open　Response Optimization...
OK　Cancel　Help　Apply

图 7.15　增益裕量和相位裕量

## 7.7　控制系统仿真实例

下面介绍一个机器臂多环路比例积分控制的实例。

**例 7.6**　机器臂操纵器的多环路 PI 控制。如图 7.16 所示，一个六自由度机器臂操纵器由转台（turntable）、二头肌（bicep）、前臂（forearm）、手腕（wrist）、手（hand）和夹具（gripper）六个部分组成。除了二头肌关节用两个串接直流马达驱动外，其他每个关节均用一个直流马达驱动。图 7.17 为机器臂 Simulink 模型，包括电子和机械两个部分。控制器子系统结构如图 7.18 所示，由 6 个数字 PI 控制器组成，每个关节一个控制器。每个 PI 控制器采用二自由度 PID 控制器模块（2-DOF PID Controller）实现。控制采样时间为 $T_s = 0.1\text{s}$。图 7.19 给出了由电子控制马达和机械臂两部分组成的六自由度机器臂操纵器模型。

图 7.16　六自由度机器臂操纵器

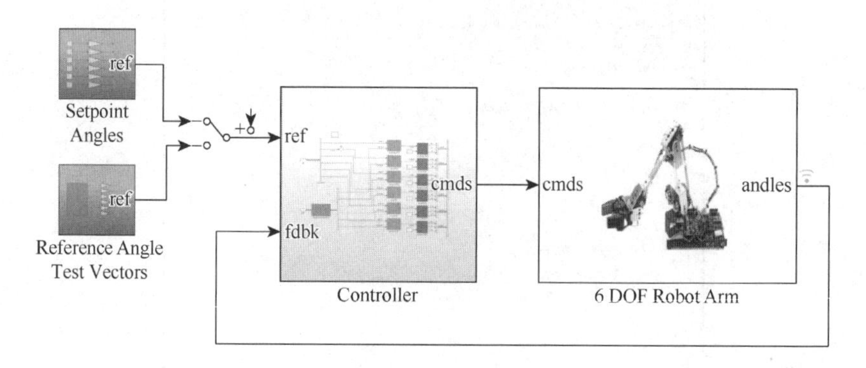


图 7.17　机器臂 Simulink 模型

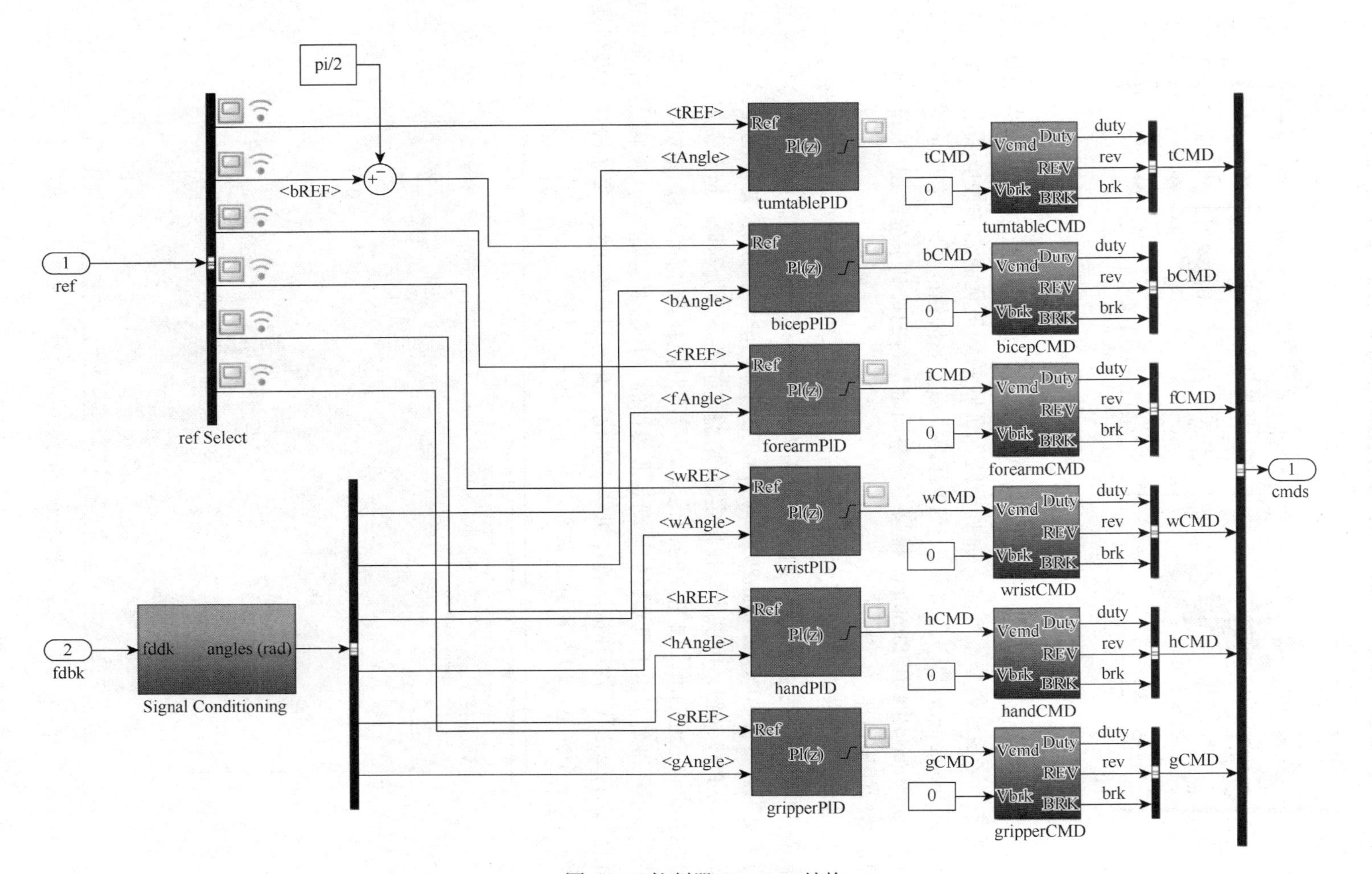


图 7.18　控制器 Simulink 结构

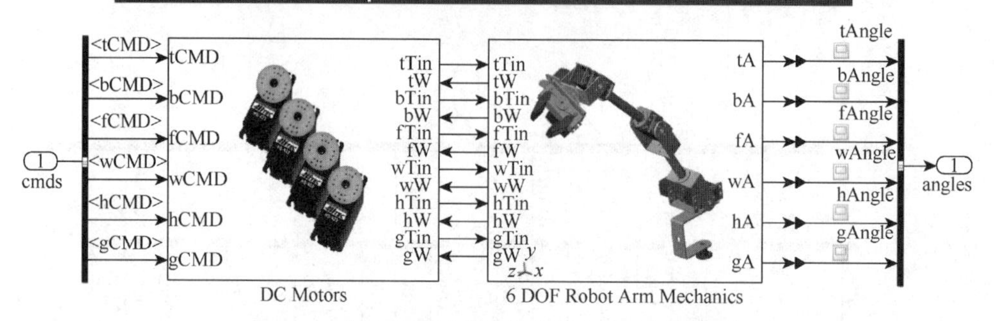


图 7.19　六自由度机器臂操纵器的电子机械模型

通常，多环路控制器要顺序调整，每次调整一个 PID 环路，循环进行直至总体性能满足要求。这个过程非常耗时，而且不能保证收敛到最优的总体性能要求。可以采用 systune 或 looptune 函数联合调整 6 个 PI 环路，满足系统性能要求，如响应时间和最小交叉耦合。systune 用于在 Simulink 模型中调整固定结构的控制系统参数，looptune 用于调整固定结构的反馈环。

在本例中，机器臂必须在大约 1s 内运动到指定位置，每个关节的角度运动要平滑。机器臂在垂直位置完全伸展开，除了二头肌角度为 90°外，其他关节角度均为 0°。终点位置的角度为：转台 60°、二头肌 80°、前臂 60°、手腕 90°、手 90°、夹具 60°。在 Simulink 模型中单击 Play 按钮，可以仿真在指定 PI 增益值条件下，机器臂的运动轨迹，也可显示机器臂运动的三维动画，如图 7.20 所示。如果不对控制器进行调整，则机器臂的响应显得呆滞，不够准确。由于机器臂的运动是非线性的，控制中需要对运动轨迹逐段线性化。下面的 MATLAB 代码实现机器臂操纵器线性化，并绘制响应曲线。每个线性化模型具有 6 个输入，6 个输出，19 种不同的状态。

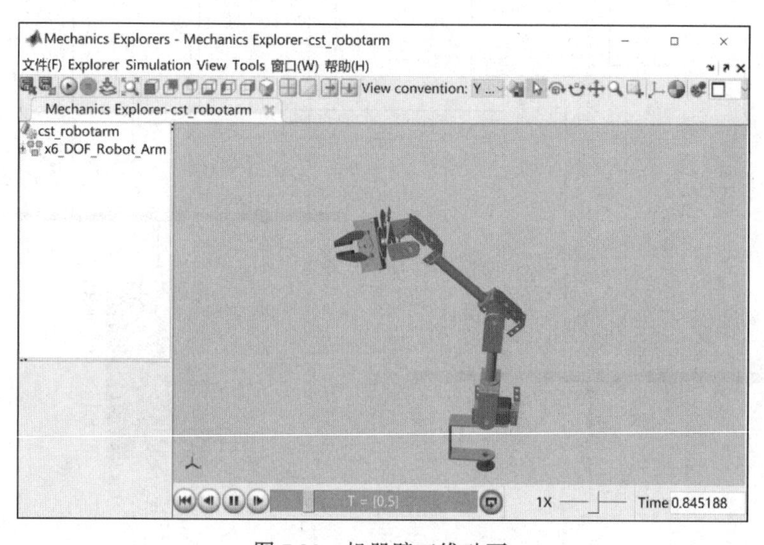


图 7.20　机器臂三维动画

```
%%机器臂操纵器线性化
```

```
SnapshotTimes=0:1:5;%设定快照时间长度和间隔
%为 Simulink 模型创建线性分析点
LinIOs=[...
linio('cst_robotarm/Controller/turntablePID',1, 'openinput'),...
linio('cst_robotarm/Controller/bicepPID',1,'openinput'),...
linio('cst_robotarm/Controller/forearmPID',1, 'openinput'),...
linio('cst_robotarm/Controller/wristPID',1, 'openinput'),...
linio('cst_robotarm/Controller/handPID',1,'openinput'),...
linio('cst_robotarm/Controller/gripperPID',1, 'openinput'),...
linio('cst_robotarm/6 DOF Robot Arm',1,'output')];
LinOpt=linearizeOptions('SampleTime',0); %设定线性化选项—连续时间模型
G=linearize('cst_robotarm',LinIOs,SnapshotTimes,LinOpt);
%Simulink 模型线性化
%绘制线性化模型,间隔时间 t=0,1,2,3,4,5s。
G5=G(:,:,end); % t=5s 时的模型
G5.SamplingGrid=[];
sigma(G5,G(:,:,2:5)-G5,{1e-3,1e3}),grid %绘制动态系统的奇异值曲线
title('Variation of linearized dynamics along trajectory')
legend('Linearization at t=5 s','Absolute variation',...
       'location','SouthWest')
%t=3s 线性化
tLinearize=3;
%创建 slTuner 接口
TunedBlocks={'turntablePID','bicepPID','forearmPID',...
             'wristPID','handPID','gripperPID'};
ST0=slTuner('cst_robotarm',TunedBlocks,tLinearize);

%标记 PID 模块输出,被控的输入
addPoint(ST0,TunedBlocks)
%标记关节角度,被控的输出
addPoint(ST0,'6 DOF Robot Arm')

%标记参考信号
RefSignals={...
'ref Select/tREF',...
'ref Select/bREF',...
'ref Select/fREF',...
'ref Select/wREF',...
```

```
'ref Select/hREF',...
'ref Select/gREF'};
addPoint(ST0,RefSignals)

%目标控制带宽不小于响应时间倒数的两倍。响应时间为 1s,控制带宽为 3rad/s
wc=3; %目标增益交叉频率
Controls=TunedBlocks;     %促动器命令
Measurements='6 DOF Robot Arm'; %关节角度测量值
ST1=looptune(ST0,Controls,Measurements,wc);

%比较初始控制器和调整后控制器的阶跃响应
T0=getIOTransfer(ST0,RefSignals,Measurements);
T1=getIOTransfer(ST1,RefSignals,Measurements);
opt=timeoptions;opt.IOGrouping='all';opt.Grid='on';
stepplot(T0,'b--',T1,'r',4,opt)
legend('Initial','Tuned','location','SouthEast')

%二自由度 PID 控制器
TR=TuningGoal.StepTracking(RefSignals,Measurements,0.5);
ST2=looptune(ST0,Controls,Measurements,TR);
T2=getIOTransfer(ST2,RefSignals,Measurements);
stepplot(T1,'r--',T2,'g',4,opt)
legend('1-DOF tuning','2-DOF tuning','location','SouthEast')

%二头肌和手腕的耦合效应
H2=T2([2 4],[2 4])* diag([-10 90]); %scale by step amplitude
H2.u={'Bicep','Wrist'};
H2.y={'Bicep','Wrist'};
step(H2,5),grid

%细化设计
JointDisp=[60 10 60 90 90 60]; %受控的角度量
TR.InputScaling=JointDisp;
%限制参考信号到控制信号的增益
UR=TuningGoal.Gain(RefSignals,Controls,6);
%根据细化的目标再调整控制器
ST3=looptune(ST0,Controls,Measurements,TR,UR);
```

```
%比较尺度变换的响应和以前的设计
T2s=diag(1./JointDisp)* T2 * diag(JointDisp);
T3s=diag(1./JointDisp)*
getIOTransfer(ST3,RefSignals,Measurements)* diag(JointDisp);
stepplot(T2s,'g--',T3s,'m',4,opt)
legend('Initial 2-DOF','Refined 2-DOF','location','SouthEast')
writeBlockValue(ST3)
```

图 7.21 是软件生成的运动轨迹线性化的变化曲线。在低频和高频时运动变化很显著，在 10rad/s 附近，变化下降到不足 10%，大约就是预期的控制带宽。在目标增益交叉频率附近的运动变化比较小，说明只采用一组 PI 增益就可以实现机器臂控制，不需要进行增益调度。

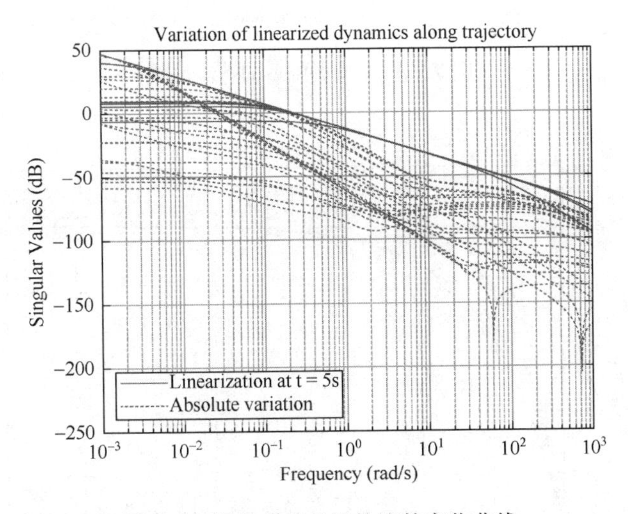


图 7.21　运动线性化沿轨迹的变化曲线

图 7.22 显示了仿真得出的初始控制器的阶跃响应和调整后控制器的阶跃响应。由图可见，6 条阶跃响应曲线在 $y$=1 附近趋于稳定，$y$=0 附近稳定表示交叉耦合项。调整后的控制器响应有明显改进，但仍存在过冲，Bicep 响应曲线稳定时间较长。

默认情况下，looptune 只调整反馈环，对前馈单元不进行调整。为了充分利用前馈单元降低过冲，代码中用一个显式的步骤跟踪从参考角度到关节角度的要求。二自由度调整消除了过冲，改进了二头肌的响应。二自由度响应曲线仿真结果见图 7.23。调整后的线性响应令人满意，用函数 writeBlockValue 将调整后的 PI 增益值写回到 Simulink 模块中，仿真整体控制动作。控制器调整后的仿真结果如图 7.24 和图 7.25 所示。二头肌关节的非线性响应存在明显的下冲，究其原因，有两个可能的罪魁祸首：一个是 PI 控制器过于激进使得马达饱和(输入电压限制在 ± 5V 范围)；另一个是手腕和二头肌直接的交叉耦合效应，当达到一定程度时，对二头肌的响应有重大而持续的影响。图 7.26 绘制了这两个关节的阶跃响应，二头肌关节实际的跃变范围为−10°，腕关节跃变范围为 90°。

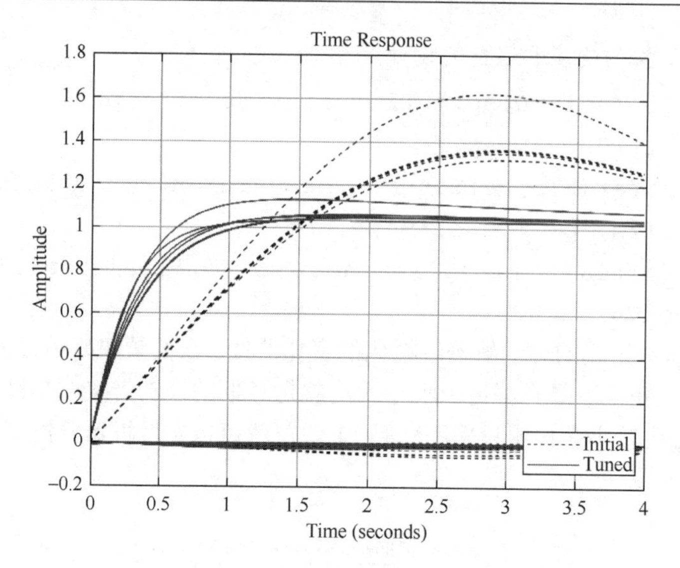


图 7.22　模型调整后的响应曲线

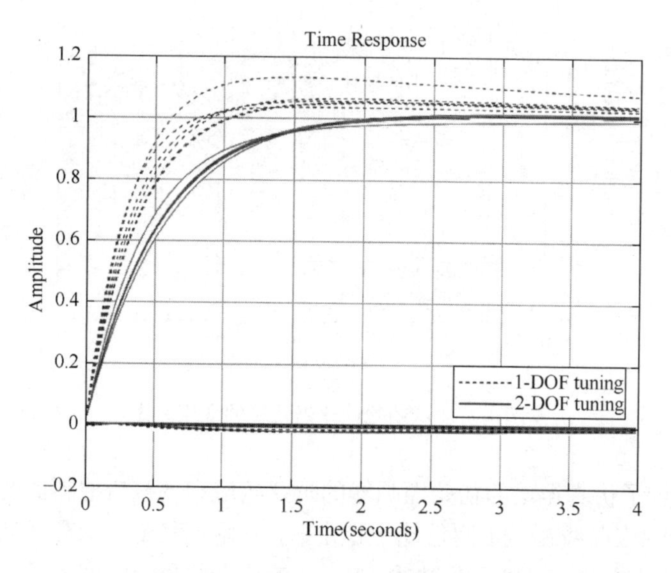


图 7.23　一自由度和二自由度调整的响应曲线

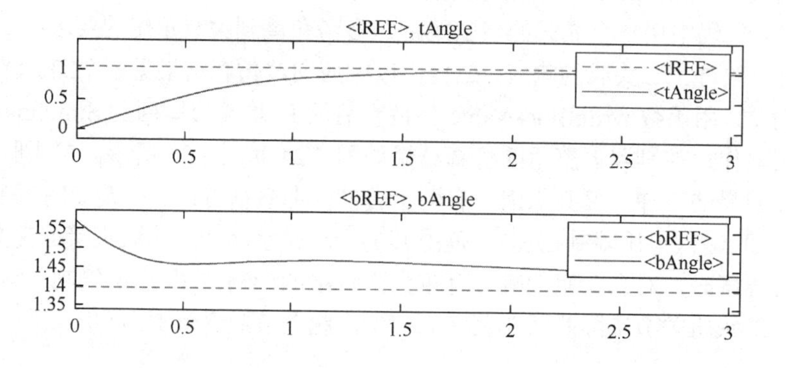

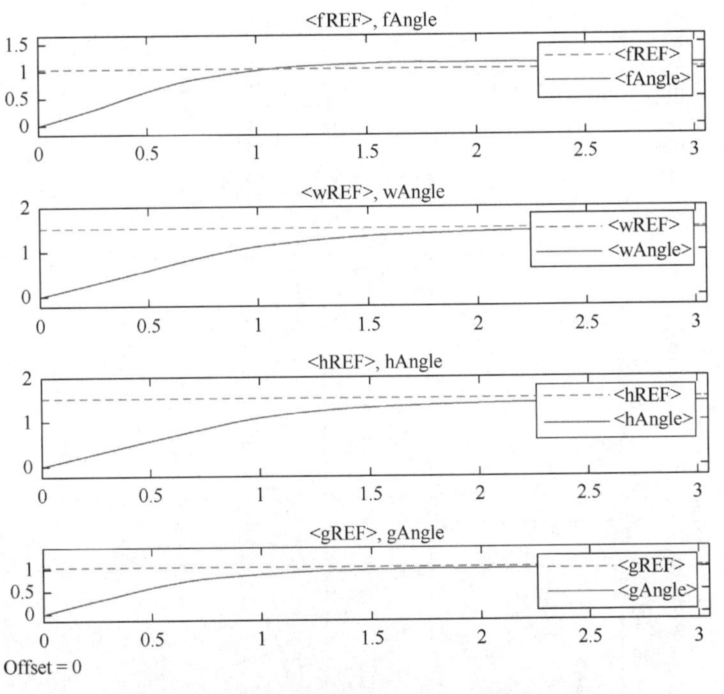


图 7.24　控制器调整后的运动角度变化

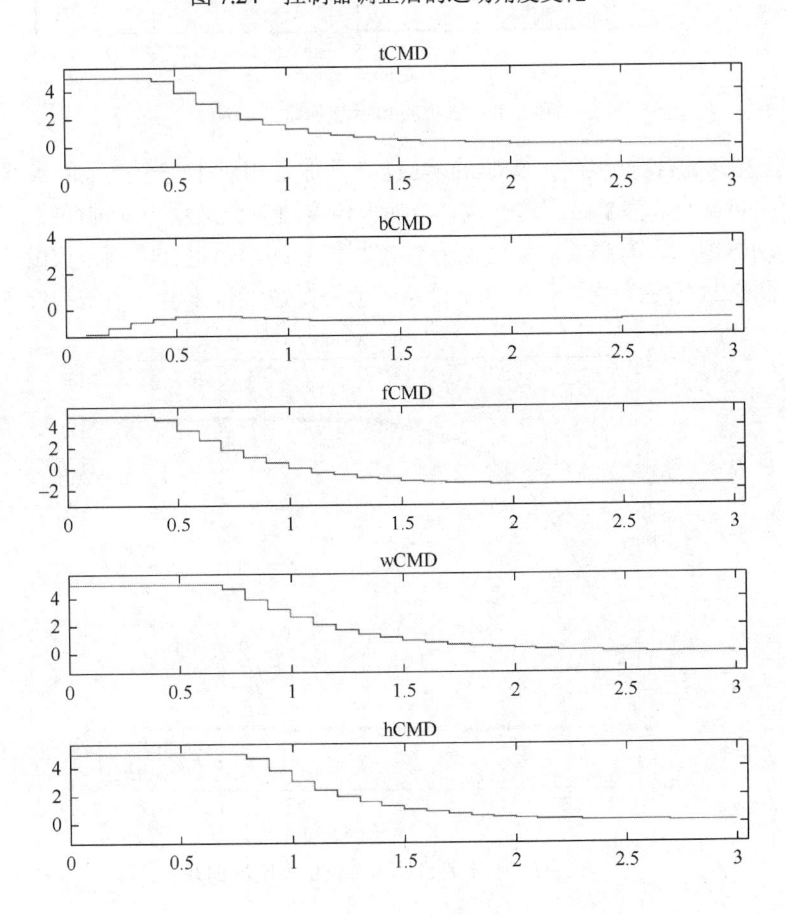

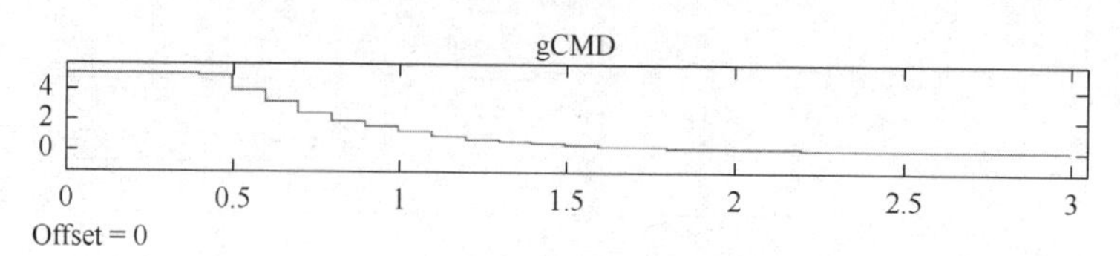


图 7.25　控制器调整后的控制信号

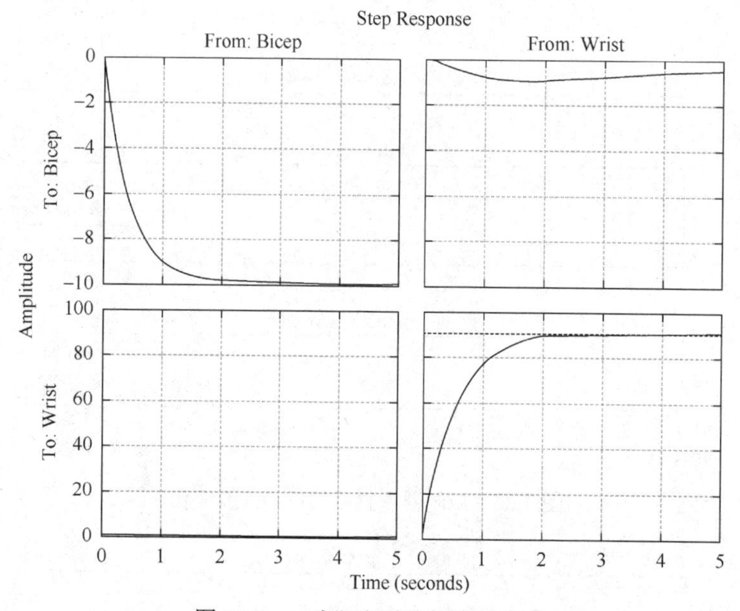


图 7.26　二头肌和手腕的阶跃响应

为了改进在机器臂操纵时二头肌的响应，必须保证相对于每个关节的最终角度位移量交叉耦合效应足够小。为了做到这一点，用参考角度值对交叉耦合项进行归一化尺度变换。为了减小促动器饱和，有必要对参考信号到控制信号的增益进行限制。尺度变换前后控制器的响应如图 7.27 所示。由图可见，不论从峰值还是总能量来看，手腕和二头肌运动之间

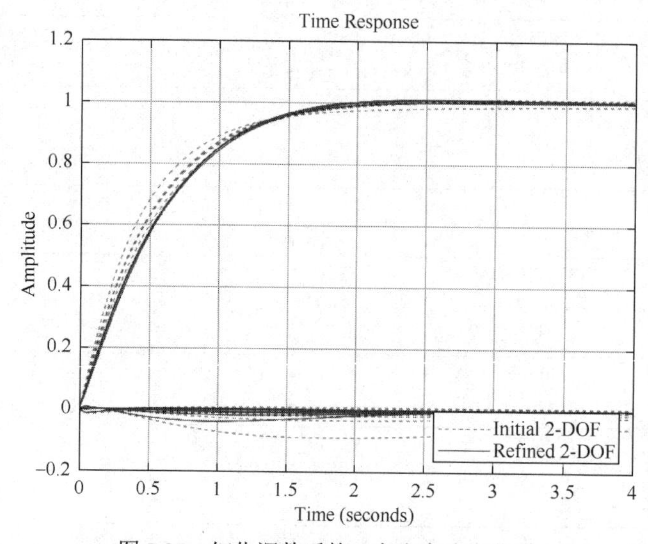


图 7.27　细化调整后的二自由度响应曲线

的交叉耦合显著减小。再次用 writeBlockValue 函数将重新调整后的值推送到 Simulink 模型中进行验证，仿真结果如图 7.28 和图 7.29 所示。细化调整后，在稳定时间和平滑瞬态方面，二头肌的响应与其他关节响应相比，几乎没有促动器饱和现象。三维动画证实了机器臂可以快速准确地运动到期望的位置。

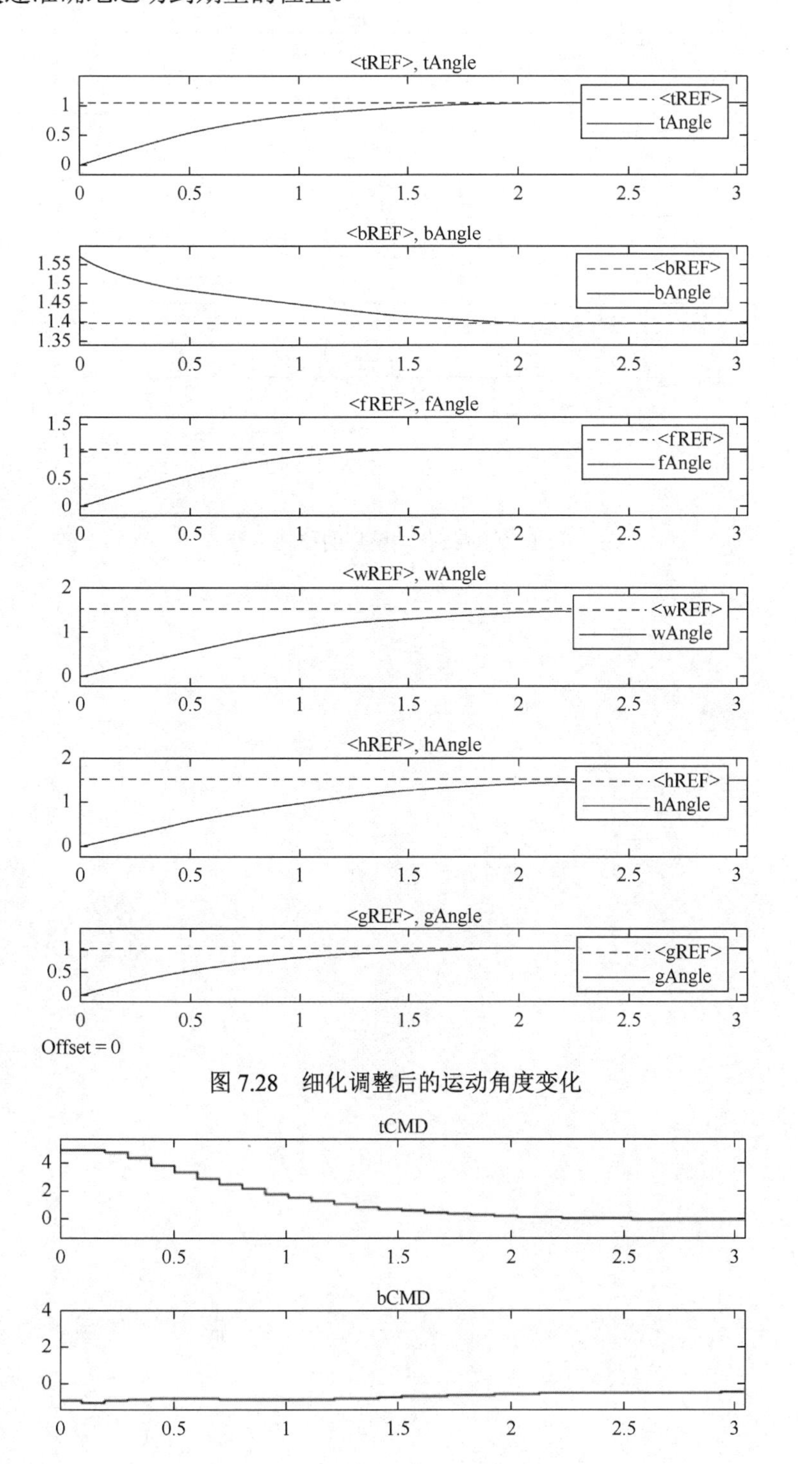


图 7.28 细化调整后的运动角度变化

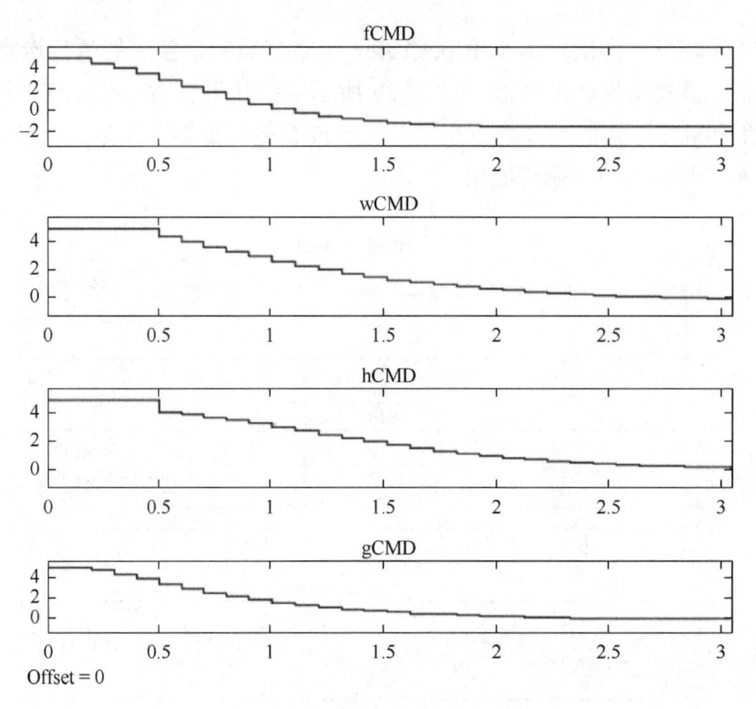


图 7.29　细化调整后的控制信号

# 第 8 章　Simulink 设计与优化

要扩展 Simulink 提供的内置建模功能，可以用 MATLAB 创建自定义模块，并将它们添加到 Simulink Library Browser 中。具体来说，可以使用 MATLAB Function、Fcn 或 Interpreted MATLAB Function 模块通过 MATLAB 函数创建自定义模块。如果存在如下三种情形：已经有可对自定义功能建模的 MATLAB 函数、使用 MATLAB Function 对自定义功能建模比使用 Simulink 模块图建模更容易、自定义功能不包含连续或离散动态状态，则通过 MATLAB Function 模块使用 MATLAB 语言定义自定义功能是很好的。

## 8.1　Simulink S-Function 建模

### 8.1.1　S-Function 基础

S-Function 即系统函数，允许用户通过创建自定义模块来扩展 MATLAB/Simulink 环境的功能。S-Function 是以 MATLAB、C、C++或 Fortran 语言编写的 Simulink 模块的计算机语言描述。C、C++和 Fortran S-Function 被编译为 MEX 文件，即 MATLAB 解释器可以自动加载和执行的动态链接的子程序。用户采用 S-Function API 调用 S-Function 与 Simulink 引擎进行交互，类似于 Simulink 引擎与内嵌 Simulink 模块之间的交互。

S-Function 适用于连续、离散和混合系统。S-Function 编写遵循一组简单的规则，可以实现一个算法，并通过 S-Function 模块加入 Simulink 模型中。把编写好的 S-Function 的名字放在 S-Function 模块中，用封装定制用户接口。S-Function 模块可以在用户定义函数模块库（user-defined functions block library）中找到。如果已经安装了 Simulink Coder，则可以和 Simulink 软件一起使用 S-Function。也可以编写目标语言编译器（target language compiler，TLC）文件，定制生成用于 S-Function 的代码。

S-Function 类型包括手动编写的 MATLAB S-Function、C MEX S-Function，采用 S-Function Builder 和 Legacy Code Tool 自动生成的 S-Function。其中 MATLAB S-Function 又分为 Level-1 和 Level-2 两种。表 8.1 给出了手动编写 S-Function 类型及其特征，表 8.2 则是自动生成的 S-Function 类型及其特征。

**表 8.1　手动编写 S-Function 类型及其特征**

| 特征 | Level-1 MATLAB S-Function | Level-2 MATLAB S-Function | Handwritten C MEX S-Function |
|---|---|---|---|
| 数据类型 | 支持双精度数据类型信号 | Simulink 支持的任意数据类型，包括定点类型 | Simulink 支持的任意数据类型，包括定点类型 |
| 数值类型 | 仅支持实信号 | 支持实信号和复信号 | 支持实信号和复信号 |

续表

| 特征 | Level-1 MATLAB S-Function | Level-2 MATLAB S-Function | Handwritten C MEX S-Function |
| --- | --- | --- | --- |
| 帧支持 | 不支持帧信号 | 支持帧和非帧信号 | 支持帧和非帧信号 |
| 输入输出口维度 | 支持向量输入输出信号，不支持多输入多输出口 | 支持标量、一维和多维输入输出信号 | 支持标量、一维和多维输入输出信号 |
| S-Function API | 仅支持 mdlInitializeSizes、mdlDerivatives、mdlUpdate、mdlOutputs、mdlGetTimeOfNextVarHit 和 mdlTerminate | 支持较多的 S-Function API | 支持所有 S-Function API |
| 代码生成支持 | 不支持代码生成 | 需要手动编写 TLC 文件才能生成代码 | 本身支持代码生成。但在代码生成过程中内联 S-Function 则需要手动编写 TLC 文件 |
| Simulink 加速器模式 | 只能解释性运行，不支持加速模式 | 可选择在加速模式中使用 TLC 文件，取代解释运行 | 可选择在加速模式中使用 TLC 或 MEX 文件 |
| 模型参考 | 不能用于参考模型中 | 用于参考模型时支持正常和加速模式，加速模式需要 TLC 文件 | 可选择采样时间继承和用于参考模型时的正常模式支持 |
| Simulink. AliasType and Simulink. NumericType support | 不支持这些类 | 支持 Simulink.NumericType 和 Simulink.AliasType 类 | 支持所有这些类 |
| 总线输入输出信号 | 不支持总线输入输出信号 | 不支持总线输入输出信号 | 支持非虚拟的总线输入输出信号 |
| 可调及运行参数 | 仿真中支持可调参数，不支持运行参数 | 支持可调和运行参数 | 支持可调和运行参数 |
| 工作向量 | 不支持工作向量 | 支持 DWork 向量 | 支持所有工作向量类型 |

**表 8.2　自动生成的 S-Function 类型及其特征**

| 特征 | S-Function Builder | Legacy Code Tool |
| --- | --- | --- |
| 数据类型 | Simulink 支持的任意数据类型，包括定点类型 | 支持所有内嵌数据类型。如果要用定点数据类型，需指定数据类型为 Simulink.NumericType |
| 数值类型 | 支持实信号和复信号 | 仅对内嵌数据类型支持复信号 |
| 帧支持 | 支持帧和非帧信号 | 不支持帧信号 |
| 输入输出口维度 | 支持标量、一维和多维输入输出信号 | 支持标量、一维和多维输入输出信号 |
| S-Function API | 支持创建定制 mdlInitializeSizes、mdlInitializeSampleTimes、mdlDerivatives、mdlUpdate 和 mdlOutputs、lTerminate | 支持 mdlInitializeSizes、mdlInitializeSampleTimes、mdlStart、mdlInitializeConditions、mdlOutputs 和 mdlTerminate |
| 代码生成支持 | 本身支持代码生成，可自动产生在代码生成过程中内联 S-Function 所需的 TLC 文件 | 本身支持对嵌入式系统优化的代码生成。可自动产生 TLC 文件，支持在代码生成过程中内联 S-Function 所需的表达式折叠 |
| Simulink 加速器模式 | 在加速器模式中，如果 TLC 文件已经产生则使用 TLC 文件，否则使用 MEX 文件 | 在加速器模式中，可选择使用 TLC 文件或 MEX 文件 |
| 模型参考 | 在参考模型中使用缺省属性 | 在参考模型中使用缺省属性 |

续表

| 特征 | S-Function Builder | Legacy Code Tool |
| --- | --- | --- |
| Simulink.AliasType、Simulink.NumericType 类 | 不支持这些类 | 支持 Simulink.AliasType 和 Simulink.NumericType 类 |
| 总线输入输出信号 | 支持总线输入输出信号 | 支持总线输入输出信号，必须在 MATLAB 工作空间中定义 Simulink.Bus 对象，不支持总线参数 |
| 可调及运行参数 | 仅在仿真中支持可调参数，支持运行参数 | 支持可调参数和运行参数 |
| 工作向量 | 不提供访问工作向量支持 | 支持使用类型为 SS_DWORK_USED_AS_DWORK 的 DWork 工作向量 |

创建 S-Function 需要理解其工作原理，或者说，理解 Simulink 引擎如何仿真一个模型，包括模块的数学模型。下面首先说明一个模块的输入、状态和输出之间的数学关系。图 8.1 给出了 Simulink 模块的数学模型，模块包括一组输入、一组状态和一组输出，而输出是仿真时间、输入和状态的函数，它们之间的数学关系可用下列方程表示：

$$y = f_0(t,x,u) \qquad \text{(输出)}$$

$$\dot{x} = f_d(t,x,u) \qquad \text{(导数)}$$

$$x_{d_{k+1}} = f_u(t,x_c,x_{d_k},u) \quad \text{(更新)}$$

其中，$\dot{x}$ 表示 $x$ 的一阶导数，$x=[x_c;x_d]$。

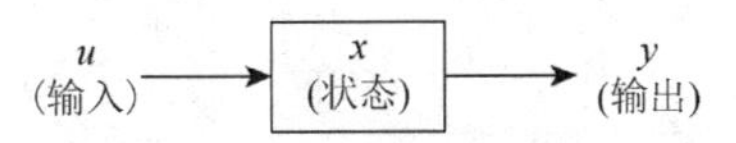


图 8.1　Simulink 模块的数学模型

Simulink 模型仿真运行过程分为几个阶段。首先是初始化阶段（initialization phase），Simulink 引擎将来自模块库的模块组合为一个模型，传递信号宽度、数据类型和采样时间，计算模块参数，确定模块执行顺序，分配内存。接下来，Simulink 引擎进入仿真循环（simulation loop），每次循环称为一个仿真步（simulation step）。在每一个仿真步中，Simulink 引擎按照初始化确定的顺序执行模型中的模块。对每一个模块的执行，Simulink 引擎会调用函数计算模块状态、导数和当前采样时间的输出。一个模型仿真的过程如图 8.2 所示。当模型包含连续状态时才会出现内部积分循环。Simulink 引擎执行循环直至求解器达到计算状态的期望精度。然后整个仿真循环继续执行直至完成仿真。

S-Function 通过实现一组回调方法（callback methods）完成每一个仿真阶段要求的任务。在模型仿真过程的每一个阶段，Simulink 引擎为模型中的每一个 S-Function 模块调用适当的方法，完成每一个仿真阶段的任务。

初始化：在第一个仿真循环之前，引擎对 S-Function 进行初始化。初始化任务包括仿真结构 SimStruct 的初始化，它包含有关 S-Function 的信息，还有设置输入输出口的维度和数量，设置模块采样时间，分配存储区。

计算下一个样本命中时间：如果创建了一个采样时间可变的模块，这个阶段要计算下一个样本命中的时间，也就是计算下一个步长大小。

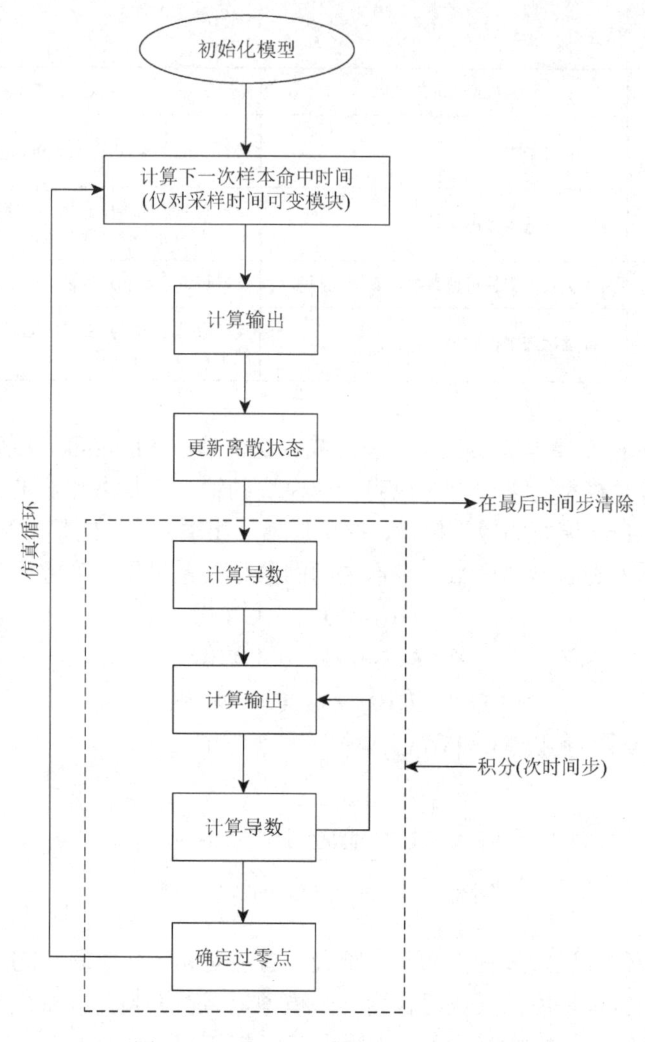


图 8.2　Simulink 引擎执行仿真的过程

计算主要时间步时的输出：完成这个调用后，所有模块输出口对当前时间步都是有效的。

更新主要时间步（major time step）的离散状态：在这个调用中，模块完成一个时间步一次的活动，如更新离散状态。

积分：适用于具有连续状态或非采样过零点的模型。如果 S-Function 具有连续状态，则引擎在次要时间步（minor time step）调用 S-Function 的输出和导数部分。因此，求解器可以计算 S-Function 的状态。如果 S-Function 具有非采样的过零点，引擎也在次时间步调用输出和 S-Function 的过零检测部分，因此，它可以确定过零点。

### 8.1.2　C/C++ S-Function

使用 C 或 C++代码可以编写 S-Function。S-Function 模块和 S-Function Builder 模块可

用于实现基于 C 或 C++代码编写的 S-Function。

在仿真过程中，C MEX S-Function 必须向 Simulink 引擎提供函数的信息。在仿真进行中，引擎、常微分方程求解器和 C MEX S-Function 相互作用完成特定的任务，包括定义初始条件和模块特性，计算导数、离散状态和输出。C MEX S-Function 通过一组回调方法的实现完成上述任务，每种方法以合适的方式完成预定的任务。基于回调的 API 允许用户根据需要的功能创建 S-Function，定制用户模块。表 8.3 列出了 C MEX S-Function 回调方法函数。可以看到，它能实现的回调方法比 MATLAB S-Function 实现的更多，但在 S-Function API 中，它仅需实现一小部分回调方法。如果用户模块不实现某个特征，如矩阵信号，则可以省略其相应的回调方法，这样可以快速创建简单的模块。

**表 8.3　C/C++ S-Function 回调方法函数**

| 函数名称 | 功能说明 |
| --- | --- |
| mdlInitializeSizes | 指定输入、输出、状态、参数的数量，以及 C MEX S-Function 的其他特性 |
| mdlInitializeSampleTimes | 指定 C MEX S-Function 工作的采样率 |
| mdlOutputs | 计算模块输出信号 |
| mdlTerminate | 执行终止仿真的动作 |
| mdlCheckParameters | 检查 C MEX S-Function 参数的有效性 |
| mdlDerivatives | 计算 C MEX S-Function 导数 |
| mdlDisable | 响应不启用包含该模块的使能系统 |
| mdlEnable | 响应启用包含该模块的使能系统 |
| mdlGetSimState | 返回 C MEX S-Function 仿真状态，保存为有效的 MATLAB 数据结构，如矩阵结构或胞元数组 |
| mdlGetTimeOfNextVarHit | 指定下次采样时间命中（next sample time hit）的时间 |
| mdlInitializeConditions | 初始化 C MEX S-Function 状态向量 |
| mdlProcessParameters | 处理 C MEX S-Function 参数 |
| mdlProjection | 扰动求解器的系统状态解，更好地满足时不变解关系 |
| mdlRTW | 产生 C MEX S-Function 的代码生成数据 |
| mdlSetDefaultPortComplexSignals | 设置模型输入输出口的数值类型（实数、复数或继承），其数值类型不能通过模型连接确定 |
| mdlSetDefaultPortDataTypes | 设置模型输入输出口的数据类型，其数据类型不能通过模型连接确定 |
| mdlSetDefaultPortDimensionInfo | 设置 C MEX S-Function 输入口接收或输出口送出的默认信号维度 |
| mdlSetInputPortComplexSignal | 设置输入口接收的信号数值类型（实数、复数或继承） |
| mdlSetInputPortDataType | 设置输入口接收的信号数据类型 |
| mdlSetInputPortDimensionInfo | 设置输入口接收的信号维度 |
| mdlSetInputPortDimensionsModeFcn | 传递维度模式 |
| mdlSetInputPortSampleTime | 设置输入口的采样时间，它从所连接的口继承采样时间 |

续表

| 函数名称 | 功能说明 |
| --- | --- |
| mdlSetInputPortWidth | 设置接收一维（向量）信号的输入口宽度 |
| mdlSetOutputPortComplexSignal | 设置输出口接收的信号数值类型（实数、复数或继承） |
| mdlSetOutputPortDataType | 设置输出口送出的信号数据类型 |
| mdlSetOutputPortDimensionInfo | 设置输出口接收的信号维度 |
| mdlSetOutputPortSampleTime | 设置输出口的采样时间，它从所连接的口继承采样时间 |
| mdlSetOutputPortWidth | 设置输出一维（向量）信号的输出口宽度 |
| mdlSetSimState | 通过恢复 SimState 设置 C MEX S-Function 的仿真状态 |
| mdlSetWorkWidths | 指定工作向量的大小，创建 C MEX S-Function 运行时的参数 |
| mdlSimStatusChange | 响应包含该 C MEX S-Function 的模型仿真暂停或恢复 |
| mdlStart | 初始化 C MEX S-Function 的状态向量 |
| mdlUpdate | 更新模块状态 |
| mdlZeroCrossings | 更新过零点向量 |

## 8.1.3 MATLAB S-Function

MATLAB S-Function 分为 Level-1 MATLAB S-Function 和 Level-2 MATLAB S-Function 两种类型。Level-1 是针对早期 Simulink 版本开发的，现在很少使用。Level-2 MATLAB S-Function 是一个 MATLAB 函数，定义了 Level-2 MATLAB S-Function 模块实例的性质和动作。这个 MATLAB 函数包含一组回调方法，用于完成模块初始化，计算模块的输出。表 8.4 和表 8.5 分别给出了 S-Function 回调方法的函数和类。

**表 8.4　MATLAB S-Function 回调函数**

| 函数名称 | 功能说明 |
| --- | --- |
| setup | 指定输入、输出、状态、参数的数量，以及 MATLAB S-Function 的其他特性 |
| Outputs | 计算 MATLAB S-Function 模块产生的信号 |
| Terminate | 完成终止仿真的任何动作 |
| CheckParameters | 检查 MATLAB S-Function 参数的有效性 |
| Derivatives | 计算 MATLAB S-Function 导数 |
| Disable | 使含有 MATLAB S-Function 模块的使能系统停止工作 |
| Enable | 使能包含 MATLAB S-Function 模块的使能系统 |
| GetSimState | 返回 MATLAB S-Function 仿真状态，保存为有效的 MATLAB 数据结构，如矩阵结构或胞元数组 |
| InitializeConditions | 初始化 MATLAB S-Function 状态向量 |

续表

| 函数名称 | 功能说明 |
| --- | --- |
| PostPropagationSetup | 指定工作向量大小，创建 MATLAB S-Function 运行参数 |
| ProcessParameters | 处理 MATLAB S-Function 参数 |
| Projection | 扰动求解器的系统状态解，更好地满足时不变解关系 |
| SetAllowConstantSampleTime | 指定 S-Function 模块的采样时间属性和可调性，该模块具有基于出入口的采样时间 |
| SetInputPortComplexSignal | 设置输入口接收的信号数值类型（实数、复数或继承） |
| SetInputPortDataType | 设置输入口接收的信号数据类型 |
| SetInputPortDimensions | 设置输入口接收的信号维度 |
| SetInputPortDimensionsMode | 传递维度模式 |
| SetInputPortSampleTime | 设置输入口的采样时间，它从所连接的口继承采样时间 |
| SetOutputPortComplexSignal | 设置输出口接收的信号数值类型（实数、复数或继承） |
| SetOutputPortDataType | 设置输出口送出的信号数据类型 |
| SetOutputPortDimensions | 设置输出口接收的信号维度 |
| SetOutputPortSampleTime | 设置输出口的采样时间，它从所连接的口继承采样时间 |
| SetSimState | 通过恢复 SimState 设置 MATLAB S-Function 的仿真状态 |
| SimStatusChange | 响应包含 MATLAB S-Function 模块的模型仿真暂停或继续 |
| Start | 初始化 MATLAB S-Function 状态向量 |
| Update | 更新模块状态 |
| WriteRTW | 产生 MATLAB S-Function 的代码生成数据 |

**表 8.5　MATLAB S-Function 类**

| 类名称 | 功能说明 |
| --- | --- |
| Simulink.MSFcnRunTimeBlock | 获取有关 Level-2 MATLAB S-Function 模块的运行时信息 |
| Simulink.RunTimeBlock | 允许 Level-2 MATLAB S-Function 和其他 MATLAB 程序在仿真运行时获取有关模块的信息 |
| Simulink.BlockData | 提供模块相关数据的运行信息，如模块参数 |
| Simulink.BlockPortData | 描述模块输入或输出口 |
| Simulink.BlockCompDworkData | 提供模块 DWork 向量的后编译信息 |
| Simulink.BlockCompInputPortData | 提供模块输入口的后编译信息 |
| Simulink.BlockCompOutputPortData | 提供模块输出口的后编译信息 |
| Simulink.BlockPreCompInputPortData | 提供模块输入口的预编译信息 |
| Simulink.BlockPreCompOutputPortData | 提供模块输出口的预编译信息 |

Level-2 MATLAB S-Function API 允许使用 MATLAB 语言创建具有多个输入输出口的定制模块，可以处理 Simulink 模型产生的任何类型的信号，包括矩阵和任意数据类型的

帧信号。Level-2 MATLAB S-Function API 与 C MEX S-Function API 很接近，前面关于 C MEX S-Function 的介绍大部分适用于 Level-2 MATLAB S-Function。

Simulink 引擎将运行时对象（run-time object）作为参数传递给回调方法。运行时对象是 Simulink.MSFcnRunTimeBlock 类的一个实例，它充当了 S-Function 模块的 MATLAB 代理，使回调方法可以在仿真或模型更新过程中设置和访问模块性质。其作用与 C MEX S-Function 回调方法的 SimStruct 结构作用相同。

### 8.1.4　S-Function 模块

MATLAB/Simulink 带有许多 S-Function 模块实例。在 MATLAB 命令窗口输入 sfundemos，可以打开 S-Function 实例库。如图 8.3 所示，实例库包含 MATLAB file S-Function、C-file S-Function、C++ S-Function、Fortran S-Function。双击某一类 S-Function，可以看到它所包含的实例。下面用两个例子来说明 S-Function 模块在 Simulink 建模中的应用。

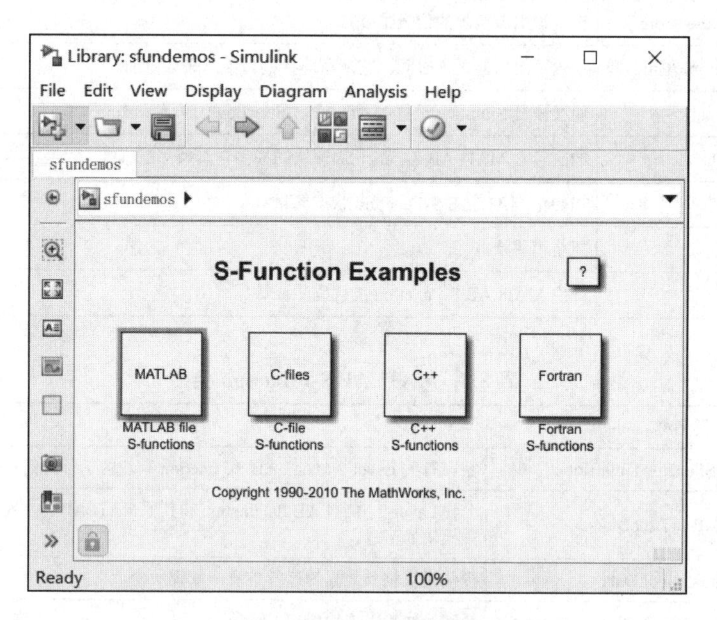


图 8.3　S-Function 实例库

**例 8.1**　采用 Level-2 MATLAB S-Function 实现宽度可调的脉冲发生器。打开 Level-2 MATLAB S-Function 实例库，如图 8.4 所示。双击打开 msfcndemo_varpulse 模型，弹出三个图形窗口，分别是 msfcndemo_varpulse 模型窗口、脉冲发生器窗口、信号显示窗口，如图 8.5 所示。由图可见，脉冲发生器由随机数发生器、40 倍增益放大器、限幅器和由 MATLAB 函数 msfcn_varpulse.m 实现的 Level-2 MATLAB S-Function 几个部分组成。msfcn_varpulse.m 函数定义如下：

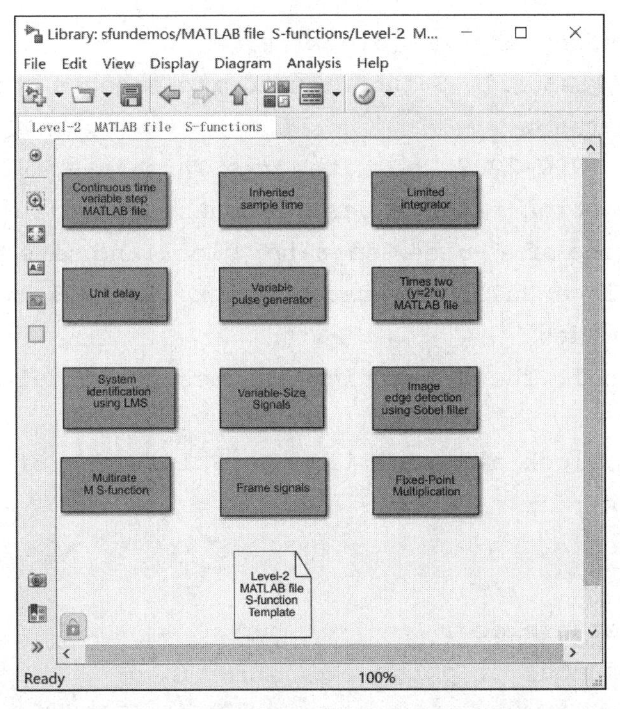


图 8.4　Level-2 MATLAB S-Function 实例库

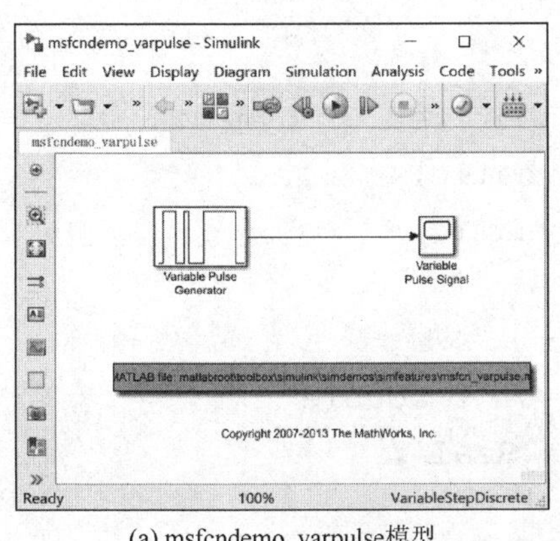


(a) msfcndemo_varpulse模型

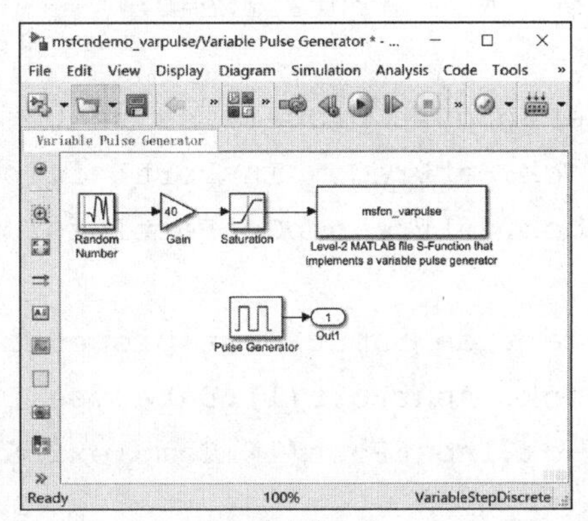


(b) 脉冲发生器

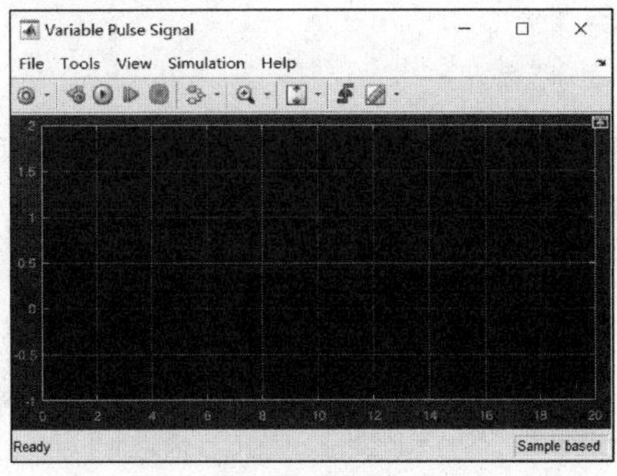


(c) 信号显示器

图 8.5　宽度可调的脉冲发生器模型

```
function msfcn_varpulse(block)
%Level-2 MATLAB file S-function to implement a variable pulse
%width generator
%Copyright 1990-2009 The MathWorks,Inc.
%This S-function takes a desired pulse width(in percentage
%of the period of a Pulse Generator block)and sets the PulseWidth
%property in a Pulse Generator block. The result is a
%variable-width
%pulse signal. The S-function assumes the model contains only
%one Pulse
%Generator block and modifies the PulseWidth of that block.
setup(block);
%endfunction

function setup(block)
%Register number of ports
block.NumInputPorts =1;
block.NumOutputPorts=0;

%Setup port properties to be inherited or dynamic
block.SetPreCompInpPortInfoToDynamic;
block.SetPreCompOutPortInfoToDynamic;

%Override input port properties
block.InputPort(1).DatatypeID =0; % double
block.InputPort(1).Complexity ='Real';

%Register sample times
block.SampleTimes=[0 0];

%Set the block simStateCompliance to custom
block.SimStateCompliance='CustomSimState';

%Register methods
block.RegBlockMethod('PostPropagationSetup',@DoPostPropSetup);
block.RegBlockMethod('InitializeConditions',...
@InitializeConditions);
block.RegBlockMethod('Start',@Start);
```

```
block.RegBlockMethod('Outputs',@Outputs);
block.RegBlockMethod('Update',@Update);
block.RegBlockMethod('Terminate',@Terminate);
block.RegBlockMethod('GetSimState',@GetSimState);
block.RegBlockMethod('SetSimState',@SetSimState);
%endfunction

function DoPostPropSetup(block)
%Initialize the Dwork vector
block.NumDworks=2;
%Dwork(1)stores the value of the next pulse width
block.Dwork(1).Name            ='x1';
block.Dwork(1).Dimensions       =1;
block.Dwork(1).DatatypeID       =0;     %double
block.Dwork(1).Complexity       ='Real';%real
block.Dwork(1).UsedAsDiscState=true;
%Dwork(2)stores the handle of the Pulse Generator block
block.Dwork(2).Name            ='BlockHandle';
block.Dwork(2).Dimensions       =1;
block.Dwork(2).DatatypeID       =0;     %double
block.Dwork(2).Complexity       ='Real';%real
block.Dwork(2).UsedAsDiscState=false;
%endfunction

function Start(block)
%Populate the Dwork vector
block.Dwork(1).Data=0;
%Obtain the Pulse Generator block handle
pulseGen=find_system(gcs,'BlockType','DiscretePulseGenerator');
blockH=get_param(pulseGen{1},'Handle');
block.Dwork(2).Data=blockH;
%endfunction

function InitializeConditions(block)
%Set the initial pulse width value
set_param(block.Dwork(2).Data,'PulseWidth',num2str(50));
%endfunction
```

```
function Outputs(block)
%Update the pulse width value
set_param(block.Dwork(2).Data,'PulseWidth',...
num2str(block.InputPort(1).data));
%endfunction

function Update(block)
%Store the input value in the Dwork(1)
block.Dwork(1).Data=block.InputPort(1).Data;
%endfunction

function Terminate(block)
%endfunction

function outSS=GetSimState(block)
%The value stored in DWork(1)is this blocks SimState
outSS=block.Dwork(1).Data;
%endfunction

function SetSimState(block,inSS)
%Restore the SimState passed in to DWork(1)
block.Dwork(1).Data=inSS;
set_param(block.Dwork(2).Data,'PulseWidth',...
num2str(block.Dwork(1).Data));
%endfunction
```

运行模型仿真，结果如图 8.6 所示。

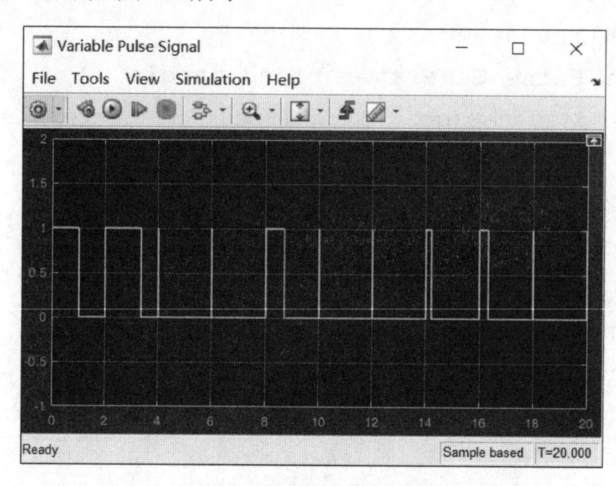


图 8.6　宽度可调脉冲

**例 8.2**　用 C 语言文件 S-Function 实现一个单输入双输出的动态系统。打开 C 语言文件 S-Function 实例窗口，如图 8.7 所示。单击 Continuous 图标进入连续系统实例库，打开 SIMO Continuous State-Space 连续状态空间模型，如图 8.8（a）所示。这是一个单输入双输出的动态系统，其状态空间方程为

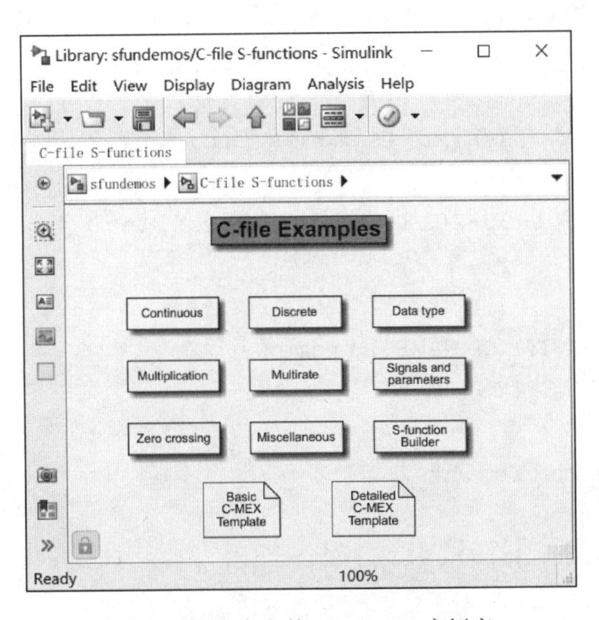


图 8.7　C 语言文件 S-Function 实例库

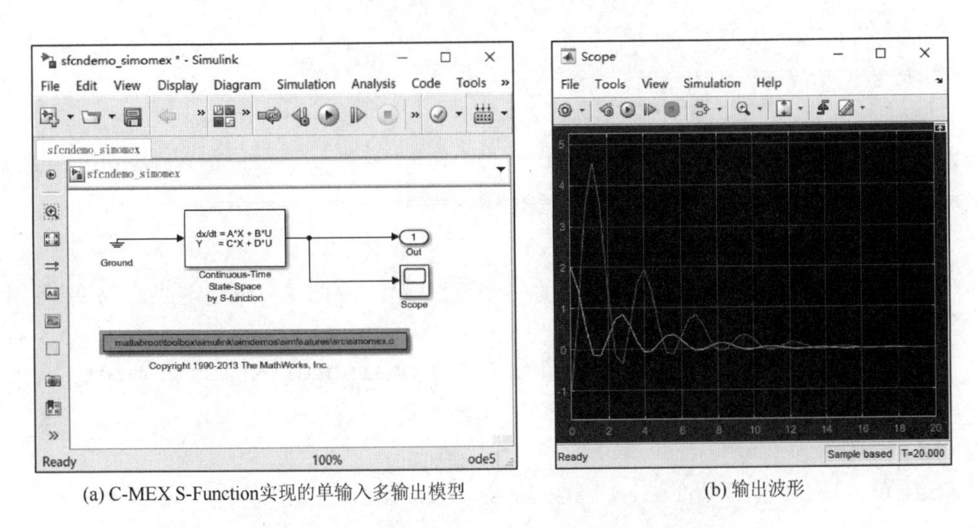


(a) C-MEX S-Function实现的单输入多输出模型　　(b) 输出波形

图 8.8　用 C 语言 S-Function 实现连续状态空间方程

$$\frac{\mathrm{d}\boldsymbol{x}}{\mathrm{d}t} = \boldsymbol{Ax} + \boldsymbol{Bu}$$

$$\boldsymbol{y} = \boldsymbol{Cx} + \boldsymbol{Du}$$

其中，$\boldsymbol{x}$ 是状态向量；$\boldsymbol{u}$ 是输入向量；$\boldsymbol{y}$ 是输出向量。用 C 语言 S-Function simomex.c 实现

上述动态系统，其定义如下：

```
/*  File   :simomex.c
 *  Abstract:
 *
 *      Example mex file for single-input,two output state-space
system.
 *
 *      Syntax  [sys,x0]=simomex(t,x,u,flag)
 *
 *  Copyright 1990-2013 The MathWorks,Inc.
 */

#define S_FUNCTION_NAME simomex
#define S_FUNCTION_LEVEL 2

#include "simstruc.h"

#define U(element)(*uPtrs[element])/* Pointer to Input Port0 */

/*====================*
 * S-function methods *
 *====================*/

/*              Function:                mdlInitializeSizes
================================================
 * Abstract:
 *    The sizes information is used by Simulink to determine the
S-function
 *                block's      characteristics(number      of
inputs,outputs,states,etc.).
 */
static void mdlInitializeSizes(SimStruct *S)
{
ssSetNumSFcnParams(S,0);/* Number of expected parameters */
if(ssGetNumSFcnParams(S)! =ssGetSFcnParamsCount(S)){
return;/* Parameter mismatch will be reported by Simulink */
}
```

```
ssSetNumContStates(S,3);
ssSetNumDiscStates(S,0);

if(! ssSetNumInputPorts(S,1))return;
ssSetInputPortWidth(S,0,1);
ssSetInputPortDirectFeedThrough(S,0,1);

if(! ssSetNumOutputPorts(S,1))return;
ssSetOutputPortWidth(S,0,2);

ssSetNumSampleTimes(S,1);
ssSetNumRWork(S,0);
ssSetNumIWork(S,0);
ssSetNumPWork(S,0);
ssSetNumModes(S,0);
ssSetNumNonsampledZCs(S,0);
ssSetSimStateCompliance(S,USE_DEFAULT_SIM_STATE);

ssSetOptions(S,SS_OPTION_EXCEPTION_FREE_CODE);
}

/*              Function:              mdlInitializeSampleTimes
================================
 * Abstract:
 *    S-function is comprised of only continuous sample time elements
 */
static void mdlInitializeSampleTimes(SimStruct *S)
{
ssSetSampleTime(S,0,CONTINUOUS_SAMPLE_TIME);
ssSetOffsetTime(S,0,0.0);
ssSetModelReferenceSampleTimeDefaultInheritance(S);
}

#define MDL_INITIALIZE_CONDITIONS
/*
Function:mdlInitializeConditions=============================
* Abstract:
*   Initialize continuous states to zero
```

```
*/
static void mdlInitializeConditions(SimStruct *S)
{
real_T *x0=ssGetContStates(S);
int_T  i;

for(i=0;i<3;i++){
   *x0++=1.0;
}
}

/*                      Function:                        mdlOutputs
=============================================
* Abstract:
*     y[0]=x[0]+x[1]
*     y[1]=x[0] - 3.0 * x[1]+x[2]+u[0]
*/
static void mdlOutputs(SimStruct *S,int_T tid)
{
real_T          *y=ssGetOutputPortRealSignal(S,0);
real_T          *x=ssGetContStates(S);
InputRealPtrsType uPtrs=ssGetInputPortRealSignalPtrs(S,0);

UNUSED_ARG(tid);/* not used in single tasking mode */

y[0]=x[0]+x[1];
y[1]=x[0] - 3.0 * x[1]+x[2]+U(0);
}

#define MDL_DERIVATIVES
/*                    Function:                    mdlDerivatives
=========================================
* Abstract:
*     Calculate state-space derivatives
*/
static void mdlDerivatives(SimStruct *S)
{
real_T          *dx  =ssGetdX(S);
```

```
real_T          *x   =ssGetContStates(S);
InputRealPtrsType uPtrs=ssGetInputPortRealSignalPtrs(S,0);

dx[0]=-0.3 * x[0]+U(0);
dx[1]= 2.9 * x[0]+-0.62 * x[1] - 2.3 * x[2];
dx[2]= 2.3 * x[1];
}

/*                    Function:                    mdlTerminate
=========================================
* Abstract:
*    No termination needed,but we are required to have this routine.
*/
static void mdlTerminate(SimStruct *S)
{
UNUSED_ARG(S);/* unused input argument */
}

#ifdef  MATLAB_MEX_FILE   /* Is this file being compiled as a
MEX-file? */
#include "simulink.c"    /* MEX-file interface mechanism */
#else
#include "cg_sfun.h"    /* Code generation registration function
*/
#endif
```

### 8.1.5 S-Function实现

1. *C MEX S-Function实现方法*

创建C MEX S-Function有三种方法。

（1）手动编写S-Function。可以从头开始一步一步地编写一个C MEX S-Function，也可以将C MEX S-Function完整的实现框架作为C S-Function模板参考进行编写。

（2）利用S-Function Builder模块进行编写。该模块利用基于GUI提供的参数和代码段构建C MEX S-Function，这样就不需要从头编写S-Function。

（3）利用Legacy Code Tool进行编写。该应用程序利用MATLAB代码提供的参数，通过现有的C语言代码构建C MEX S-Function。

上述方法需要在S-Function编写的容易性与其支持的特征之间折中。手动编写的S-Function支持的特征范围最宽，但编写起来比较困难。S-Function Builder模块简化了编写 C MEX S-Function 的任务，但是它支持的特征比较少。Legacy Code Tool 提供了创建 C MEX S-Function 最容易的方法，但是支持的特征也是最少的。如果安装了 Simulink Coder，除了前述三种方法外，它还提供了一种方法可以在图形子系统中生成 C MEX S-Function。对于新手而言，可以将应用部分构建在一个 Simulink 子系统中，然后用 S-Function 目标文件将其转换为 S-Function。

C MEX S-Function 的一般格式如下：

```
#define S_FUNCTION_NAME  your_sfunction_name_here
#define S_FUNCTION_LEVEL 2
#include "simstruc.h"

static void mdlInitializeSizes(SimStruct *S)
{
}

<additional S-function routines/code>

static void mdlTerminate(SimStruct *S)
{
}
#ifdef MATLAB_MEX_FILE    /* Is this file being compiled as a
                          MEX-file? */
#include "simulink.c"     /* MEX-file interface mechanism */
#else
#include "cg_sfun.h"      /* Code generation registration
                          function */
#endif
```

下面是一个基本 C MEX S-Function 的示例。它定义了一个函数 timestwo，其功能是将输入信号幅度乘以 2。

```
/* Defines and Includes */
#define S_FUNCTION_NAME timestwo/*定义 S-function 函数名称为
timestwo */
#define S_FUNCTION_LEVEL 2/*定义 S-function 为 Level 2 格式 */

#include "simstruc.h"/*包含头文件用以访问 SimStruct 数据结构和
MATLAB API 函数 */

/*Simulink 引擎调用 mdlInitializeSizes 查询输入输出口数目和大小,以及
```

```
S-function 需要的任何其他信息,如状态数量 */
   static void mdlInitializeSizes(SimStruct *S)
   {
      ssSetNumSFcnParams(S,0);/*设置零参数,即 S-function 模块参数对话
      框参数为空 */
      if(ssGetNumSFcnParams(S)! =ssGetSFcnParamsCount(S)){
         return;/* Parameter mismatch reported by the Simulink
         engine*/
      }

      if(! ssSetNumInputPorts(S,1))return;/*设置输入口数目为 1 个 */
      ssSetInputPortWidth(S,0,DYNAMICALLY_SIZED);
      ssSetInputPortDirectFeedThrough(S,0,1);

      if(!ssSetNumOutputPorts(S,1))return;/*设置输出口数目为 1 个 */
      ssSetOutputPortWidth(S,0,DYNAMICALLY_SIZED);

      ssSetNumSampleTimes(S,1);/*设置 1 个采样时间 */

     /* Take care when specifying exception free code - see
    sfuntmpl.doc */
      ssSetOptions(S,SS_OPTION_EXCEPTION_FREE_CODE);/*设置无异常
      处理代码 */

      }
   /*初始化采样时间为继承时间 */
   static void mdlInitializeSampleTimes(SimStruct *S)
   {
      ssSetSampleTime(S,0,INHERITED_SAMPLE_TIME);
      ssSetOffsetTime(S,0,0.0);
   }

   /*计算模型输出 */
   static void mdlOutputs(SimStruct *S,int_T tid)
   {
      int_T i;
      InputRealPtrsType
```

```
uPtrs=ssGetInputPortRealSignalPtrs(S,0);/*访问输入信号,返回指针 */
      real_T *y=ssGetOutputPortRealSignal(S,0);/*访问输出信号 */
      int_T width=ssGetOutputPortWidth(S,0);/*获取输出信号宽度 */

      for(i=0;i<width;i++){
         *y++=2.0 *(*uPtrs[i]);
      }
   }
   /*仿真终止时的操作,此处为空 */
   static void mdlTerminate(SimStruct *S){}

   /*Simulink/Simulink Coder 接口,这是任何一个 S-function 必须包含的代
   码 */
   #ifdef MATLAB_MEX_FILE/* Is this file being compiled as a
MEX-file? */
   #include "simulink.c"/* MEX-file interface mechanism */
   #else
   #include "cg_sfun.h"/* Code generation registration function */
   #endif
```

在 MATLAB 命令窗口输入 mex timestwo.c，可编译上述 S-Function 文件。mex 命令用默认编译器对 timestwo.c 进行编译和连接。如果安装了多个 MATLAB 支持的编译器，可以用 mex-setup 命令修改默认设置。

2. Level-2 MATLAB S-Function 实现方法

可以采用 Level-2 MATLAB S-Function 基本模板函数 msfuntmpl_basic.m 创建新的 Level-2 MATLAB S-Function。该模板包含了实现 Level-2 MATLAB S-Function API 要求的回调方法的框架。如果要编写更复杂的 S-Function，可以采用标记模板 msfuntmpl.m。为了创建自己的 MATLAB S-Function，可以复制模板并根据要创建的 S-Function 的属性进行修改。基本模板函数 msfuntmpl_basic.m 的定义如下：

```
function msfuntmpl_basic(block)
%MSFUNTMPL_BASIC A Template for a Level-2 MATLAB S-Function
% The MATLAB S-function is written as a MATLAB function with the
% same name as the S-function.
% Replace 'msfuntmpl_basic' with the name of your S-function.
% It should be noted that the MATLAB S-function is very similar
% to Level-2 C-Mex S-functions. You should be able to get more
% information for each of the block methods by referring to the
% documentation for C-Mex S-functions.
```

```
% Copyright 2003-2010 The MathWorks,Inc.

%% The setup method is used to set up the basic attributes of
%% the S-function such as ports,parameters,etc. Do not add any
%% other calls to the main body of the function.
%%
setup(block);

%endfunction

%%                      Function:                          setup
=============================================
%% Abstract:
%% Set up the basic characteristics of the S-function block such
%% as:
%%   - Input ports
%%   - Output ports
%%   - Dialog parameters
%%   - Options
%%
%%   Required         :Yes
%%   C-Mex counterpart:mdlInitializeSizes
%%
function setup(block)

% Register number of ports 注册输入输出口数目
block.NumInputPorts=1;
block.NumOutputPorts=1;

% Setup port properties to be inherited or dynamic 设置输入
% 输出口属性为继承或动态
block.SetPreCompInpPortInfoToDynamic;
block.SetPreCompOutPortInfoToDynamic;

% Override input port properties 重载输入口属性
block.InputPort(1).Dimensions=1;
block.InputPort(1).DatatypeID=0; % double
```

```
block.InputPort(1).Complexity='Real';
block.InputPort(1).DirectFeedthrough=true;

% Override output port properties 重载输出口属性
block.OutputPort(1).Dimensions=1;
block.OutputPort(1).DatatypeID=0;% double
block.OutputPort(1).Complexity='Real';

% Register parameters 注册参数
block.NumDialogPrms=0;

% Register sample times 注册采样时间
%  [0 offset]            :Continuous sample time
%  [positive_num offset]:Discrete sample time
%
%  [-1,0]               :Inherited sample time
%  [-2,0]               :Variable sample time
block.SampleTimes=[0 0];

% Specify the block simStateCompliance. The allowed values are:
%    'UnknownSimState',<The default setting;warn and
% assume DefaultSimState
%    'DefaultSimState',<Same sim state as a built-in
% block
%    'HasNoSimState', <No sim state
%    'CustomSimState',<Has GetSimState and SetSimState methods
%    'DisallowSimState'<Error out when saving or restoring the
%%    model sim state
block.SimStateCompliance='DefaultSimState';

%% ---------------------------------------------------------
%% The MATLAB S-function uses an internal registry for all
%% block methods. You should register all relevant methods
%%(optional and required)as illustrated below. You may choose
%% any suitable name for the methods and implement these methods
%% as local functions within the same file. See comments
%% provided for each function for more information.
%% -----------------------------------------------------
```

```
block.RegBlockMethod('PostPropagationSetup',...
@DoPostPropSetup);
block.RegBlockMethod('InitializeConditions',...
@InitializeConditions);
block.RegBlockMethod('Start',@Start);
block.RegBlockMethod('Outputs',@Outputs);    % Required
block.RegBlockMethod('Update',@Update);
block.RegBlockMethod('Derivatives',@Derivatives);
block.RegBlockMethod('Terminate',@Terminate);% Required

%end setup

%%
%% PostPropagationSetup:
%%   Functionality   :Setup work areas and state variables. Can
%%                    also register run-time methods here
%%   Required        :No
%%   C-Mex counterpart:mdlSetWorkWidths
%%
function DoPostPropSetup(block)
block.NumDworks=1;

  block.Dwork(1).Name          ='x1';
  block.Dwork(1).Dimensions     =1;
  block.Dwork(1).DatatypeID     =0;     % double
  block.Dwork(1).Complexity     ='Real';% real
  block.Dwork(1).UsedAsDiscState=true;

%%
%% InitializeConditions:
%%   Functionality   :Called at the start of simulation and if
%%                     it is present in an enabled subsystem
%%                     configured to reset states,it will be
%%                     called when the enabled subsystem restarts
%%                     execution to reset the states.
%%   Required        :No
%%   C-MEX counterpart:mdlInitializeConditions
```

```
%%
function InitializeConditions(block)

%end InitializeConditions


%%
%% Start:
%%   Functionality   :Called once at start of model execution.
%%                    If you have states that should be
%%                    initialized once,this is the place to do
%%                    it.
%%   Required        :No
%%   C-MEX counterpart:mdlStart
%%
function Start(block)

block.Dwork(1).Data=0;

%end Start


%%
%% Outputs:
%%   Functionality   :Called to generate block outputs in
%%                   simulation step
%%   Required        :Yes
%%   C-MEX counterpart:mdlOutputs
%%
function Outputs(block)

block.OutputPort(1).Data=block.Dwork(1).Data+...
block.InputPort(1).Data;

%end Outputs


%%
%% Update:
%%   Functionality   :Called to update discrete states
%%                   during simulation step
```

```
%%   Required       :No
%%   C-MEX counterpart:mdlUpdate
%%
function Update(block)

block.Dwork(1).Data=block.InputPort(1).Data;

%end Update

%%
%% Derivatives:
%%   Functionality   :Called to update derivatives of
%%                    continuous states during simulation step
%%   Required       :No
%%   C-MEX counterpart:mdlDerivatives
%%
function Derivatives(block)

%end Derivatives

%%
%% Terminate:
%%   Functionality   :Called at the end of simulation for cleanup
%%   Required       :Yes
%%   C-MEX counterpart:mdlTerminate
%%
function Terminate(block)

%end Terminate
```

基于上述模板修改得到用 S-Function 实现单位时延的函数 msfcn_unit_delay.m，具体步骤如下。

（1）将 Level-2 MATLAB S-Function 基本模板函数 msfuntmpl_basic.m 复制到当前工作文件夹中。如果在复制文件时更改了文件名，请将 function 行中的函数名更改为相同的名称。

（2）修改 setup 方法以初始化 S-Function 的属性。将运行时对象的 NumInputPorts 和 NumOutputPorts 属性设置为 1，初始化一个输入和一个输出端口。调用运行时对象的 SetPreCompInpPortInfoToDynamic 和 SetPreCompOutPortInfoToDynamic 方法，指示输入输出端口继承其已编译的属性（维度、数据类型、复杂度和取样模式）的模型。将运行时对象的 InputPort 的 DirectFeedthrough 属性设置为 false，指示输入端口没有直接馈入。保留在模板文件副本中设置的所有其他输入和输出端口属性默认值。为 Dimensions、DatatypeID 和 Complexity 属性设置的值将重写使用 SetPreCompInpPortInfoToDynamic 和 SetPreCompOutPortInfoToDynamic 方法继承的值。将运行时对象的 NumDialogPrms 属性设置为 1，初始化一个 S-Function 对话框参数。将运行时对象的 SampleTimes 属性值设置为[−1, 0]，指定 S-Function 继承系统采样时间。调用运行时对象的 RegBlockMethod 方法，注册 S-Function 中使用的四种回调方法：PostPropagationSetup、InitializeConditions、Outputs、Update。从模板文件的副本中删除任何其他已注册的回调方法。在对 RegBlockMethod 的调用中，第一个输入参数是 S-Function API 方法的名称，第二个输入参数是 MATLAB S-Function 中关联的局部函数的函数句柄。

（3）在实现单位时延功能的 M 文件 msfcn_unit_delay.m 中，用函数 DoPostPropSetup 实现 PostPropagationSetup 方法，并初始化一个 DWork 向量，名称为 x0。

```
function DoPostPropSetup(block)
  %% Setup Dwork
  block.NumDworks=1;
  block.Dwork(1).Name='x0';
  block.Dwork(1).Dimensions=1;
  block.Dwork(1).DatatypeID=0;
  block.Dwork(1).Complexity='Real';
  block.Dwork(1).UsedAsDiscState=true;
```

（4）在 InitializeConditions 或 Start 回调方法中初始化离散和连续状态或其他 DWork 向量的值。对于在模拟开始时初始化的值，使用 Start 回调方法。对于需要重新初始化的值，使用 InitializeConditions 方法，只要包含 S-Function 的使能子系统已重新启用。在本例中，使用 InitializeConditions 方法将离散状态的初始条件设置为 S-Function 的对话框参数的值。例如，msfcn_unit_delay.m 中的 InitializeConditions 方法是：

```
function InitConditions(block)
  %% Initialize Dwork
  block.Dwork(1).Data=block.DialogPrm(1).Data;
```

对于具有连续状态的 S-Function，请使用 ContStates 运行时对象方法初始化连续状态数据。例如：

```
 block.ContStates.Data(1)=1.0;
```

（5）在 Outputs 回调方法中计算 S-Function 的输出。将输出设置为存储在 DWork 向量中的离散状态的当前值。msfcn_unit_delay.m 中的 Outputs 方法是：

```
function Output(block)
  block.OutputPort(1).Data=block.Dwork(1).Data;
```

（6）对于具有连续状态的 S-Function，在 Derivatives 回调方法中计算状态导数。运行时对象在其 Derivatives 属性中存储衍生数据。例如，下面的行将第一个状态导数设置为等于第一个输入信号的值：

```
block.Derivatives.Data(1)=block.InputPort(1).Data;
```

本示例不使用连续状态，因此不实现 Derivatives 回调方法。

（7）更新回调方法中的任何 Update 离散状态。对于本示例，将离散状态的值设置为第一个输入信号的当前值。msfcn_unit_delay.m 中的 Update 方法是：

```
function Update(block)
  block.Dwork(1).Data=block.InputPort(1).Data;
```

（8）在 Terminate 方法中执行任何清理，如清除变量或内存。与 C MEX S-Function 不同，Level-2 MATLAB S-Function 不需要有 Terminate 方法。

采用上述步骤修改得到的函数 msfcn_unit_delay.m 如下：

```
function msfcn_unit_delay(block)
% Level-2 MATLAB file S-Function for unit delay demo.
%  Copyright 1990-2009 The MathWorks,Inc.
  setup(block);
  %endfunction
function setup(block)
  block.NumDialogPrms=1;
  %% Register number of input and output ports
  block.NumInputPorts=1;
  block.NumOutputPorts=1;

  %% Setup functional port properties to dynamically
  %% inherited.
  block.SetPreCompInpPortInfoToDynamic;
  block.SetPreCompOutPortInfoToDynamic;

  block.InputPort(1).Dimensions=1;
  block.InputPort(1).DirectFeedthrough=false;

  block.OutputPort(1).Dimensions=1;

  %% Set block sample time to [0.1 0]
  block.SampleTimes=[0.1 0];

  %% Set the block simStateCompliance to default(i.e.,same as a
  %% built-in block)
  block.SimStateCompliance='DefaultSimState';

  %% Register methods
```

```
  block.RegBlockMethod('PostPropagationSetup',...
 @DoPostPropSetup);
  block.RegBlockMethod('InitializeConditions',...
 @InitConditions);
  block.RegBlockMethod('Outputs',@Output);
  block.RegBlockMethod('Update',@Update);

%endfunction

function DoPostPropSetup(block)
  %% Setup Dwork
  block.NumDworks=1;
  block.Dwork(1).Name='x0';
  block.Dwork(1).Dimensions=1;
  block.Dwork(1).DatatypeID=0;
  block.Dwork(1).Complexity='Real';
  block.Dwork(1).UsedAsDiscState=true;

%endfunction

function InitConditions(block)
  %% Initialize Dwork
  block.Dwork(1).Data=block.DialogPrm(1).Data;

%endfunction

function Output(block)
  block.OutputPort(1).Data=block.Dwork(1).Data;

%endfunction

function Update(block)
  block.Dwork(1).Data=block.InputPort(1).Data;

%endfunction
```

# 8.2　基于组件的建模

Simulink 可以进行基于组件的建模，实现模型的模块化设计。我们可以将模型细分为多个设计组件，然后分别建模、仿真和验证每个组件。还可以将组件保存为一个库中的子系统或保存为单独的模型。这样，我们就可以对这些组件进行并行处理。通过查找文件、管理并共享文件和设置，以及使用源代码管理，可以使用 Simulink 项目来组织大型建模项目。

## 8.2.1　创建子系统

子系统是可以用一个 Subsystem 模块替换的一组模块组合。随着模型大小和复杂度的增加，我们可以通过将模块组合为子系统来简化模型。利用子系统建立一个分层模型，其中的 Subsystem 模块位于一层，构成子系统的模块位于另一层。将功能相关的模块放在一起，有助于减少模型窗口中显示的模块数目。如果创建子系统副本，则副本独立于原子系统。如果要跨一个或多个模型重用子系统，需要使用模型引用或库。

Simulink 提供了多种创建子系统的方法，可以使用 Subsystem 模块创建子系统，也可以根据选定的模块创建子系统，还可以使用上下文选项创建子系统。

（1）使用 Subsystem 模块创建子系统。向模型中添加一个 Subsystem 模块，然后添加构成子系统的模块。具体来说，从 Ports & Subsystems 库中，将一个 Subsystem 模块复制到我们创建的模型中。双击打开 Subsystem 模块，在空的子系统窗口中，创建子系统内容。使用 Inport 模块表示来自子系统外部的输入，使用 Outport 模块表示外部输出。

（2）根据选定的模块创建子系统。选择希望包含在子系统的模块，如果要选择一个模型区域中的多个模块，可以用鼠标拖出一个边界框，将希望包含在子系统中的模块和连接线框起来。执行 Diagram→Subsystems & Model Reference→Create Subsystem from Selection 命令，此时将出现一个 Subsystem 模块，它包含选定的模块。双击打开 Subsystem 模块，可以编辑子系统内容。例如，图 8.9 显示了一个计数器的模型，用边界框选择 Sum 和 Unit Delay 模块，添加 Inport 和 Outport 模块分别表示来自/发往系统外部模块的输入/输出。我们可以更改 Subsystem 模块的名称并修改该模块，可以封装子系统。

（3）使用上下文选项创建子系统。用鼠标将希望包含在子系统中的模块拖出一个框，通过将光标悬停在出现的第一个上下文选项上，查看可以使用这些模块来创建的子系统。从这些选项中选择要创建的子系统的类型，如一般子系统、使能子系统、触发子系统等。此时将出现一个 Subsystem 模块，它包含选定的模块，如图 8.10 所示。

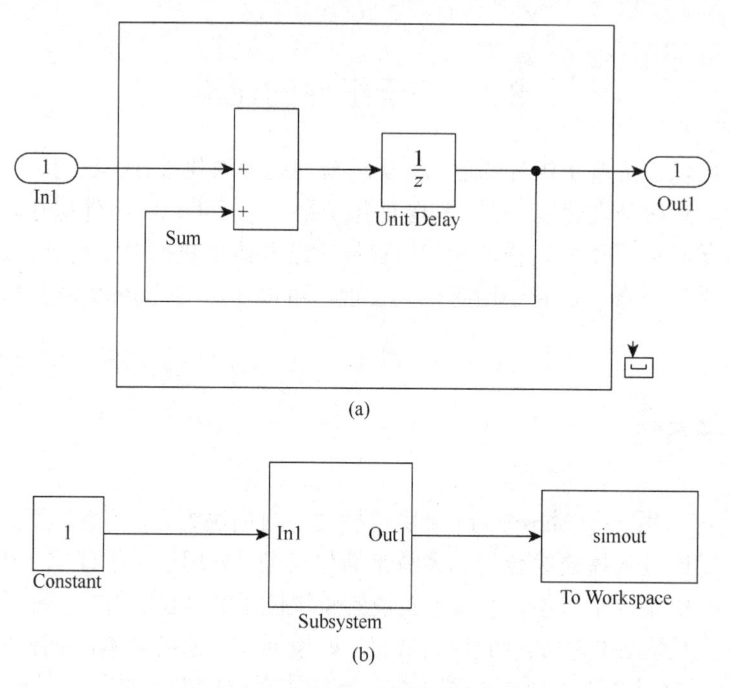


图 8.9　用选定模块创建子系统

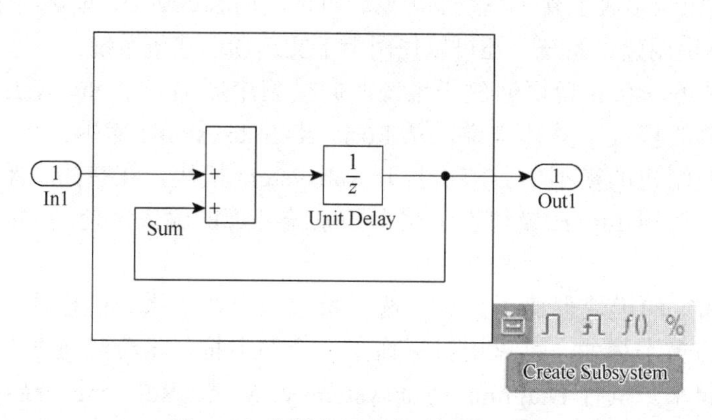


图 8.10　使用上下文选项创建子系统

## 8.2.2　自定义模型

我们可以创建自定义模型版本以支持不同的规格，以避免重复操作，这就产生了变体。在 Simulink 中，可以创建基于模块化设计平台的模型，这种平台由一个固定的通用结构和一组有限数量的可变组件构成，变体就是模块化设计平台的可变组件。变体使我们可以在一个统一的模块图中指定一个模型的多种实现。

Simulink 有两种变体类型：分层变体和内联变体。分层变体通过 Variant Subsystem 模块实现，而内联变体通过 Variant Source 和 Variant Sink 模块实现。使用 Variant Subsystem 模块，可以混合 Model 和 Subsystem 模块作为变体系统，支持灵活的 I/O，因此，各个变体不必全都具备相同数量的输入和输出端口。要将 Model Variant 模块转换为包含引用了变体模型的 Model 模块的 Variant Subsystem 模块，右击 Model 模块，然后执行 Subsystems & Model Reference→Convert to→Variant Subsystem 命令，转换后的模型与原始模型产生相同的结果。

### 8.2.3　需求追溯

在 Simulink Project 中，使用需求管理接口（Requirements Management Interface）进行依赖关系分析，可以找到关联的需求文档。如果安装了 Simulink Requirements，可以查看和导航到关联的需求文档，创建或编辑需求文档链接。在 Simulink Project 树中，选择 Dependency Analysis 选项，单击 Analyze 按钮，可以看到 Impact graph。它显示了项目中的所有已经分析的依赖关系结构。无法检测到分析文件依赖项的项目文件在图表中不可见。为了突出显示图表中的需求文档，在 Dependency Type 图例中，单击 Requirements Link 选项，箭头将需求文档连接到具有需求链接的文件。要查找包含需求链接的特定块，单击 Expand All 按钮或单击文件名旁边的箭头，可以在图形中展开模型文件，查看将包含需求链接的块连接到要求文档文件的箭头。在图形中双击文档可以打开需求文档，如图 8.11 所示。

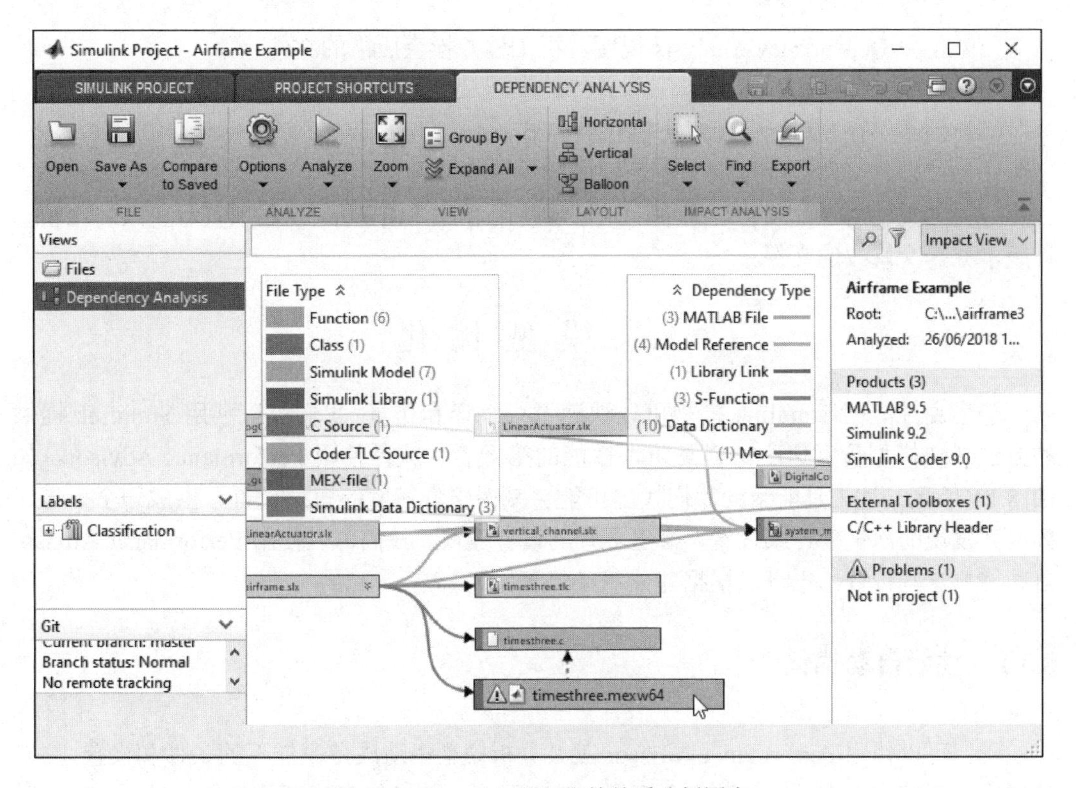


图 8.11　Simulink 项目依赖关系分析图表

### 8.2.4 项目管理

项目管理包括创建项目、管理共享的模型组件、与源代码管理进行交互、自定义 Simulink 环境等功能。如果有多个开发人员一起工作，开发多个模型版本，模型文件较多，可以使用 Simulink 工程来组织工作。它可以查找所有必需的文件，管理和共享文件、设置以及用户定义的任务，与源代码管理进行交互。可以在一个地方管理需要的所有文件，包括所有 MATLAB 和 Simulink 文件以及用户需要的任何其他文件类型，如数据、要求、报告、电子表格、测试或生成的文件等。

利用工程管理可完成以下工作，从而促进更高效的团队合作，提高个人工作效率。

（1）查找属于某个工程的所有文件。

（2）创建初始化和关闭工程的标准方法。

（3）创建、存储以及轻松访问常见操作。

（4）查看和标记修改的文件以完成同行评审工作流。

（5）利用内嵌集成的外部源代码控制工具 Subversion（SVN）或 Git 共享工程。

管理工程文件可以进行以下操作。

（1）用示例工程作为尝试，了解这些工具如何帮助用户组织工作。

（2）创建一个新工程。

（3）使用 Dependency Analysis 视图分析工程并检查所需的文件。

（4）浏览文件视图。

（5）创建保存和运行常见任务的快捷方式。

（6）对批量文件运行自定义任务操作。

（7）如果使用源代码管理集成，则可以使用 Modified Files 视图来查看更改、比较修订版本并提交修改的文件。

## 8.3 模 型 优 化

一个高性能的 Simulink 模型可以快速进行编译和仿真。我们可以利用 Simulink 提供的方法加快模型仿真速度。提高仿真性能的第一步，就是使用 Performance Advisor，如图 8.12 所示。该工具能帮助我们找出可能会减慢仿真速度的模型设置，生成一个报告，列出其发现的次优条件或设置，给出更好的设置建议。我们可以使用 Performance Advisor 自动修复这些设置，也可以根据建议手动修复。

### 8.3.1 性能自动优化

我们可以使用 Performance Advisor 工具分析模型中造成效率低下的条件和设置，并自动加快仿真速度。该工具通过检查模型，找出可能会减慢仿真速度的条件和设置。它可以生成建模优化建议、自动实施建议，并在 Accelerator 模式下运行仿真。

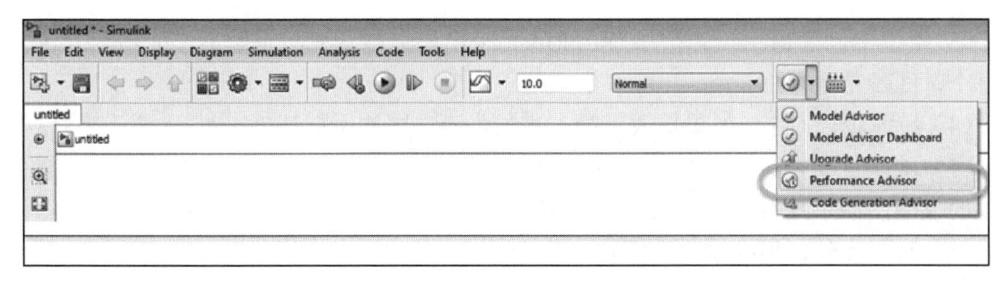


图 8.12　Performance Advisor 工具

当一个模型的仿真速度比预测速度慢时，就可以使用 Performance Advisor 工具帮助查找和解决导致速度慢的瓶颈。Performance Advisor 的工作流如下。

（1）准备模型。

（2）创建用于对比测量结果的基线模型。

（3）选择要运行的选项。

（4）运行包含选定选项的 Performance Advisor 工具，查看推荐的修改。

（5）对模型进行修改：既可以自动应用修改，也可以产生修改建议和评论，并手动应用修改。

（6）应用修改后，Performance Advisor 对模型进行最后的验证，看看性能是否得到提升。如果性能提升了，所选的选项就是成功的，性能选项完成。如果性能比基线标准更差，则 Performance Advisor 恢复以前的设置。

（7）保存模型。

### 8.3.2　仿真加速

在不修改模型的情况下，可以使用 Accelerator 和 Rapid Accelerator 模式提高仿真速度。打开需要加速的模型，从模型界面选择 Simulation→Mode 菜单项，选择 Accelerator 或 Rapid Accelerator 选项后进行仿真。

### 8.3.3　性能手动优化

模型设计和配置参数的选择会影响仿真性能和精度。求解器能以默认参数值精确有效地处理大多数模型仿真。不过，如果调整求解器参数，有些模型可以产生更好的结果。模型特性信息有助于改进其仿真性能，尤其是当给求解器提供这些信息时。采用优化方法可以更好地理解模型特性，修改模型参数设置可以改进性能和精度。有几个因素可能会减慢仿真速度，检查模型是否存在以下情况。

（1）模型中包含 Interpreted MATLAB Function 模块：当模型中包含 Interpreted MATLAB Function 模块时，每个时间步都会调用 MATLAB 执行引擎，从而导致仿真速度大大降低。尽可能使用内置的 Fcn 模块或 Math Function 模块。

（2）模型中包含 MATLAB S-Function：MATLAB S-Function 也会在每个时间步调用 MATLAB 执行引擎。请考虑将 S-Function 转换为子系统或 C MEX S-Function。

（3）模型中包含 Memory 模块：使用 Memory 模块会导致变阶求解器（ode15s 和 ode113）在每个时间步都重置回 1 阶。

（4）最大步长太小：如果更改了最大步长，请尝试使用默认值（auto）再次运行仿真。

（5）准确性要求太高：默认的相对容差（0.1%精度）通常就已足够。对于状态会变为零的模型，如果绝对容差参数太小，仿真可能会围绕接近零的状态值执行太多步。

（6）时间太长：需缩短时间间隔。

（7）问题是刚性问题，但用户使用的是非刚性求解器：尝试使用 ode15s。

（8）模型使用的采样时间不是互为倍数：混合不是互为倍数的采样时间会导致求解器采用足够小的步长，以确保计算所有采样时间的采样时间点。

（9）模型包含代数环：代数环的解在每个时间步迭代计算。因此，它们大大降低了性能。

（10）模型将 Random Number 模块馈送给 Integrator 模块：对于连续系统，使用 Sources 库中的 Band-Limited White Noise 模块。

（11）模型中包含的波形查看器显示太多数据点：尝试调整可能影响性能的查看器属性设置。

（12）需要对模型进行迭代仿真：可以在迭代之间更改可调参数，但不要对模型进行结构性更改。每次迭代都需要重新编译模型，因此增加了整体仿真时间。使用快速重启执行迭代仿真，在此工作流中，模型仅编译一次，而且迭代仿真仅限于单个编译阶段。

## 8.4　建 模 指 南

建模指南是模型架构、设计和配置的应用程序特定指导原则，可以帮助我们了解基于模型的设计和 MathWorks 产品，开发模型并生成代码。遵循这些指导原则可以提高模型的一致性、清晰度和可读性。这些指导原则还可以帮助我们识别影响仿真行为或代码生成的模型设置、模块和模块参数。

### 8.4.1　MAAB 控制算法建模

MathWorks 汽车咨询委员会（MathWorks Automotive Advisory Board，MAAB）是制定 MATLAB、Simulink、Stateflow 和 Embedded Coder 的使用准则的独立团体。MAAB 控制算法建模指导原则为：①包括软件环境指导原则和参考；②信号线、模块和子系统名称命名约定；③Simulink 和 Stateflow 分区、子系统层次结构和分解的模型架构；④布尔数据类型的优化参数和模型诊断等模型配置选项；⑤Simulink 模型图外观、信号、模块和建模模式；⑥Stateflow 图外观、数据和运算、事件以及模式；⑦枚举数据类型和默认值；⑧MATLAB Function 外观、数据、模式和使用。需要详细了解的读者可以查阅相关的文件。

### 8.4.2　高完整性系统建模

使用基于模型的设计和 MathWorks 产品为高完整性系统开发模型和生成代码时，需要遵循高完整性指导原则。这些指导原则提供了模型设置、模块用法和模块参数注意事项，用于创建完整、清晰、确定、可靠并且可验证的模型。高完整性系统建模的指导原则主要有：①Simulink 模块名称、数学运算、端口和子系统、信号传送、逻辑和位运算等注意事项；②Stateflow 图名称、属性和架构等注意事项；③MATLAB Function 和 MATLAB 代码注意事项；④求解器、诊断和优化设置的配置参数；⑤需求注意事项，要将需求链接到模型；⑥MISRA C：2012 合规性，包括建模风格、模块用法和配置设置。需要详细了解的读者可以查阅相关的文件。

### 8.4.3　代码生成

使用基于模型的设计和 MathWorks 产品为嵌入式系统开发模型和生成代码时，需要遵循代码生成指导原则。这些指导原则提供了会影响代码生成的模型设置、模块用法和模块参数注意事项。

### 8.4.4　大型建模

适用于大型模型和多用户开发团队的模型架构主要是组件化方法。常用的组件化方法包括子系统、库和模型引用。这些组件化方法支持大小和复杂度各不相同的模型的各种建模要求，大多数大型模型会综合使用多种组件化方法。子系统可添加层次结构以组织和直观地简化模型，对上下文相关行为使用继承属性，最大限度地提高设计重用率。模块库提供常用且很少更改的建模实用工具，在一个或多个模型中反复重用组件。模型引用可满足下述建模要求：①独立于使用它的模型开发引用模型；②遮盖引用模型的内容；③允许分发该模型而不会泄露它包含的知识产权；④可以多次引用一个模型，不必生成冗余副本；⑤使用为顶层组件定义的接口，方便多个人进行更改；⑥通过对大型模型（如具有 10000 个模块的模型）使用增量模型加载、更新图、仿真和代码生成；⑦改进整体性能；⑧执行单元测试；⑨简化大型模型的调试；⑩生成反映模型结构的代码。

### 8.4.5　信号处理建模

在 Simulink 环境中对信号处理系统建模，需要使用 DSP System Toolbox 软件。它提供了信号处理系统设计和仿真的算法及工具，其功能是由 MATLAB 函数、MATLAB 系统对象和 Simulink 模块实现的。DSP System Toolbox 包括 FIR 和 IIR 滤波器设计与分析、快速傅里叶变换、多速率处理、数据流 DSP 方法等功能，我们还可以用它创建实时原型系统。我们可以设计自适应和多速率滤波器，采用计算效率高的结构实现滤波器，对浮点数字滤波器进行仿真。文件和设备的信号输入/输出、信号产生、谱分析、交互式可视化等工具方便我们分析系统特性和性能。系统工具箱支持浮点算术运算和 C 语言或 HDL 代码生成，用于快速构建系统原型和设计嵌入式系统。

### 8.4.6 模型升级

Upgrade Advisor 可以将模型升级到当前 Simulink 版本，还可以改进模型以使用 Simulink 中的最新功能和设置。

## 8.5 新模块创建

创建自定义模块可以扩展 Simulink 提供的建模功能。使用自定义模块，可对 Simulink 内置解决方案未提供的行为进行建模，构建更高级的模型。可将多个模型组件封装为一个库模块，将该库模块复制到多个模型中，还可提供自定义用户界面或分析例程。

### 8.5.1 模块封装

封装是一种自定义模块界面，它可隐藏模块内容，使用它自己的图标和参数对话框将内容以原子块的形式显示。它可以封装模块逻辑，提供对模块数据的受控访问，并简化模型的图形外观。封装模块时，将创建封装定义并随模块一同保存。封装只改变模块接口，而不改变底层模块特征。通过在封装上定义对应的封装参数，可提供对一个或多个底层模块参数的访问。Simulink 模块封装可实现如下功能：在模块上显示有意义的图标，为模块提供自定义对话框，提供一个对话框，只允许用户访问底层模块的所选参数，提供特定于封装模块的用户自定义说明，使用 MATLAB 代码初始化参数。

我们可以使用 Mask Editor 以交互方式封装模块，也可以以编程方式封装模块。下面的例子说明如何使用 Mask Editor 来封装模块。

**例 8.3** 以交互式方式创建简单的模块封装，分三个步骤完成封装模型中的子系统。

（1）打开 Mask Editor。首先打开需要在其中封装模块的模型 subsystem_example，它包含一个 Subsystem 模块，该模块为直线方程建模：$y=mx+b$，如图 8.13 所示。然后右击 Subsystem 模块并选择 Mask→Create Mask 选项，打开如图 8.14 所示的封装编辑器界面。

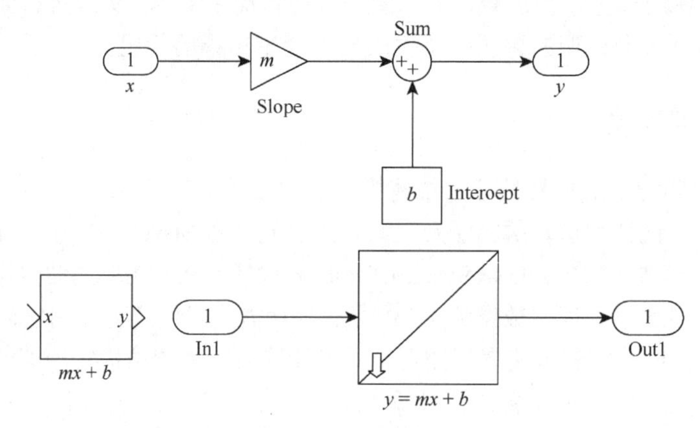


图 8.13 子系统封装

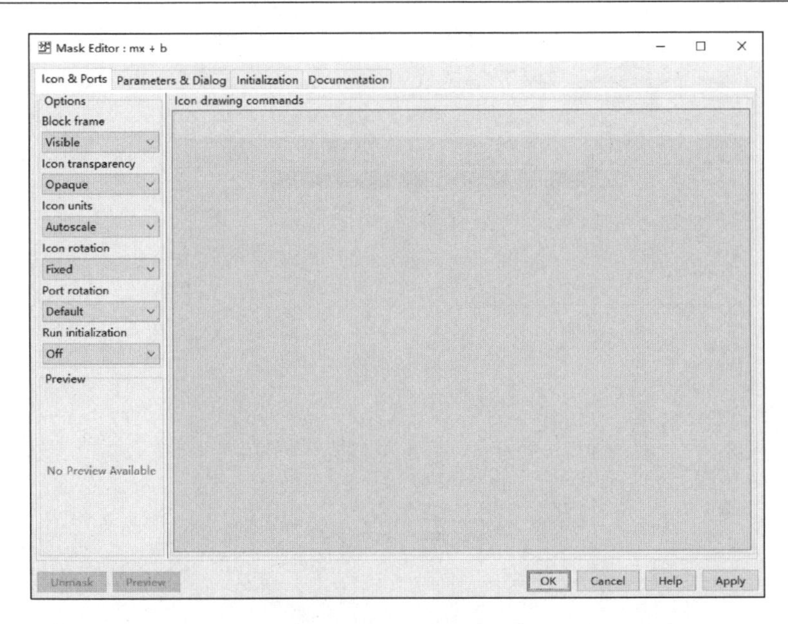


图 8.14　Mask Editor 界面

（2）定义封装。Mask Editor 包含四个选项卡，可定义模块封装和自定义封装对话框。

①Icon & Ports 选项卡，创建模块封装图标。可使用左侧的 Options 窗格指定图标属性和图标可见性。要向模块封装添加图像，进行如下操作：在 Block frame 下拉框中，选择 Visible 选项；在 Icon transparency 下拉框中，选择 Opaque 选项；在 Icon units 下拉框中，选择 Autoscale 选项；要限制图标旋转，在 Icon rotation 列表中选择 Fixed；在 Icon drawing commands 文本框中键入绘制直线的 MATLAB 语句：

```
x=[0 0.5 1 1.5];y=[0 0.5 1 1.5];
% An example to defines the variables x and y
plot(y,x)% Command to plot the graph
```

单击 Apply 按钮，保存所做更改。单击 Preview 按钮可以预览模块封装图标而不退出 Mask Editor。

②Parameters & Dialog 选项卡，向封装对话框添加参数、显示和操作等控制项，向模块封装添加 Edit 框，如图 8.15 所示。在左窗格的 Parameter 下，单击 Edit 图标两次向 Dialog box 窗格中添加两个新行。在 Prompt 中键入 Slope 和 Intercept，这两个键值将出现在封装对话框中。在 Name 列中输入封装参数名称，必须是有效的 MATLAB 名称。在右窗格的 Property editor 下，为 Properties、Dialog 和 Layout 部分中的字段提供输入值，最后单击 Apply 按钮。

③Initialization 选项卡，指定 MATLAB 代码来控制封装参数。可为用户指定的值添加条件，为封装参数提供预定义的值等。考虑使用方程 $y=mx+b$。指定 $m$ 为正值，在 Initialization 窗格中添加 MATLAB 代码，以便将 $m$ 可接受的范围指定为大于零，如图 8.16 所示。

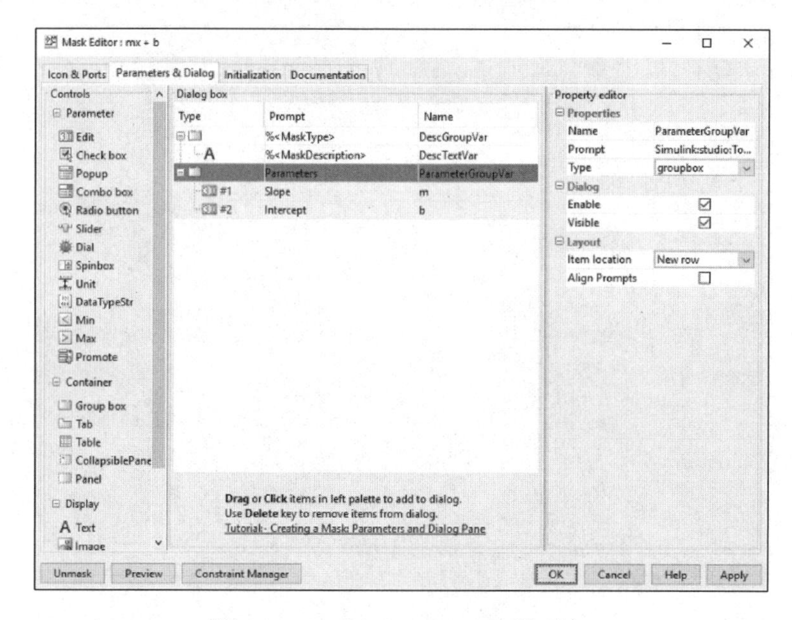


图 8.15　Parameters & Dialog 选项卡

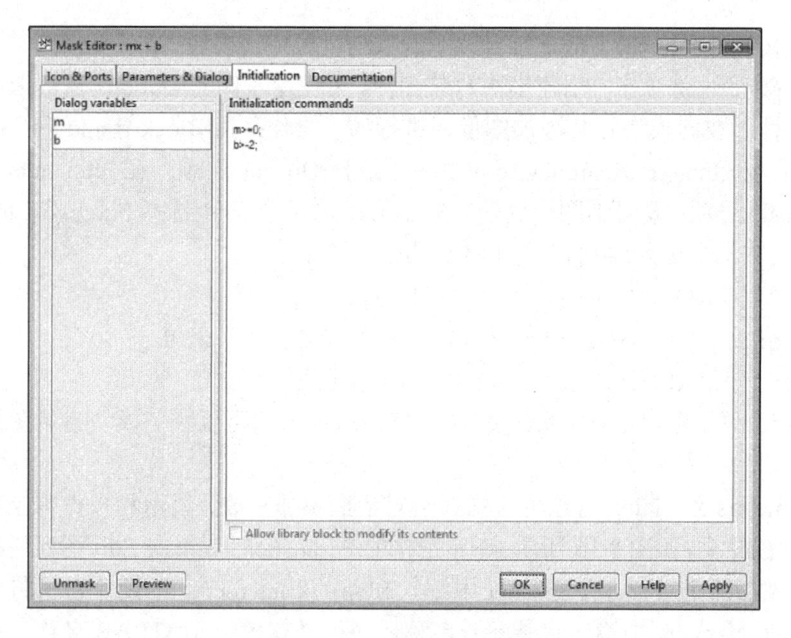


图 8.16　Initialization 选项卡

④Documentation 选项卡，添加封装的名称、说明以及其他信息。Documentation 选项卡包含 Type、Description 和 Help 三个字段，在 Type 文本框，添加模块封装的名称。封装名称显示在封装对话框的顶部，不能添加换行符；在 Description 文本框，添加模块封装的说明。默认情况下，说明显示在封装名称下面，并且可以包含换行符和空格；在 Help 文本框，添加有关模块封装的其他信息。当单击封装对话框中的 Help 按钮时，将会显示此信息。可以使用纯文本、HTML 和图形、URL 和 Web 或 eval 命令在 Help 字段中添加

信息，如图 8.17 所示。在 Mask Editor 中添加信息后，单击 Apply 或 OK 按钮，模块完成封装，如图 8.18 所示。

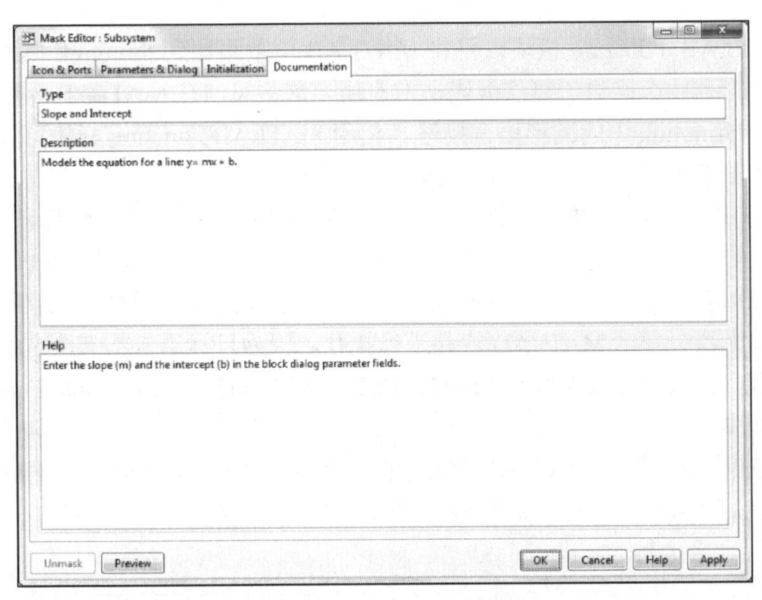


图 8.17　Documentation 选项卡

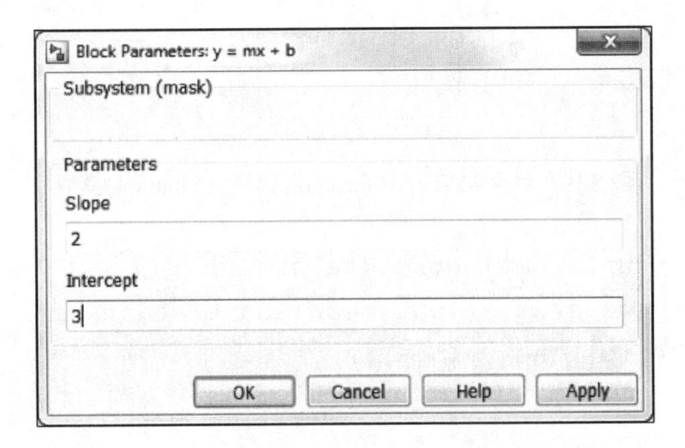


图 8.18　封装对话框

（3）对封装进行操作。可以预览封装，还可以选择取消模块封装或编辑模块封装。双击封装模块，显示封装对话框，如图 8.18 所示。在封装对话框的 Slope 和 Intercept 文本框中键入值，单击 OK 按钮。要查看输出，可对模型进行仿真。要编辑封装定义，右击该模块，并选择 Mask→Edit Mask 选项，再右击封装模块，选择 Mask→Look Under Mask 选项，可以查看封装子系统内的模块、封装模块的内置模块对话框、链接的封装模块的基础封装对话框。

需要注意的是，Scope、Simulink Function、Initialize Function、Terminate Function、Reset Function 和 Gauge 等模块不能封装。

## 8.5.2　自定义 MATLAB 算法

使用 MATLAB Function 模块，可将 MATLAB 函数添加到 Simulink 模型以部署到桌面和嵌入式处理器中。这对于算法编码非常有用，这些算法在 MATLAB 中的文本语言描述要优于其在 Simulink 中的图形语言描述。使用 MATLAB Function 模块可以生成可读、高效且紧凑的 C/C++代码，以部署到桌面和嵌入式应用程序中。

MATLAB Function 模块可以调用以下几种类型的函数：①局部函数，在 MATLAB Function 模块的主体中定义；②支持代码生成的 MATLAB 工具箱函数；③不支持代码生成的 MATLAB 函数；④MATLAB Function 模块可调用外部函数。这些函数位于 MATLAB 路径中，由编译器分发给 MATLAB 软件进行执行，因为目标语言不支持它们。这些函数不生成代码，只在模型仿真期间在 MATLAB 工作区中执行；⑤Simulink Function 模块和 Stateflow 模块中的函数。

**例 8.4**　在模型中集成 MATLAB 算法。图 8.19 是一个包含 MATLAB Function 模块的 Simulink 模型。MATLAB Function 模块包含以下算法：

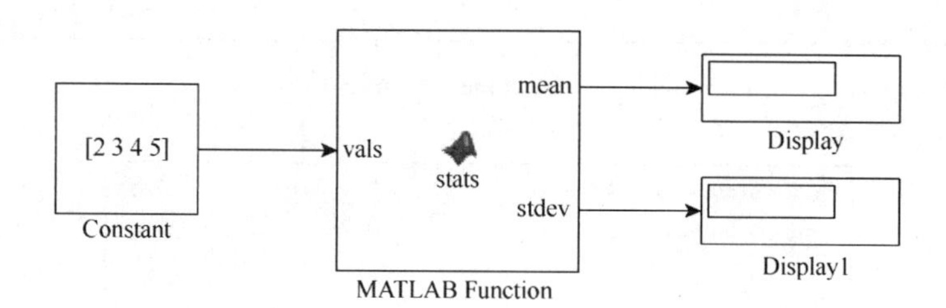


图 8.19　包含 MATLAB Function 模块的 Simulink 模型

```
function [mean,stdev]=stats(vals)
% calculates a statistical mean and a standard
% deviation for the values in vals.

len=length(vals);
mean=avg(vals,len);
stdev=sqrt(sum(((vals-avg(vals,len)).^2))/len);
plot(vals,'-+');

function mean=avg(array,size)
mean=sum(array)/size;
```

# 主要参考文献


李献，骆志伟，于晋臣. 2017. MATLAB/Simulink 系统仿真. 北京：清华大学出版社.

张贤达. 1996. 信号处理中的线性代数. 北京：清华大学出版社：36-55.

Allen J B，Rabiner L R. 1977. A unified approach to short-time Fourier analysis and synthesis. Proceedings of the IEEE，65（11）：1558-1564.

Anderson J B，Aulin T，Sundberg C E. 1986. Digital phase modulation. Applications of Communications Theory：412.

Arske P，Neuvo Y，Mitra S K. 1988. A simple approach to the design of linear phase FIR digital filters with variable characteristics. Signal Processing，14（4）：313-326.

Bruinsma N A，Steinbuch M. 1990. A fast algorithm to compute the H ∞-norm of a transfer function matrix. Systems & Control Letters，14（4）：287-293.

Cho K，Yoon D. 2002. On the general BER expression of one- and two-dimensional amplitude modulations. IEEE Transactions on Communications，50（7）：1074-1080.

Constantinides A G. 1969. Design of bandpass digital filters. Proceedings of the IEEE，57（6）：1229-1231.

Constantinides A G. 1970. Spectral Transformations for digital filters. Proceedings of the Institution of Electrical Engineers，117（8）：1585-1590.

Cordesses L. 2004. Direct digital synthesis：A tool for periodic wave generation（part 1）. IEEE Signal Processing Magazine，21（4）：50-54.

Emami-Naeini A，Dooren P V. 1982. Computation of zeros of linear multivariable systems. Automatica，18(4)：415-430.

Gersho A，Gray R. 1992. Vector Quantization and Signal Compression. Boston：Kluwer Academic Publishers.

Gong Y，Letaief K B. 2002. Concatenated space-time block coding with trellis coded modulation in fading channels. IEEE Transactions on Wireless Communications，1（4）：580-590.

Hayes M H. 1996. Statistical Digital Signal Processing and Modeling. New York：John Wiley & Sons.

Haykin S. 1996. Adaptive Filter Theory. 3rd ed. Englewood Cliffs：Prentice Hall.

Kabal P，Ramachandran R. 1986. The computation of line spectral frequencies using Chebyshev polynomials. IEEE Transactions on Acoustics，Speech，and Signal Processing，34（6）：1419-1426.

Kay S M. 1988. Modern Spectral Estimation：Theory and Application. Englewood Cliffs：Prentice-Hall.

Kuo S M，Morgan D R. 1996. Active Noise Control Systems：Algorithms and DSP Implementations. New York：John Wiley & Sons.

Lang M. 1998. Allpass filter design and applications. IEEE Transactions on Signal Processing，46（9）：2505-2514.

Laub A J. 1981. Efficient multivariable frequency response computations. IEEE Transactions on Automatic Control，26（2）：407-408.

Lee P. 2003. Computation of the bit error rate of coherent m-ary PSK with gray code bit mapping. IEEE Transactions on Communications，34（5）：488-491.

Lindsey W. 1964. Error probabilities for Rician fading multichannel reception of binary and n-ary signals. IEEE Transactions on Information Theory，10（4）：339-350.

Liu H，Shah S，Jiang W. 2004. On-line outlier detection and data cleaning. Computers & Chemical Engineering，28（9）：1635-1647.

Liu Z，Xie Q，Peng K，et al. 2011. APSK constellation with gray mapping. IEEE Communications Letters，15（12）：1271-1273.

Lutovac M，Tosic D，Evans B. 2001.Filter Design for Signal Processing Using MATLAB and Mathematica. Upper Saddle River：Prentice Hall.

Makhoul J. 2005. Linear prediction：A tutorial review. Proceedings of the IEEE，63（4）：561-580.

Max J. 1960. Quantizing for minimum distortion. IEEE Transactions on Information Theory，6（1）：7-12.

Mitra S K，James F K. 1993. Handbook for Digital Signal Processing. New York：John Wiley & Sons.

Oppenheim A V，Schafer R W. 1989. Discrete-Time Signal Processing. Englewood Cliffs：Prentice Hall.

Orfanidis S J. 1995. Introduction to Signal Processing. Englewood Cliffs：Prentice-Hall.

Orfanidis S J. 1985. Optimum Signal Processing：An Introduction. 2nd ed. New York：Macmillan.

Pasupathy S. 1979. Minimum shift keying：A spectrally efficient modulation. IEEE Communications Magazine，17（4）：14-22.

Proakis J G. 2000. Digital Communications. 4th ed. New York：McGraw-Hill.

Regalia P A，Mitra S K，Vaidyanathan P P. 1988. The digital allpass filter：A versatile signal processing building block. Proceedings of the IEEE，76（1）：19-37.

Selesnick I W，Burrus C S. 1997. Exchange algorithms that complement the Parks-McClellan algorithm for linear-phase FIR filter design. IEEE Transactions on Circuits and Systems II Analog and Digital Signal Processing，44（2）：137-143.

Shang Y，Xia X G. 2009. On fast recursive algorithms for V-BLAST with optimal ordered SIC detection. IEEE Transactions on Wireless Communications，8（6）：2860-2865.

Shpak D J，Antoniou A. 1990. A generalized Remez method for the design of FIR digital filters. IEEE Transactions on Circuits and Systems，37（2）：161-174.

Simon M K，Alouini M S. 2000. Digital communication over fading channels：A unified approach to performance analysis. Proceedings of the IEEE，86（9）：1860-1877.

Simon M K. 2006. On the bit-error probability of differentially encoded QPSK and offset QPSK in the presence of carrier synchronization. IEEE Transactions on Communications，54（5）：806-812.

Smith J G. 1975. Odd-bit quadrature amplitude-shift keying. IEEE Transactions on Communications，23（3）：385-389.

Stoica P，Moses R L. 2005. Spectral Analysis of Signals. Englewood Cliffs：Prentice Hall.

Tarokh V，Jafarkhani H，Calderbank A R. 1999. Space-time block codes from orthogonal designs. IEEE Transactions on Information Theory，45（5）：1456-1467.

Welch P D. 1967. The use of fast Fourier transform for the estimation of power spectra：A method based on time averaging over short，modified periodograms. IEEE Transactions on Audio and Electroacoustics，15（2）：70-73.

# 彩　　图

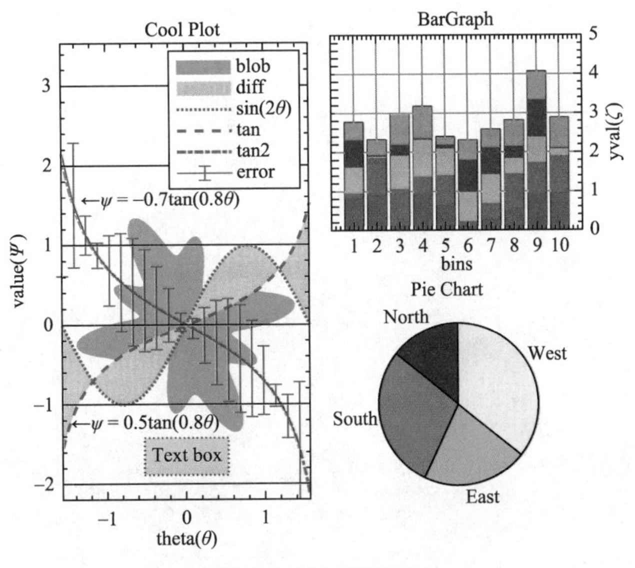


图 1.5　复杂图形绘制

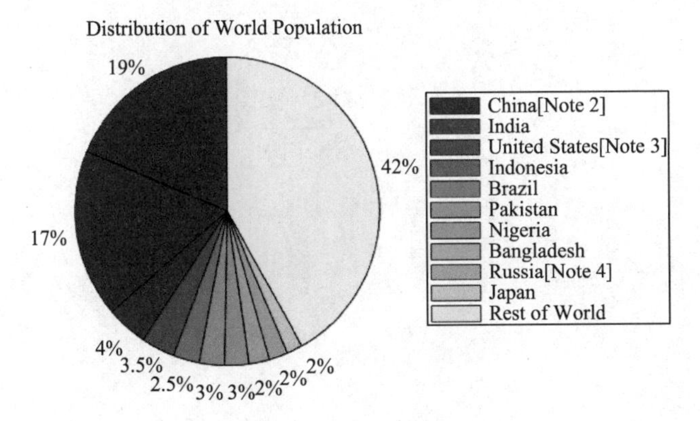


图 2.4　世界人口分布